土石重力坝构筑溃坝流固耦合动力响应研究

芮勇勤　袁健玮　AWAD　ASHRAF　刘博雅　**编著**

东北大学出版社

·沈　阳·

图书在版编目（CIP）数据

土石重力坝构筑溃坝流固耦合动力响应研究／芮勇
勤等编著. -- 沈阳：东北大学出版社，2024.8.
ISBN 978-7-5517-3616-9

Ⅰ. TV641

中国国家版本馆 CIP 数据核字第 2024KC1759 号

内 容 摘 要

针对苏丹尼罗河 Upper Atbara 坝工程围堰导流堤、重力坝构筑工程施工过程的渗流、力学特性问题开展研究；结合中国土石围堰、重力坝设计施工的相关经验和方案比较，对围堰导流堤及防渗墙、重力坝构筑的设计方案进行研究；开展围堰导流堤工程布置和结构型式、重力坝工程构筑，其中重力坝中国设计方案优于英国设计方案；以有限元数值模拟技术为主要分析手段，针对土石围堰、重力坝施工、蓄水工况，开展了围堰导流堤、重力坝的渗流场演化和流固耦合动力响应稳定性分析；进行了围堰导流堤施工阶段渗流场演化分析，揭示了围堰导流堤堤身及防渗的渗流规律与流固耦合力学特性；基于有限元强度折减与地震动力响应有限元理论方法，开展了重力坝的渗流场演化和流固耦合动力响应稳定性分析评价。近年来受气候变化影响，水库溢坝和溃坝事故在世界范围内时常发生。土石坝作为水利工程的一种坝体，约占全世界大坝的 85%，伴随极端暴雨等自然灾害的影响，土石坝发生滑坡渗透破坏事件屡见不鲜。以 Xe-Pian、Xe-Namnoy（简称 XPXN）水电站溃坝工程为研究对象，在结合勘察报告和事故分析的基础上，通过遥感分析以及数值模拟相结合的方法对坝体进行滑坡机理研究，并结合不同结构设计阶段的执行方案进行分析。对主体大坝进行结构设计，研究高水位下坝体位移变形、应力变形、剪切应力和破坏区域；结合处理结果，进行 XPXN 中国土石坝工程结构设计，为探究渗流场下水利工程破坏机理提供依据。本书取材实际，简明实用，系统性强，通过多年实践教学和研究生培养，本书作为一本有实用参考价值的工具书，既可以作为大专院校的选修教材，也可以供相关领域工程技术人员自学参考。

出 版 者：东北大学出版社
　　　　　地址：沈阳市和平区文化路三号巷 11 号
　　　　　邮编：110819
　　　　　电话：024-83683655（总编室）
　　　　　　　　024-83687331（营销部）
　　　　　网址：http://press.neu.edu.cn
印 刷 者：辽宁一诺广告印务有限公司
发 行 者：东北大学出版社
幅面尺寸：185 mm×260 mm
印　　张：20
字　　数：438 千字
出版时间：2024 年 8 月第 1 版　　　　　印刷时间：2024 年 8 月第 1 次印刷
责任编辑：杨　坤　潘佳宁　　　　　　　责任校对：郎　坤
封面设计：潘正一　　　　　　　　　　　责任出版：初　茗

ISBN 978-7-5517-3616-9　　　　　　　　　　　　　　定　价：98.00 元

前　言

随着苏丹国民经济建设的快速发展，能源与农业灌溉需求迅速增长，发展清洁环保的水利能源和农业灌溉，可以极大地促进喀土穆大首都地区产业结构的升级，提升苏丹综合国力。因此，加快尼罗河水坝建设、积极发展水利能源和农业灌溉是保障国家能源和粮食安全的迫切需要。为此，建设第一座尼罗河上阿特巴拉坝，可以解决社会需要的大量水资源，如发电、农业灌溉和饮用水等用水。尼罗河上阿特巴拉坝建设安全级别高，其工程的安全性、可靠性极为重要。结合苏丹尼罗河上阿特巴拉坝工程实际情况和特点，对围堰导流提、重力坝构筑施工阶段的渗流场演化和流固耦合动力响应力学特性进行分析，并应用于实体工程，保证施工安全。

针对苏丹尼罗河上阿特巴拉坝工程围堰导流提、重力坝构筑工程施工过程的渗流、力学特性问题开展研究；结合中国土石围堰、重力坝设计施工的相关经验和方案比较，对围堰导流提及防渗墙、重力坝构筑的设计方案进行研究；确定了围堰导流提工程布置和结构型式、重力坝工程构筑，其中重力坝中国设计方案优于英国设计方案；以有限元数值模拟技术为主要分析手段，针对土石围堰、重力坝施工、蓄水工况，开展了围堰导流提、重力坝的渗流场演化和流固耦合动力响应稳定性分析；进行了围堰导流提施工阶段渗流场演化分析，揭示了围堰导流提提身及防渗的渗流规律与流固耦合力学特性；基于有限元强度折减与地震动力响应有限元理论方法，开展了重力坝的渗流场演化和流固耦合动力响应稳定性分析评价。开展的尼罗河上阿特巴拉坝构筑及其流固耦合动力响应研究，能够指导实体工程，可以为苏丹类似重力坝构筑及其流固耦合动力响应分析工程设计和建设评价提供借鉴经验。

近年来受气候变化影响，水库溢坝和溃坝事故在世界范围内时常发生。土石坝作为水利工程的一种坝体，约占全世界大坝的85%，伴随极端暴雨等自然灾害的影响，土石坝发生滑坡渗透破坏事件屡见不鲜。以 Xe-Pian、Xe-Namnoy（XPXN）水电站溃坝工程为研究对象，在结合勘察报告和事故分析的基础上，通过遥感分析与数值模拟相结合的方法对坝体进行滑坡机理研究，并结合不同结构设计阶段的执行方案进行分析。

通过对重大灾害进行分类分析，对滑坡、泥石流/溃坝和重大气象灾害特征进行分析，深入剖析灾害发生机理与破坏特征；结合国内外文献对土石坝流固耦合力学特性的基础理论，分别从渗流场基市理论、数值分析方法和有限元软件应用三方面进行分析，并结合有限元软件进行大坝模拟工序分析，为数值模拟计算提供理论支撑。

结合 Saddle Dam D 副坝溃坝事件工程案例，对该事故进行遥感洪水推演分析，基于 STRM-30 数字高程建立模型，模拟演化溃坝发生 80h 的情景；针对事故发生前后的洪水卫星分布图对比分析，提出大坝运营期间的风险分析和管理，可以预估洪水灾害的发生地点，由此进行溃坝风险预警，并提前做好灾害预防和人员疏散工作，以减少人员伤亡和不必要的经济财产损失。对 Saddle Dam D 副坝溃坝事故发生时间线进行梳理，分别对现场勘察与渗透实验进行工程地质分析，并结合坝体结构设计和垮塌机制进行坝体事故原因分析。结合存在问题，从选址条件、筑坝材料设计、坝体计算、坝基处理和填筑施工工艺设计等方面，对大坝进行施工方案设计，重新规划大坝工程项目。结合 Saddle Dam D 副坝坝体在不同阶段的结构设计方案，基于大坝的地质勘察资料，进行有限元计算模型的建立并设置模型的边界条件进而进行流固耦合计算，分别考虑在带裂缝、滑动面出现、滑动面形成三种情况下有无排水设施对坝体渗透特性的影响，得到坝体渗流变化规律和力学特性分析结果。对主体大坝进行结构设计，研究高水位下坝体位移变形、应力变形、剪切应力和破坏区域；结合处理结果，进行中国土石坝工程结构设计，为探究渗流场下水利工程破坏机理提供依据。

本书由宁珂总工程师提供依托工程资料，同时借鉴相关工程实践经验，芮勇勤教授和袁健玮、AWAD、ASHRAF、刘博雅研究生等通过开展专门研究汇总编写，在此我们深深地感谢同行专家学者给予的技术支持与指导。

编著者

2023 年 8 月 18 日

目 录

第1部分　土石坝渗流稳定性研究

第2部分　土石坝设计施工基本方法研究

第4部分　老挝 XPXN 溃坝遥感演化及流固耦合与热带风暴响应力学特性研究

第1部分 土石坝渗流稳定性研究

第1章 研究问题

◆◇ **1.1 研究背景**

在本书研究地区的尼罗河沿岸、河流的中下游地区，地表下埋藏有深厚的第四纪松软覆盖层，其类型主要有三角洲相沉积、滨海相沉积、湖相沉积和尼罗河冲积沉积等。淤泥、淤泥质土、冲填土、杂填土、砂性土或其他高压缩性土层构成软弱地基层。软弱地基必须经过一定的处理才能有足够的承受力，满足水利工程建(构)筑物的承载要求。

软土具有固结时间长、流变特性显著等特点，所以软土地基上的水利工程建(构)筑物常会出现承载力不足、沉降过大等问题。为了定量掌握尼罗河 Upper Atbara 坝水利工程中软土工程的变形性状和破坏规律，需要对可能产生的破坏进行预测并采取适当的工程对策。

近年来，随着苏丹国民经济建设的快速发展，能源与农业灌溉需求迅速增长，发展清洁环保的水利能源和农业灌溉可以促进地区产业结构的升级，进而增强苏丹的综合国力。

为此，结合中国土石围堰导流堤、重力坝设计施工的相关经验和方案比较，对围堰导流堤及防渗墙、重力坝构筑的设计方案进行研究；确定围堰导流堤工程布置和结构型式、重力坝构筑工程，其中对重力坝中国设计方案与英国设计方案进行对比；以有限元数值模拟技术为主要分析手段，针对土石围堰、重力坝施工、蓄水工况，开展围堰导流堤、重力坝的渗流场演化和流固耦合动力响应稳定性分析；对围堰导流堤施工阶段渗流场演化进行分析，揭示围堰导流堤堤身及防渗的渗流规律与流固耦合力学特性；基于有限元强度折减与地震动力响应有限元理论方法，开展重力坝的渗流场演化和流固耦合动力响应稳定性分析。

◆◇ 1.2 问题的提出

尼罗河 Upper Atbara 坝中软黏土是接近正常固结的黏性细粒土及黏性淤泥，具有孔隙比大、天然含水量高、压缩性高、强度低、灵敏度高的特性，在尼罗河流域地区广泛分布。蠕变是软土地基的一个重要特性，蠕变指在恒量荷载的作用下，随时间而发展的变形，尼罗河 Upper Atbara 坝工程构筑物建成后，地基土体在主固结沉降完成后总会伴随着土骨架的蠕变变形。由于坝基为软土地基，承载力差、强度低，容易导致失稳及破坏现象发生。对于外部荷载的作用，可通过长期的监控得以控制。而对于尼罗河重力坝流固耦合动力响应失稳导致的破坏，则需要从施工期开始就加以预防和控制。

因此，加快尼罗河水坝建设、积极发展水利能源和农业灌溉是保障国家能源和粮食安全的迫切需要。为此，建设中的第一座尼罗河 Upper Atbara 坝，可以解决社会生活需要的大量水资源，如发电、农业灌溉和饮用水等。尼罗河 Upper Atbara 坝建设安全级别高，其工程的安全性、可靠性极为重要。

结合苏丹尼罗河 Upper Atbara 坝工程实际情况和特点，对围堰导流堤、重力坝构筑施工阶段的渗流场演化和流固耦合动力响应力学特性进行分析，并应用于实体工程，保证施工安全。

◆◇ 1.3 研究的目的与意义

1.3.1 研究目的

目前，中国施工围堰、导流堤是保证水坝建筑物建设工地施工的必要临时建筑物，在水坝建筑物及隧洞施工完成以后拆除。施工围堰与导流堤功能并不相同，但从节省工程成本、缩短工期等方面考虑，可采取二者相结合的方式。本工程围堰导流堤工程采用土石堤形式。

土石堤重力水坝具有适应条件广、抗震性能好、可就地取材、经济效益好等优点，广泛应用于水利水电工程中。经过中国多年的工程经验积累，影响土石堤重力水坝安全的病害主要有以下几个。

（1）漫顶——由于水漫溢、冲蚀坝体致使溃决，漫顶最易使土石坝溃决，一般占溃坝事故的 50% 左右。

（2）渗透变形——此类事故在中小型土石围堰的坝基处最常发生，特别是早期建造的坝,由于勘探、强透水坝基和破碎基岩防渗处理不佳,渗透破坏尤为突出。

(3)滑动或液化失稳——由于坝基或坝身的抗剪强度低、边坡陡、孔隙压力高,在静力或动力下均可能失稳,例如中国湖北南川坝在施工期黏土坝体大滑坡,人为的或生物的破坏。

上述病害的存在使得土石堤重力水坝工程在发挥巨大功效的同时,安全问题也日益突出。

苏丹尼罗河 Upper Atbara 坝工程必须考虑固结、渗流场演化和流固耦合动力响应力学特性等因素对堤身安全性的影响。应用数值模拟方法研究尼罗河 Upper Atbara 坝渗流等问题对土石堤重力水坝的影响是解决该问题的有效研究手段。

以苏丹尼罗河 Upper Atbara 坝工程为依托,通过对国内外土石堤重力水坝工程设计施工的相关经验的归纳总结,根据依托工程水文地质条件,开展土石堤重力水坝工程的方案设计研究、数值模拟分析,为进一步优化设计和施工提供理论依据,为工程的建设提供参考。

1.3.2 研究意义

中国有广阔的大陆河流,长达十万多千米,经过 80 多年的勘探和规划,确定了相当容量的水电发电机站。因此,可以借鉴中国经验,开展苏丹尼罗河 Upper Atbara 坝工程的设计、渗流特性、稳定性等问题的研究。

针对土石堤重力水坝工程在施工运营期间可能出现的病害,选用合理的评价方法,采取必要的避让、预防及治理措施,保证工程可以安全施工、安全运营。同时,对于提高苏丹的水利水电工程建设水平,推动苏丹水电发展,缓解苏丹电力紧张的局面,改善灌溉和饮用水工程所在地区的经济状况,有着非常重要的现实意义。

◈ 1.4 国内外研究现状

为了进行尼罗河 Upper Atbara 坝构筑及其流固耦合动力响应力学特性研究,对国内外的围堰导流堤、重力坝构筑工程的发展现状、渗流机理、渗流场与应力场耦合以及动力响应技术的发展等方面进行了大量的调查研究工作。

1.4.1 围堰导流堤、重力坝构筑工程

历史上最早见于记载的围堰导流堤、重力坝构筑工程是公元前 2900 年埃及人在尼罗河上修建的考赛施干砌石坝,坝高 15m。中国于前 598~前 591 年在安徽寿县南修筑堤坝形成了芍陂灌溉水库(见图 1.1)。19 世纪后期,围堰导流堤、重力坝构筑工程建设开始采用混凝土筑坝。其中,围堰导流堤是指在水利工程建设中,为建造永久性水利设施

修建的临时性围护堤坝，常用类型如下。

图 1.1　安徽寿县南芍陂灌溉水库

（1）土石围堰导流堤、重力坝构筑工程。早在4100年前，人类便开始通过大型土石坝工程利用水资源。古代土石坝工程没有理论支持，仅凭经验选料修建，因此大部分古代土石坝工程都容易发生溃坝等事故，促使土石坝的设计、施工技术逐步向着安全和成熟的方面进步。

土石围堰导流堤、重力坝构筑工程的抗冲能力较差，且断面尺寸较大，一般适用于横向围堰，见图1.2和图1.3。

图 1.2　湖北清江水布垭大坝面板堆石坝　　**图 1.3　三峡二期导流明渠截流土石围堰施工**

一般核电站的排水围堰、导流堤工程选用斜坡式土石围堰形式。

（2）混凝土围堰、重力坝构筑工程。混凝土围堰、重力坝构筑工程一般建在岩基上，大多为重力式纵向围堰。混凝土围堰、重力坝构筑工程具有抗冲能力大、断面尺寸小、易于同混凝土建筑物相连接，并可过水等优点，故在实际施工中也应用较多。20世纪80年代以来，中国水利工程中的混凝土围堰、重力坝构筑工程广泛应用快速施工的碾压混凝土［Roller-Compacted Concrete（RCC）］技术，例如，三峡工程三期碾压混凝土围堰、构筑工程（见图1.4）。

图 1.4　三峡工程三期碾压混凝土围堰

（3）钢板桩隔栅围堰。钢板桩隔栅围堰封闭空间内填砂砾石或其他填料以维持稳定（见图 1.5）。钢板桩的回收率高达 70%，并具有断面小、抗冲击力强、安全可靠等优点，在国外水利工程中使用较多，且大多高度超过 30m。

图 1.5　某海洋工程近海钢板桩围堰

（4）其他类型的围堰。木笼围堰、竹笼围堰、草土围堰等围堰形式，一般用于临时结构，现在已很少使用。

1.4.2　围堰导流堤、重力坝构筑工程渗流机理研究

渗流是作为多个学科的边缘学科发展起来的，是一门流体力学与岩石力学、土力学、多孔介质理论、表面物理学交叉渗透而形成的学科。

1.4.2.1　Darcy 渗流

法国水力学家 H.P.G.Darcy 在 1852—1855 年通过大量实验总结出多孔介质渗流规律——Darcy's Law，把渗透流速与渗透势能联系在一起，建立了渗透水在土体中流速、水力坡降以及土体性质之间的线性渗透定律。

Darcy's Law 是由砂质土体实验得到的，以渗透水流为层流为假定条件，具有一定的

局限性，因此大量研究者对 Darcy's Law 的适用范围进行了研究。J.Ohde 等人从颗粒粒径方面开展了研究。砂土、黏土中的渗透速度很小，其渗流可以看作层流，渗流运动规律符合 Darcy's Law，渗透速度与水力坡降为线性关系。粗颗粒土（如砾、卵石等）由于孔隙很大，当水力坡降较小时流速不大，渗流可认为是层流，Darcy's Law 仍然适用；当水力坡降较大时流速增大，渗流过渡为不规则的相互混杂的流动形式——紊流，这时 Darcy's Law 不再适用。巴甫洛夫斯基（H.H.Pavlovsky）得出了适用于 Darcy's Law 的临界流速，提出了紊流状态时的渗流定律，并于 1889 年推导出渗流微分方程。

Fancher、Lindguist 等从雷诺数（Re）入手对 Darcy's Law 的适用范围进行了研究。一般认为 Darcy's Law 适用范围为 $Re = 1 \sim 10$。当土体孔隙较大或水力坡降较大时水流的 Re 很大，必须考虑惯性力的影响，则渗流速度与水力坡降为复杂的非线性关系，即 Non-Darcy Flow（非达西流/非线性流）。1962 年，Swartzendruber 通过对前人关于流体饱和多孔介质中非达西流动性状分析资料的研究，提出非达西渗流一维流动方程。1968 年，Irmay 应用最小梯度概念对 Darcy's Law 进行补充，基于对黏土渗流特性的研究，指出当实际水力坡降小于初始梯度时流体不发生流动，该现象称为非牛顿流。

1.4.2.2　稳定渗流与非稳定渗流

Dupuit 以 Darcy's Law 为基础推导出地下水流向井孔的平面稳定渗流公式 Dupuit Formula，其假定条件是：含水层是均质、各向同性、等厚、水平；地下水为稳定状态的层流运动，遵循 Darcy's Law；地下水静止水位水平；抽水并具有圆柱形定水头边界；含水层顶底板隔水，无越流存在。Dupuit Formula 提出后的很长一段时期，地下水水力学的发展限定在稳定渗流理论的范围内。

但随着地下水工程规模逐渐扩大，稳定渗流理论已无法解决全部的工程实践问题。

1935 年 C.V.Theis 在 C.I.Lubin 的帮助下，推导出定流量抽水时的单井非稳定渗流计算分式 Theis 公式，其假设条件为：含水层为等厚且均质各向同性而无限延伸的，钻井井径为无穷小的完整井。1940 年，C.E.Jacob 通过研究弹性承压含水层考虑水体的压缩及介质孔隙的压密条件，推导得到地下水运动的基本微分方程，由 H.H.Cooper 补充完善，地下水渗流的研究从稳定渗流进入了非稳定渗流阶段。

1.4.2.3　饱和渗流与非饱和渗流

渗流理论发展中的另一个问题是饱和渗流与非饱和渗流问题。Buckingham（1907）、Richard（1931）、Childs 和 Collis George（1950）等人的研究表明，Darcy's Law 适用于非饱和土体地下水渗流。

Freeze（1971）、Papagiannakis 和 Rredlund（1984）等人的研究结果表明，在饱和与非饱和区之间有着连续的水流运动。

1.4.2.4　渗流基本方程式

（1）Darcy 渗流理论基本方程。

Darcy's Law 起源于饱和土的渗透分析，其基本表达式为：

$$q = kJ = -k \frac{\mathrm{d}H}{\mathrm{d}s} \tag{1.1}$$

式中：q——单位面积的渗透流量；

k——土体渗透系数；

J——渗透比降（水力坡降）；

H——流场中测压管水头，是压力水头和位置之和。

$$H = \frac{u_w}{\gamma_w} + z \tag{1.2}$$

式中：H——总水头；

u_w——空隙水压；

γ_w——水的容重；

z——标高。

（2）三维渗流基本方程式。

根据 Darcy's Law，单位时间内单元体流入与流出水量相等，推导出三维渗流基本方程式如下：

$$\frac{\partial}{\partial x}\left(k_x \frac{\partial H}{\partial x}\right) + \frac{\partial}{\partial y}\left(k_y \frac{\partial H}{\partial y}\right) + \frac{\partial}{\partial z}\left(k_z \frac{\partial H}{\partial z}\right) + Q = \frac{\partial \Theta}{\partial t} \tag{1.3}$$

式中：H——总水头；

k_x——x 方向渗透系数；

k_y——y 方向渗透系数；

k_z——z 方向渗透系数；

Q——边界流量；

Θ——体积含水率；

t——时间。

该方程可认为是非稳定渗流的渗透方程。

稳定渗流状态中流入和流出量随时间没有变化，所以公式右边为 0。

$$\frac{\partial}{\partial x}\left(k_x \frac{\partial H}{\partial x}\right) + \frac{\partial}{\partial y}\left(k_y \frac{\partial H}{\partial y}\right) + \frac{\partial}{\partial z}\left(k_z \frac{\partial H}{\partial z}\right) + Q = 0 \tag{1.4}$$

渗流分析：体积含水率变化与孔隙水压变化的关系为

$$\partial \Theta = m_w \partial u_w \tag{1.5}$$

式中：m_w——阻尼系数。

重新整理式（1.2），得下面公式：

$$u_w = \gamma_w (H - z) \tag{1.6}$$

将式（1.6）代入式（1.5），得下面公式：

$$\partial \Theta = m_w \partial \gamma_w (H - z) \tag{1.7}$$

将式(1.7)代入式(1.3)，得下面公式：

$$\frac{\partial}{\partial x}\left(k_x \frac{\partial H}{\partial x}\right) + \frac{\partial}{\partial y}\left(k_y \frac{\partial H}{\partial y}\right) + \frac{\partial}{\partial z}\left(k_z \frac{\partial H}{\partial z}\right) + Q = m_w \gamma_w \frac{\partial(H-z)}{\partial t} \tag{1.8}$$

标高 z 对时间的导函数为 0，则三维渗流（非稳定渗流）基本方程式为：

$$\frac{\partial}{\partial x}\left(k_x \frac{\partial H}{\partial x}\right) + \frac{\partial}{\partial y}\left(k_y \frac{\partial H}{\partial y}\right) + \frac{\partial}{\partial z}\left(k_z \frac{\partial H}{\partial z}\right) + Q = m_w \gamma_w \frac{\partial H}{\partial t} \tag{1.9}$$

（3）饱和稳定渗流定解条件。

对于饱和稳定渗流，基本微分方程的定解条件仅为边界条件，常见类型如下。

① 第一类边界条件：

$$H(x, y, z) = \varphi(x, y, z) \big|_{(x, y, z) \in \Gamma_1} \tag{1.10}$$

式中：Γ_1——渗流区域边界；

$\varphi(x, y, z)$——已知函数；x，y，z 位于边界 Γ_1 上。

② 第二类边界条件：

$$\vec{k} \frac{\partial H}{\partial \vec{n}}\bigg|_{\Gamma_2} = q(x, y, z) \big|_{(x, y, z) \in \Gamma_2} \tag{1.11}$$

式中：Γ_2——给定流入流量边界段；

$q(x, y, z)$——已知函数；

n——Γ_2 的外法线方向。

③ 自由面边界条件：

$$\vec{k} \frac{\partial H}{\partial \vec{n}}\bigg|_{\Gamma_3} = 0, \ H(x, y, z) \big|_{\Gamma_3} = z(x, y) \tag{1.12}$$

式中：Γ_3——自由面边界。

（4）溢出面边界条件：

$$\vec{k} \frac{\partial H}{\partial \vec{n}}\bigg|_{\Gamma_4} \neq 0, \ H(x, y, z) \big|_{\Gamma_4} = z(x, y) \tag{1.13}$$

式中：Γ_4——溢出面边界。

（4）非饱和非稳定渗流定解条件方程。

非饱和非稳定渗流基本方程的定解条件方程为：

① 初始条件：

$$H \big|_{t=0} = H_0(x, y, z, t) \tag{1.14}$$

② 水头边界条件：

$$H \big|_{\Gamma_1} = f_1(x, y, z, t) \tag{1.15}$$

③ 流量边界条件：

$$k_n \frac{\partial H}{\partial n}\bigg|_{\Gamma_2} = f_2(x, y, z, t) \tag{1.16}$$

（5）渗流有限元基本方程。

用伽辽金（Galerkin）加重余量（weighed residual）方法，对三维渗流基本方程式（1.9）进行空间离散推导有限元方程式：

$$\int_v ([B]^T[C][B])dV\{H\} + \int_v \lambda(\langle N\rangle^T\langle N\rangle)dV\{H\}.t = q\int_A (\langle N\rangle^T)dA \quad (1.17)$$

式中：$[B]$——动水坡降矩阵；

$[C]$——单位渗透系数矩阵；

$\{H\}$——节点水头矩阵；

q——单元边的单位重量；

λ——非稳定渗流的阻流项，$\lambda = m_w\gamma_w$；

$\{H\}.t$——随时间变换的水头，$\{H\},t = \dfrac{\partial H}{\partial t}$。

将有限元方程用简化方式表示如下：

$$[K]\{H\} + [M]\{H\}.t = \{Q\} \quad (1.18)$$

式中：$[K]$——总体渗流矩阵，$[K] = \int_v ([B]^T[C][B])dV$；

$[M]$——土体单元贮水系数矩阵，$[M] = \int_v \lambda(\langle N\rangle^T\langle N\rangle)dV$；

$\{Q\}$——流量自由系数矩阵，$\{Q\} = q\int_A (\langle N\rangle^T)dA$。

式（1.18）为非稳定渗流分析的有限元方程式。则稳定渗流分析方程为：

$$[K]\{H\} = \{Q\} \quad (1.19)$$

非稳定渗流瞬态分析有限元解时间函数有限差分形式的有限元方程式：

$$(\omega\Delta t[K]+[M])\{H_1\} = \Delta t((1-\overline{\omega})\{Q_0\}+\overline{\omega}\{Q_1\}) + ([M]-(1-\omega)\Delta t[K])\{H_0\}$$

$$(1.20)$$

式中：Δt——时间增量；

ω——0~1之间的比值；

$\{H_1\}$——时间增量结束时的水头；

$\{H_0\}$——时间增量开始时的水头；

$\{Q_1\}$——时间增量结束时的节点流量；

$\{Q_0\}$——时间增量开始时的节点流量；

$[K]$——单元特性矩阵；

$[M]$——单元质量矩阵。

用后差分法（backward difference method），进行简化非稳定渗流有限元方程：

$$(\Delta t[K]+[M])\{H_1\} = \Delta t\{Q_1\} + [M]\{H_0\} \quad (1.21)$$

由式（1.21）可知，要计算时间增量的最终阶段的水头，必须要知道开始阶段的水头。非稳定渗流分析必须要给出初始条件。

1.4.2.5　重力坝渗流分析

土石堤(围堰、导流堤)、重力坝工程是人类历史上最早应用的挡水构筑物,其发展史也就是渗流理论和渗流控制理论的发展史。

有些土石堤(围堰、导流堤)、重力坝工程实测资料与有限元分析及模型试验数据较为一致,可互相验证。中国也对部分大型土石堤(围堰、导流堤)、重力坝工程作了有限元计算及原型观测分析,葛洲坝工程是在长江干流上修建的第一座水利枢纽,见图1.6。工程分两期施工:一期修筑上下游土石围堰截断二江、三江,利用葛洲坝滩地填筑纵向围堰形成一期基坑,用于修建二江泄水闸、二江电厂、三江船闸以及冲沙闸;二期导流修筑二期上下游围堰截断大江,利用厂闸导水墙及钢板桩形成二期纵向围堰,用于修建大江电站、一号船闸、大江冲沙闸和混凝土挡水坝等。分期导流平面布置见图1.7。

图1.6　葛洲坝水利枢纽工程

中国葛洲坝围堰工程在设计和施工过程中运用了有限元分析,为三峡深水围堰的分析提供了经验。长江三峡水利枢纽工程是中国长江中上游段建设的大型水利工程项目,采用"三期导流,明渠通航,碾压混凝土围堰挡水发电"的施工导流方案。第一期导流:修筑右岸土石围堰用于保护导流明渠开挖、修筑混凝土纵向围堰,见图1.8。第二期导流:修建上下游土石围堰与混凝土纵向围堰形成二期基坑,用于施工大坝泄洪坝段、左岸厂房坝段及电站厂房,见图1.9。第三期导流:修建上下游土石围堰及三期碾压混凝土围堰,封堵导流明渠,形成三期基坑,用于施工右岸厂房坝段及电站厂房,见图1.10。三期碾压混凝土围堰和纵向混凝土围堰挡水,水库蓄水至135m水位。

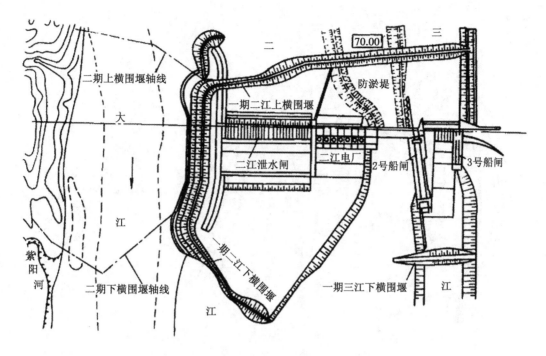

图 1.7　葛洲坝水利枢纽分期导流平面布置

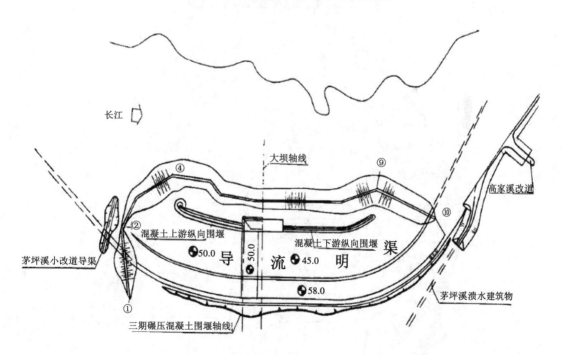

图 1.8　三峡一期土石围堰平面布置图
①—②为茅坪溪围堰；②—④为上横段围堰；④—⑨为纵向段围堰；⑨—⑩为下横段围堰

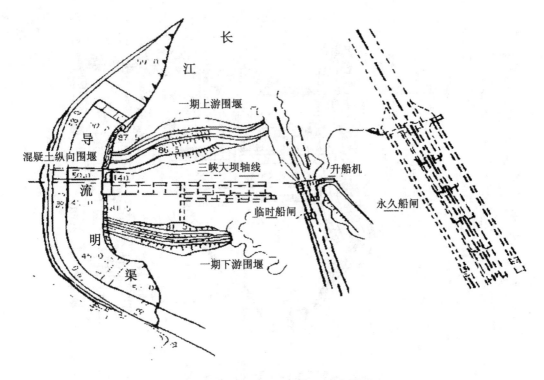

图 1.9 三峡二期土石围堰平面布置图

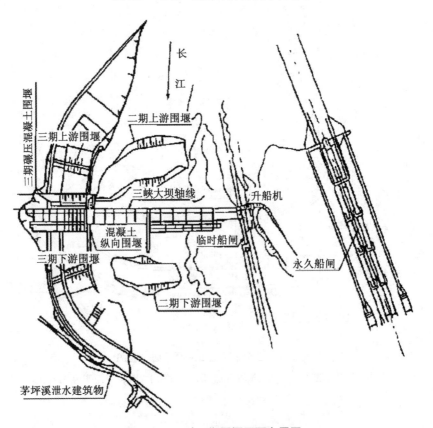

图 1.10 三峡三期围堰平面布置图

1.4.3　流固耦合分析技术

流固耦合力学是流体力学与固体力学交叉生成的一门力学分支，是研究流场作用域固体变形之间相互作用的一门科学，其研究成果广泛应用于航空航天、水利水电、建筑、石化、海洋及生物工程领域。流固耦合理论经过几十年的研究发展，目前已经比较完善，但由于具有很强的非线性，求解方程极为复杂，须借鉴有关 CAE、FEM 计算方法。

1.4.3.1　Terzaghi 一维固结理论

1925 年 Terzaghi 出版了世界上第一本土力学专著《建立在土的物理学基础的土力学》，提出饱和土体渗透固结理论；土体变形微小；孔隙水渗流服从 Darcy's Law；土体承受的总应力不变；体积压缩系数为常数，且水和土颗粒不可压缩。

Terzaghi 一维固结理论的研究起源于 20 世纪 60 年代，Mikasa 和 Gibson 以小变形固结理论为基础，使其有限元分析随着非线性连续介质力学的发展不断取得进展。

1.4.3.2　Biot 固结理论

孔隙水的渗流符合 Darcy's Law；在渗透固结过程中，土的渗透系数 k、压缩系数 α 均视为常数。

1.4.3.3　非饱和土体固结理论

20 世纪 70 年代，Fredlund 推导出非饱和土一维固结方程，20 世纪 90 年代以后开始重点研究非饱和土的本构模型。1973 年，S.P.Neuman 提出进行土坝饱和-非饱和渗流有限单元法数值模拟。20 世纪 80 年代，Mustafa M.Aral 等人应用有限元方法对 Wallace 坝的渗流情况进行了计算分析。

在非饱和渗流数值分析中，会有数值弥散现象。针对这种现象，黄康乐采用变坐标的特征有限元法；朱学愚、谢春红、钱孝星采用在 Galerkin 有限元法的权函数中加上一个扰动的 SUPG 有限元法；高骥、雷光耀、张锁春对计算参数都采用按空隙水压力值线性插值方法；杨代泉、沈珠江采用恒定式差分格式离散和求解非饱和土一维广义固结非线性方程组；吴梦喜、高莲士对一般的非饱和渗流有限元计算方法加以改进。

1.4.3.4　流固耦合分析

中国学者对流固耦合分析的问题进行了大量研究。陈正汉、谢定义、刘祖典以混合物理论为基础研究了非饱和土的固结问题，将以有效应力原理和 Curie 对称原理为基础的非饱和土固结的数学模型化简求解。

柴军瑞、仵彦卿以土坝渗流特性为基础，提出了均质土坝渗流场与应力场耦合分析的连续介质数学模型。王媛以 Biot 固结理论为基础，以小变形和稳定渗流为基本假设，建立了结点位移和孔隙水压力为未知量的基本方程组。罗晓辉将稳定渗流与非稳定渗流有限元分析结果加到了应力场中进行分析。

仵彦卿提出可采用机理分析法、混合分析法和系统辨识法建立渗流场与应力场的耦合分析模型。平扬、白世伟、徐燕平采用有限元方法将渗流水力作用与应力场耦合。

陈波、李宁、襟瑞花推证了多孔介质三场耦合数学模型微分控制方程,并推导了6结点三角形单元的固液两相介质的温度场、渗流场、变形场耦合问题的有限元格式。柴军瑞在系统地分析和总结非达西渗流的理论与试验规律的基础上,采用解析分析与数值分析相结合的研究方法对一维、二维非达西渗流进行了求解。杨志锡、杨林德根据虚位移原理推导出各向异性的饱和土体内的直接耦合有限元计算公式。

李培超、孔祥言、卢德唐以基于多孔介质的有效应力原理为基础进行渗流场与应力场的耦合分析,建立了饱和多孔介质流固耦合渗流分析的数学模型。

1.4.4 围堰导流堤防渗方法

围堰导流堤的防渗形式大体分为土质防渗体、防渗墙两类。

1.4.4.1 土质防渗体

土质防渗体是在水中抛填形成斜坡式防渗体,水上采用干地填筑。

1.4.4.2 防渗墙

防渗墙是在透水地基或土石坝(围堰)坝体中连续造孔成槽、泥浆固壁,在泥浆下灌注防渗材料建成地下连续墙,保证地基稳定和大坝安全。目前,防渗墙施工的造孔机具主要有冲击钻机、回转钻机、钢绳抓斗、液压抓斗以及液压铣槽机,施工机具因其各具特点而配套使用。

◆◇ 1.5 主要研究内容

从设计以及数值分析成果互相验证的角度出发,对尼罗河围堰导流堤、重力坝工程进行数值建模仿真,并对其渗流场演化规律、力学特性进行研究。主要研究内容如下。

(1)依据中国经验建立研究思路。结合苏丹尼罗河 Upper Atbara 坝工程实际情况和特点,依据中国经验对围堰导流堤、重力坝构筑施工阶段的渗流场演化和流固耦合动力响应力学特性进行分析,建立苏丹尼罗河 Upper Atbara 坝工程研究思路,并应用于实体工程,保证施工安全。

(2)尼罗河 Upper Atbara 坝工程方案设计研究。通过确定围堰导流堤工程布置和结构型式、重力坝工程构筑,对英国、中国土石坝设计施工进行相关归纳总结,并对尼罗河围堰导流堤、重力坝工程方案进行研究,确定合理施工设计方案,以保证尼罗河 Upper Atbara 坝工程施工安全。

（3）围堰导流堤、重力坝工程施工阶段力学特性分析。以有限元理论和渗流理论为基础，应用有限元数值模拟分析技术，针对土石围堰、重力坝施工、蓄水工况，开展围堰导流堤、重力坝的渗流场演化和流固耦合动力响应稳定性分析；进行围堰导流堤施工阶段渗流场演化分析，揭示围堰导流堤堤身及防渗的渗流规律与流固耦合力学特性。

（4）围堰导流堤、重力坝工程有限元强度折减与地震动力响应力学特性分析。以有限元数值模拟分析技术为手段，开展围堰导流堤、重力坝工程有限元强度折减与地震动力响应渗流、力学特性研究，研究渗流规律与流固耦合力学特性。

（5）研究总结。对尼罗河 Upper Atbara 坝构筑及其流固耦合动力响应进行研究，以便指导实体工程，进而为苏丹类似重力坝构筑及其流固耦合动力响应分析工程设计和建设评价提供借鉴经验。

◆◇ 1.6　研究技术路线

（1）以苏丹尼罗河围堰导流堤、重力坝工程施工阶段渗流及力学特性研究为目的；

（2）对国内外土石坝设计施工的相关经验的归纳总结；

（3）根据依托工程水文地质条件，开展围堰导流堤、重力坝工程的方案设计研究；

（4）对苏丹尼罗河围堰导流堤、重力坝工程进行施工阶段渗流场及应力场数值分析及研究；

（5）研究获得围堰导流堤、重力坝工程渗流场演化规律及力学特性，为进一步优化设计、施工提供理论依据。

研究技术路线如图 1.11 所示。

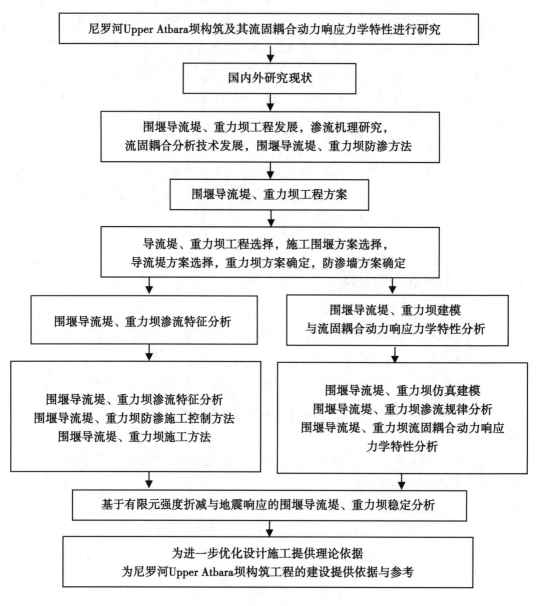

图 1.11 研究技术路线图

第2部分 土石坝设计施工基本方法研究

第2章 土石坝类型与设计原则、方法及其构造

土石坝是利用当地土料、石料或混合料等散粒体材料经抛填、碾压等方法堆筑成的挡水坝，其建设情况历史最悠久、数量最多。例如高土石坝如图2.1、图2.2所示。

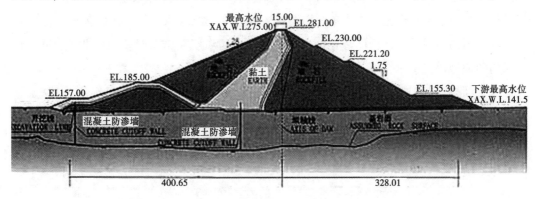

图2.1 小浪底坝体剖面图

图2.2 水布垭水利枢纽鸟瞰图

◇ 2.1 土石坝坝型选择的因素

土石坝坝型选择的有关因素很多，其中最主要的是坝址附近的筑坝材料。除了含腐殖质太多的土料外，所有土石料都可筑坝，只要适当地配置在坝体的一定部位即可。不适合做防渗体的土料，用一定施工方法或加工处理后也可用作防渗料。在我国黄土地区，或砾喷风化土坝址，对于坝高在40m左右的坝，可采用水中填土坝；在同样情况下，当两岸料场高于坝顶较多，而且坝长在400m以内时，可采用自流式冲填坝。在东北地区，冰冻期长，黏土施工工日少，适宜采用薄心墙、薄斜墙砂卵石坝壳的坝；在西南地区，含高岭石为主、间有伊利石的肥黏土，压实较难，且由于雨期长，故常采用背心墙坝。

在高山峡谷地带，石料丰富，或地基开挖和泄水建筑物开挖的石渣较多，常采用碾压式堆石坝。在低丘陵山岗地区，壤土、砂质黏土储量丰富，可采用厚心墙、厚斜墙或均质坝，但均质坝一般适用于40m以下的低坝。均质坝的外壳应当用一定厚度的砂卵石或石渣保护，这样，既可使坝陡，又可防止坝面裂缝；对于南方地区来说，又可以防止土白蚁破坏。当地缺乏黏性土时，才考虑用沥青渣油混凝土或水泥混凝土做防渗层。碾压式堆石坝采用钢筋混凝土面板防渗比沥青渣油混凝土防渗层在施工时要简便些，为近代较多采用的坝型。

除筑坝材料是坝型选择的主要因素外，还要根据地形、地质条件、气候条件、施工条件、坝基处理方案、抗震要求、人防要求等各种因素进行研究比较，初选几种坝型，拟定断面廓，进一步比较工程量、工期、造价，最后选定技术上可靠、经济上合理的坝型。

碾压式土石坝主要坝型及冲填坝坝型见图2.3、图2.4。

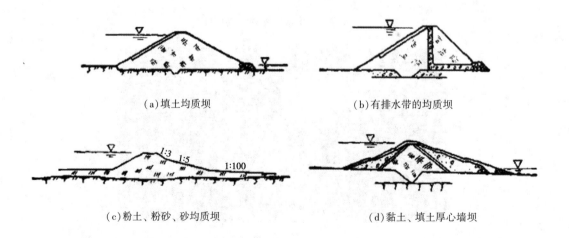

(a)填土均质坝　　　　　　　　　　(b)有排水带的均质坝

(c)粉土、粉砂、砂均质坝　　　　　　(d)黏土、填土厚心墙坝

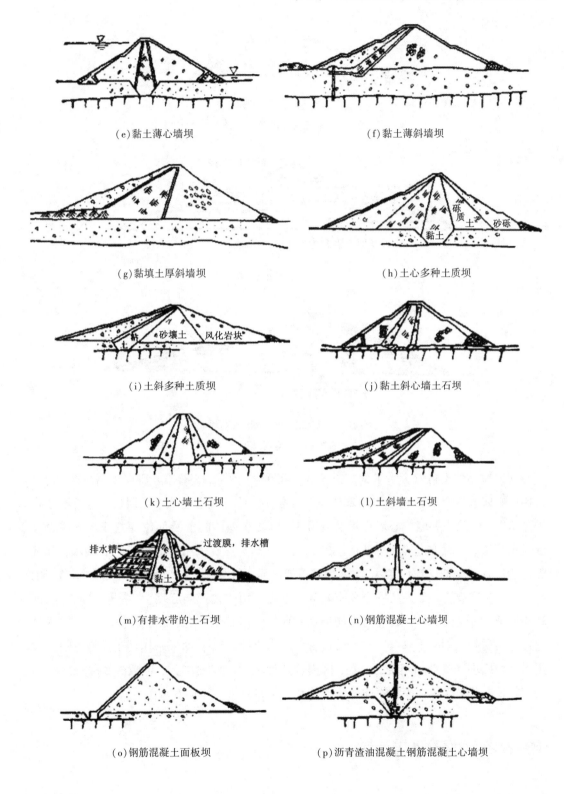

(e)黏土薄心墙坝

(f)黏土薄斜墙坝

(g)黏填土厚斜墙坝

(h)土心多种土质坝

(i)土斜多种土质坝

(j)黏土斜心墙土石坝

(k)土心墙土石坝

(l)土斜墙土石坝

(m)有排水带的土石坝

(n)钢筋混凝土心墙坝

(o)钢筋混凝土面板坝

(p)沥青渣油混凝土钢筋混凝土心墙坝

（q）沥青渣油混凝土斜墙坝

图2.3　碾压式土石坝主要坝型

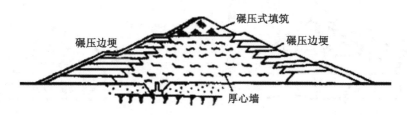

（a）坝两头进泥浆冲填坝

（b）坝两边进泥浆滩地分流采用风化岩块坝壳

图2.4　冲填坝坝型

　　如当地黏性土自然含水量偏高或偏低，运距远，雨季或冬季长，则应少用黏性土，以采用薄心墙或薄斜墙为宜。如坝基地质条件复杂，处理工程量大、工期长，为了不影响坝体填筑，以采用斜墙或心墙加短铺盖为宜，以便在坝体的上游部位开挖截水槽或设置混凝土防渗墙，而不干扰坝主体的填筑。又如在地震区，采用心墙坝或斜心墙坝，其抗震性能较好，特别是上下游棱体，采用堆石或砾质土，碾压密实，则发生地震时不易产生滑坡、裂缝等事故。如人防安全要求较高，也应采用心墙或斜心墙为宜，同时加宽坝顶和心墙顶，增强抗御炸弹的能力。如果水库水位降落较快，则坝的上游棱体应采用透水性良好的材料（如堆石、砂卵石），或设置上游水平排水带。如果采用铺盖防渗，则以采用黏性均质坝和厚斜墙坝较为有利，因为这两种坝型防渗轮廓长，可减少铺盖长度。如果坝较长，可根据各坝段的不同地质条件和筑坝材料采用不同的坝型。

◆◇ 2.2　土石坝的特点

　　（1）稳定方面。土石坝断面大，不会出现整体滑动失稳或倾覆失稳问题，失稳形式主要是边坡滑动或连同一部分坝基一起滑动。

(2)冲刷方面。抗冲刷能力弱,坝身一般不能溢流,需另设溢洪道。

(3)渗流方面。渗漏量大,容易引起渗透变形,对坝坡稳定不利。

(4)沉降方面。在自重及其他荷载的作用下产生均匀沉降和不均匀沉降。坝顶要预留1%左右的沉降量。

(5)其他方面。对地形、地质的适应性好,就地取材,结构简单,施工方便(但容易受气候条件影响),造价较低,且便于维修、加高和扩建。

◈◇ 2.3　土石坝发展的趋势

随着大容量、高效率施工机械的发展,对筑坝材料的要求降低,提高了施工质量,加快了进度,降低了造价;设计理论、试验及计算技术的发展提高了大坝分析计算水平,加快了设计进度,保障了大坝设计的安全可靠性;高边坡、地下工程结构、高速水流消能防冲等土石坝配套工程设计和施工技术的综合发展,对加速土石坝的建设和发展也起了重要促进作用。近年来,用石料和土石混合料填筑的堆石面板坝,在土石坝建设中被大量应用,成为新的发展趋势。

◈◇ 2.4　土石坝渗流及渗流区域划分

(1)渗透水流的表面——浸润面。

(2)浸润面与垂直面的交线——浸润线。

①饱和区(浸润线之下):土体受上浮力和渗透水压力,在荷载作用下可能产生滑动;动水压力产生渗透变形(物理、化学);渗漏造成水量损失。

②湿区:毛细水,处于变化中。

③干区:干燥,可能出现裂缝。

(3)影响浸润线位置的因素:浸润线越高,对下游水位、防渗设备位置、坝体内的排水设备位置越不利。

◈◇ 2.5　土石坝类型及坝型选择

2.5.1　土石坝分类

(1)按照坝高分类:低坝、中坝和高坝。

(2)按照施工方法分类:碾压式、水力冲填式、水中填土坝以及定向爆破堆土石坝,其中碾压式土石坝应用最广。

（3）碾压式土石坝按土料在坝身内的配置和防渗体所用的材料种类分为均质坝、土质防渗体分区坝（土质心墙坝、土质斜墙坝、多种土质坝）、非土质材料防渗体坝（人工材料心墙坝、人工材料面板坝），如图2.5所示。

（4）根据坝体内土石含量的多少分为土坝和堆石坝（含石量在50%以上）。

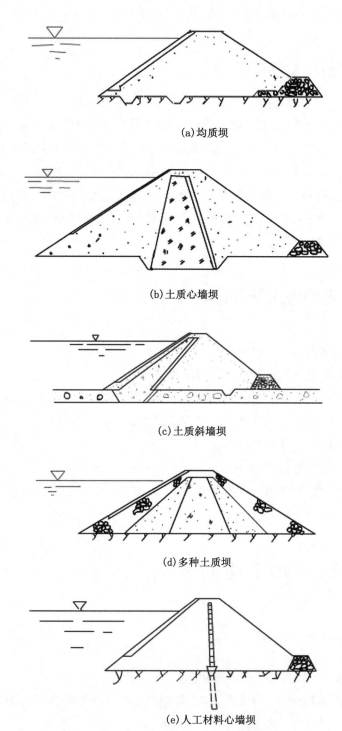

(a)均质坝

(b)土质心墙坝

(c)土质斜墙坝

(d)多种土质坝

(e)人工材料心墙坝

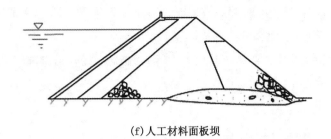

(f)人工材料面板坝

图 2.5　碾压式土石坝主要类型

综合考虑筑坝材料情况、坝址地形地质条件、施工及运用要求等因素，根据筑坝材料的储量及施工机械等情况，通过技术经济比较，决定采用何种坝型。

(1)均质坝：适用于中低坝，黏土施工受气候影响较小的(雨水较少)地区；

(2)心墙坝、斜墙坝：适用于中高坝，特别是斜墙坝施工受气候影响不大，且下游坝坡稳定性好；

(3)心墙坝、均质坝：对地质的适应性较好，可用于地基变形较大的区域；

(4)岸坡地形较陡时用均质坝、心墙坝、斜墙坝；

(5)高土坝，一般在修心墙、斜墙不稳定时应用。

2.5.2　土石坝组成及设计要求

(1)土石坝组成。土石坝一般包括四部分：坝身、防渗体、排水设备和护坡。坝身是土石坝的主体，坝的稳定主要靠它维持；防渗体的作用是降低浸润线，防止渗透破坏和减少渗透水量；排水设备的作用是安全地排除渗透水，增强下游坝坡的稳定性；护坡的作用是防止波浪、冰层、温度变化、雨水和水流等对坝坡的破坏。

(2)设计基本要求。具有足够的断面维持坝坡的稳定。边坡稳定和坝基稳定是土石坝安全的基本保证。施工期、水库水位降落以及地震作用下坝坡的荷载和土石料的抗剪强度指标都将发生变化，应分别计算。设置良好的防渗和排水设施以控制渗流。土石坝挡水后，坝体内形成渗流，饱和区土石料承受上浮力，减轻了抵抗滑动的有效重量；浸水后土石料的抗剪强度降低；渗透水压力可对坝坡形成不良作用；渗流从坝坡、坝基或河岸逸出时可能引起管涌、流土等渗流破坏。设置防渗和排水设施可以控制渗流范围、改变渗流方向、减小渗流的逸出坡降以增加坝坡、坝基和河岸的抗滑和抗渗稳定性，还有利于减小坝体和坝基的渗流量。

根据现场条件选择好土石料的种类、坝的结构以及各种土石料在坝体内的配置，选择好坝体各部分的填筑压实标准，达到技术经济合理性；具有足够的泄洪能力，坝顶在洪水位以上要有足够的安全超高，以防洪水漫顶，导致大坝失事。

适当的构造措施可以使坝运用可靠、耐久。在水库水位变化范围内，上游坝面应有坚固的护坡，防止波浪冲击和淘刷。下游坝坡应能防止雨水的冲刷破坏。保护坝内黏性土料，防止夏季日晒、冬季冻胀等形成裂缝。对压缩性大的土料应采取工程措施减少均匀沉降和不均匀沉降，避免裂缝的形成和发展。

土石坝被破坏的原因主要有：洪水漫顶、渗透破坏、沿管道渗漏、滑坡、脱坡等，占总溃坝的 30%、25%、13%、15%、5%。

◆ 2.6 土石坝设计步骤

2.6.1 土石坝设计的步骤

（1）进行坝型比选；

（2）拟定坝的各部分尺寸；

（3）进行渗透、稳定、沉陷的校核计算；

（4）细部构造设计，地基处理设计；

（5）计算工程量，取最优方案。

2.6.2 剖面设计

（1）坝顶高程；

（2）坝顶宽度；

（3）坝体坡度；

（4）防渗体；

（5）排水设备等。

2.6.3 坝顶高程

（1）坝顶高程＝水库静水位+相应的超高；

（2）坝顶高程＝设计洪水位+正常运用条件的坝顶超高；

（3）坝顶高程＝正常蓄水位+正常运用条件的坝顶超高；

（4）坝顶高程＝校核洪水位+非常运用条件的坝顶超高；

（5）坝顶高程＝正常蓄水位+非常运用条件的坝顶超高+地震安全加高。

取上述中的最大值。

坝顶高程是指沉陷稳定后的数值，竣工时的坝顶高程要预留足够的沉陷超高。

坝顶设防浪墙时，y 为静水位到墙顶的高差。正常情况坝顶应高出静水位 0.5m 以上，非常情况不低于静水位。静水位以上的超高：

$$y = R + e + A \qquad (2.1)$$

式中：R——最大风浪爬高；

　　　e——最大风壅水面高；

　　　A——安全加高（按建筑物级别确定）。

①风浪爬高 R［《碾压式土石坝设计规范》（SL 274—2022）］。

平均爬高：

$$R_m = k_\Delta k_w (h_m L_m)^{1/2} / (1+m^2)^{1/2} \quad (m=1.5\sim5.0) \tag{2.2}$$

或

$$R_m = k_\Delta k_w h_m R_0 \quad (m \leqslant 1.25) \tag{2.3}$$

式中：R_0——无风情况下，平均波高 $h_m = 1.0\text{m}$，$k_\Delta = 1$ 时的爬高；

　　　h_m, L_m——平均波高和波长，采用莆田试验站公式计算；

　　　k_Δ——坝坡护面粗糙系数，按规范确定；

　　　k_w——经验系数，按规范确定。

②波浪中心线超出静水位的高度 e：

$$e = KV^2 D \times \cos\beta / (2gH_m) \tag{2.4}$$

式中：V——计算风速，m/s；正常运用情况 1、2 级坝为多年平均最大风速的 $1.5\sim2.0$ 倍，3、4、5 级坝为多年平均最大风速的 1.5 倍；非常运用情况取多年平均最大风速；

　　　β——风向与坝轴线的法向夹角；

　　　D——吹程，m；

　　　H_m——坝前平均水深，m；

　　　K——综合摩阻系数，一般取 $K=3.6\times10^{-6}$。

③安全加高 A（按建筑物级别确定），见表 2.1。

表 2.1　安全加高 A

坝的级别	1	2	3	4、5
设　计	1.5	1.0	0.7	0.5
山区、丘陵区	0.7	0.5	0.4	0.3
平原、滨海区	1.0	0.7	0.5	0.3

坝顶超高计算示意图见图 2.6。

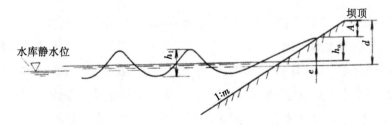

图 2.6　坝顶超高计算示意图

2.6.4　坝顶宽度

坝顶宽度按构造、施工、运行和抗震等因素综合确定。如无特殊要求，高坝可选用 10~15m，中低坝选用 5~10m，常取 $H/10$。坝顶宽度必须考虑心墙和斜墙顶部以及反滤层的需求。寒冷地区还需有足够的宽度以保护黏性土料防渗体免受冻害。

2.6.5　坝体坡度

坝坡与坝型、坝高、筑坝材料、坝基性质以及施工方法有关，一般参照工程实践类比拟定，最后应经稳定计算确定。一般情况下，确定坝坡可参考以下规律。

（1）在满足稳定的情况下，应尽可能采用较陡的坝坡，以减少工程量；

（2）从坝体的上部到下部，坝坡逐步放缓，以满足抗渗稳定和结构稳定性的要求；

（3）均质坝的上下游坝坡比心墙坝的坝坡缓；

（4）心墙坝的上下游坝坡可陡些；

（5）黏土斜墙坝的上游坝坡比心墙的坝坡缓，而下游坝坡比心墙的坝坡陡；

（6）土料相同时上游坝坡比下游坝坡缓；

（7）黏性土料坝的坝坡与坝高有关，坝高越大则坝坡越缓，而砂或砂料坝体坝坡与坝高关系甚微；

（8）碾压式堆石坝的坝坡比土坝陡；

（9）坝基和坝体土料沿坝轴线分布不一致时，分段采用不同坡率，坝坡缓慢过渡；

（10）上、下游坝坡马道的设置应根据坝面排水、检修、观测、道路、增加护坡和坝基稳定等不同要求确定。

◆◇ 2.7　土石坝构造设计

2.7.1　坝顶

坝顶盖面材料应根据当地材料及坝顶用途确定，宜采用密实的砂砾石、碎石、单层砌石或沥青混凝土等柔性材料。坝顶面可向上、下游侧或下游侧放坡。坡度根据降雨强度，在 2%~3% 内选，并做好向下游的排水系统。坝顶上游侧宜设置防浪墙，墙顶高出坝顶 1.0~1.2m，防浪墙必须与防渗体紧密结合。防浪墙应坚固不透水，结构尺寸根据稳定、强度计算确定，并设置伸缩缝，做好止水。地震区应核算防浪墙的动力稳定性。坝顶结构与布置应经济、实用、建筑艺术处理美观大方，与周围环境协调。坝顶还要设置相应的照明措施、栏杆等安全措施。

2.7.2　护坡及边坡排水

（1）护坡的作用：设置上游坡面为了防止波浪淘刷、顺坡水流冲刷、冰层和漂浮物等的危害；设置下游坡面为了防止雨水、大风、尾水波浪、冰层和水流作用以及动物、冻胀干裂的破坏。

（2）类型：砌石护坡（干砌）：单层厚 0.30～0.35m，双层 0.40～0.60m，垫层 0.15～0.25m，自坝顶至最低水位以下 1.5～2.0m；堆石护坡：厚 0.5～0.9m，垫层 0.4～0.5m，与砌石护坡相比，用石料多，省工，消浪好。其他护坡：浆砌石、沥青混凝土、混凝土、钢筋混凝土等；下游护坡：碎石、砌石、草皮护坡等。

2.7.3　防渗体

（1）作用：降低浸润线，保证下游坡稳定；降低渗流量，防止渗透变形；

（2）类型：按防渗体材料性质分：塑性材料（黏土、沥青）和刚性材料（混凝土）；

（3）位置：斜墙、心墙；

（4）土质防渗体：心墙、斜墙。

土质防渗体断面满足渗透比降、下游浸润线和渗流量以及施工、结构稳定要求，自上而下逐渐加厚，顶部水平宽度大于或等于 3m，底部厚度，斜墙不小于水头的 1/5，心墙不宜小于水头的 1/4。

土石坝的土质防渗体和截水槽如图 2.7 所示。

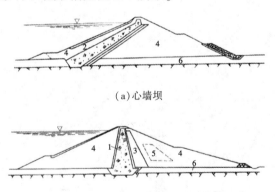

(a)心墙坝

(b)斜墙坝

图 2.7　土石坝的土质防渗体和截水槽

1—心墙；2—斜墙；3—过渡层；4—砂砾料；5—任意料；6—河床砂砾料

防渗体顶部要高出正常水位。非常运用条件下，防渗体顶部不低于非常用条件的静水位。有防浪墙时不低于正常水位。

防渗体顶部预留竣工后沉降超高。

土质防渗体顶部和土质斜墙上游应设保护层。保护层厚度（包括上游护坡垫层）应不小于该地的冻结和干燥深度。心墙、斜墙与坝壳和截水槽与坝基透水层之间，以及下游渗流逸出处，都必须设置反滤层。

沥青混凝土防渗墙优点：防渗好，$K = 10^{-10} \sim 10^{-7}$ cm/s；塑性好，适应变形；厚度小；受气候影响小。要求：强度、热稳定性、和易性、柔性、水稳定性。

①沥青混凝土面板：有设置排水层的复式断面和不设置排水层的简式断面两种，防渗厚度同心墙；斜墙与基础连接要适应变形，柔性结构。

②沥青心墙：受外界温度影响小，结构简单，修补困难；厚度 $H/60 \sim H/30$，顶厚30cm，底厚40cm。

沥青混凝土斜墙坝和心墙坝见图2.8。

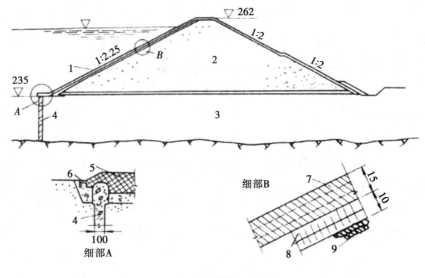

（a）心墙坝

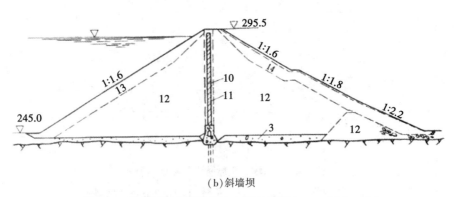

（b）斜墙坝

图2.8　沥青混凝土斜墙坝和心墙坝（高程：m，尺寸：cm）

1—沥青混凝土斜墙；2—砂砾石坝体；3—砂砾河床；4—混凝土防渗墙；5—致密沥青混凝土；6—回填黏土；

7—密实沥青混凝土防渗层；8—整平层；9—碎石垫层；10—沥青混凝土心墙；11—过渡区；

12—堆石体；13—抛石护坡；14—砾石土

复合土工膜：在土工膜的单侧或两侧热合织物的复合材料，具有很好的防渗性，在Ⅱ级及以下大坝中采用。

2.7.4　排水设备

(1)作用：降低浸润线和孔隙压力，改变渗流方向；防止渗流逸出处产生渗透变形；防止波浪淘刷和冻胀破坏，增加坝坡稳定。

(2)设计要求：能自由地向坝外排出全部渗透水；应按反滤要求设计；便于观测和检修。

(3)形式选择依据：坝型、下游水位、坝基地质、气候、材料及施工条件。

(4)常见的排水形式：棱体排水；贴坡排水；坝体内排水；综合排水，见图2.9。

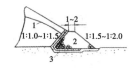   

　(a)棱体排水　　　　(b)贴坡排水　　　　(c)坝体内排水　　　　(d)综合排水

图2.9　排水形式(单位：m)

1—浸润线；2—各种形式排水；3—反滤层；4—横向排水带或排水管；5—排水沟

① 棱体排水。

• 结构：下游坡脚用块石堆成的棱体，顶宽1~2m，坝坡(内1:1~1:1.5、外1:1.5~1:2.0)。

• 优点：降低浸润线，防止坝坡冻胀，保护下游不受尾水淘刷，增加稳定性。

• 缺点：石料用量大，费用高，受坝体施工干扰，检修困难。

适用于石料丰富地区的河槽部位。

② 贴坡排水。

• 结构：在下游坝坡表面用一二层堆石或砌石加反滤层铺设而成。

• 优点：构造简单、用料省，施工方便，易检修。

• 缺点：不能降低浸润线位置，受冰冻失效。

适用于中小型工程下游无水均质坝或浸润线较低的中等高度坝。

③ 坝体内排水(褥垫排水)。

• 结构：沿坝基面平铺(渗入坝内1/3~1/2坝底宽)的由块石组成的水平排水层、外包反滤层。

• 优点：降低浸润线效果显著，有助于坝基土排水固结。

• 缺点：对不均匀沉降适应性差，易断裂，难检修，下游水位高时降低浸润线效果不明显。

适用于坝基为软黏土，需要消散孔隙水压力，加速地基土固结的情况。

④ 综合排水：发挥各种排水方法的优势。

2.7.5　反滤层

● 作用：滤土排水，防止水工建筑物在渗流逸出处遭受管涌、流土等渗流变形的破坏以及不同土层界面的接触冲刷。

● 位置：在土质防渗体与坝壳或坝基透水层之间，以及渗流逸出处或进入排水处。

● 要求：相邻层细粒不能穿过粗粒空隙 $D/d<7\sim20$；各层稳定，不能移动；不能被细粒堵塞；耐久稳定，不改变性质。

● 材料：粒径均匀，抗风化的砂、卵石、碎石等。

● 过渡层：避免刚度相差较大的两种土料之间产生急剧的变形和应力。

反滤层可以起过渡层作用，但过渡层不能做反滤层。

第3章　土石坝渗流特征和渗透稳定分析

水电站土石坝渗流计算与分析的主要内容包括：确定水电站土石坝浸润线和下游渗流溢出点的位置；确定水电站土石坝渗流流速、水力坡降等渗流要素；确定水电站土石坝坝体和坝基的渗流量。水电站土石坝渗流分析的方法很多，常用的有水力学法、流网法、数值分析法、反演法、电拟法等。

◆◇ 3.1　渗流场基本分析方法

3.1.1　水力学法基本假定

水力学法是一种二维渗流分析方法，它可以近似确定水电站土石坝浸润线位置、渗流流量、平均流速和渗透坡降。水力学法的基本假定如下。

（1）水电站土石坝坝体及坝基为均质、各向同性材料。

（2）水电站土石坝渗流为缓变流，即渗流场中等势线和流线均缓慢变化，任何铅直线上各点的流速和水头相等。对不透水地基，水电站土石坝渗流可以用虚拟矩形土体的渗流场模拟，如图 3.1 所示，根据达西定律可以得出杜平公式：

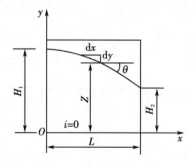

图 3.1　渗流计算简图

$$v = \frac{K(H_1 - H_2)}{L}; \quad q = \frac{K(H_1^2 - H_2^2)}{2L} \qquad (3.1)$$

式中：v——渗流速度；

K——土渗透系数；

H_1，H_2——灰坝上、下游水深，m；

q——渗流量。

由式(3.1)可知，浸润线是一条抛物线。当渗流量已知时，即可绘制出浸润线；当渗流边界条件已知时，即可计算出单位渗流量。

(3)用虚拟矩形土体代替水电站土石坝坝体的前提是坝体上游面是铅直的，这一假定与实际不相符。根据渗流阻力相等原则，如坝体和坝基的渗透系数相同，当坝体上游边坡坡度不小于2时，虚拟矩形土体的宽度(ΔL)可取为$0.4H_1$；当坝体上游边坡坡度小于2时，虚拟矩形土体的宽度(ΔL)可取为$m_1H_1/(1+2m_1)$，其中H_1为水电站土石坝上游水深，m_1为水电站土石坝上游边坡坡度。

3.1.2 不透水地基上均质坝的下游无排水设施渗流计算

一般情况下，当坝基渗透系数小于坝体渗透系数的1%时，可以认为坝基是不透水的。对不透水坝基上均质水电站土石坝的渗流计算，最早使用"三段法"，后对其补充、完善，形成了更加实用的"二段法"。"二段法"是用虚拟矩形土体代替水电站土石坝上游楔形体，并以渗流溢出点处的铅直线为分界线，将坝体分成上、下游两部分，如图3.2(a)所示，再根据渗流连续性原理求解渗流要素。

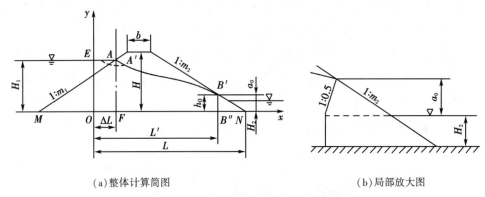

(a)整体计算简图　　　　　　　　　　(b)局部放大图

图3.2　下游无排水设施时渗流计算简图

对坝体上游段，上游楔形体的等效矩形宽度、单位渗流量、坝体浸润线方程可以按式(3.2)计算：

$$\left.\begin{array}{l} \Delta L = \dfrac{\lambda}{\Delta H}\left(\lambda - \dfrac{m_1}{2m_1+1}\right) \\[3mm] q_1 = K\dfrac{H_1^2 - (H_2+a_2)^2}{2L'} \\[3mm] y^2 = H_2^2 - \dfrac{2q_1 x}{K}\,(坝体浸润线方程) \end{array}\right\} \quad (3.2)$$

对坝体下游段,渗流量可分为下游水位以上部分和下游水位以下部分。试验结果表明:下游水位以上的坝身段与楔形体段以 1∶0.5 的等势线为分界面,如图 3.2(b)所示,下游水位以下部分以铅直面作为分界面。坝体下游段水位以上部分的渗流量(q_{21})可按式(3.3)计算,即

$$q_{21} = \int_0^{a_0} K \frac{y}{(m_2+0.5)y} \mathrm{d}y = K \frac{a_0}{m_2+0.5} \tag{3.3}$$

坝体下游段水位以下部分的渗流量(q_{22})可按式(3.4)计算,即

$$q_{22} = K \frac{a_0 H_2}{(m_2+0.5)a_0 + m_2 H_2/(1+2m_2)} \tag{3.4}$$

从而坝体下游段的总渗流量为:

$$q_2 = q_{21} + q_{22} = K \frac{a_0}{m_2+0.5} \left(1 + \frac{H_2}{a_0 + a_m H_2}\right) \tag{3.5}$$

其中,

$$a_m = m_2 / \left[2(m_2+0.5)^2\right] \tag{3.6}$$

式中:ΔL、L'——见图 3.2,m;

　　　ΔH——图 3.2 中点 E 与点 B' 之间的差值,m;

　　q_1,q_2——单位渗流量;

　　　　K——土的渗透系数;

　　　a_0——浸润线溢出点在下游水面以上的高度,m;

H_1,H_2——灰坝上、下游水深,m;

m_1,m_2——灰坝上、下游边坡坡度平均值。

根据渗流连续性原理可知:$q=q_1=q_2$,从而可求出水电站土石坝单位渗流量(q)、浸润线溢出点位置(a_0)和浸润线方程。按浸润线方程作出的水电站土石坝浸润线,需要在起点附近进行修正。当下游无水时,以上各式中的下游水深(H_2)为 0。因为贴坡排水基本上不影响坝体浸润线位置,所以当坝体下游有贴坡排水时,计算方法与下游不设排水设施时相同(见图 3.3 至图 3.6)。

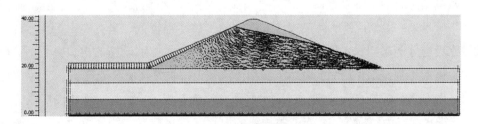

图 3.3　地下水渗流矢量分布图(1)

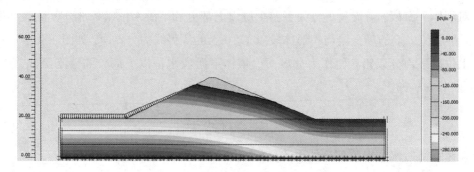

图 3.4　地下水等水位面分布云图(1)

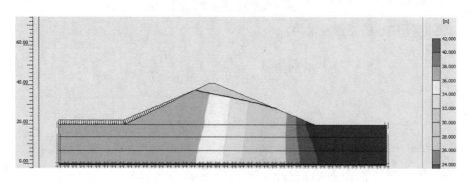

图 3.5　地下水等势面分布云图(1)

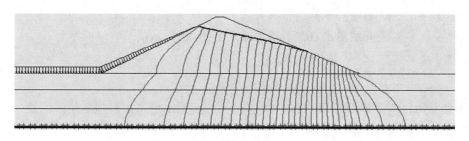

图 3.6　地下水渗流流网分布图(1)

3.1.3　下游有褥垫式排水设施渗流计算

在水电站土石坝下游设置褥垫式排水设施,是降低坝体浸润常用的工程措施之一,如图 3.7 所示。一般情况下,褥垫式排水设施的出口高程较低。只有在下游无水时,褥垫式排水设施才能起到排水作用;当下游水位超过褥垫式排水设施的出口高程时,褥垫式排水设施起不到排水作用,水电站土石坝渗流按无排水设施情况计算。

对下游有褥垫式排水设施且下游无水的水电站土石坝,一般假定坝体浸润线为一条抛物线,排水起点为抛物线的焦点,抛物线的原点在排水起点右侧 $h_0/2$ 处,h_0 为抛物线高度。由杜平公式可求出抛物线高度、单位渗流量、坝体浸润线方程,见式(3.7):

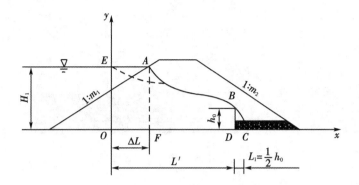

图 3.7　下游有褥垫式排水设施时渗流计算简图

$$
\left.
\begin{aligned}
h &= \sqrt{L'^2 + H_1^2} - L' \\
q &= \frac{K}{2L'}(H_1^2 - h_0^2) \\
y^2 &= h_0^2 + 2qx/K\ (坝体浸润线方程)
\end{aligned}
\right\}
\tag{3.7}
$$

式中：H_1——灰坝上游水深，m；

　　　q——单位渗流量；

　　　K——土的渗透系数。

见图 3.8 至图 3.11。

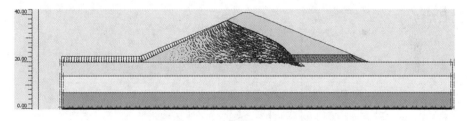

图 3.8　地下水渗流矢量分布图(2)

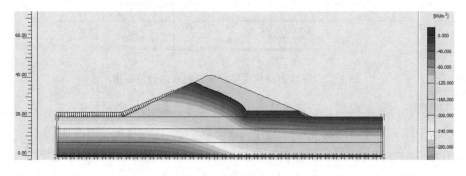

图 3.9　地下水等水位面分布云图(2)

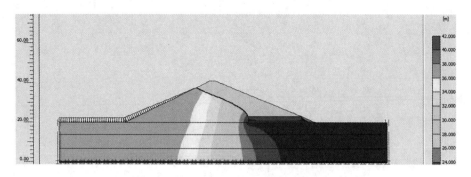

图 3.10　地下水等势面分布云图(2)

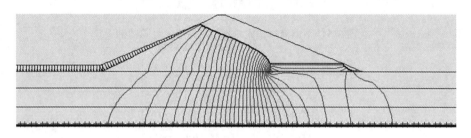

图 3.11　地下水渗流流网分布图(2)

3.1.4　下游有棱体式排水设施渗流计算

棱体式排水设施与褥垫式排水设施类似,是降低坝体浸润常用的工程措施之一,如图 3.12 所示。

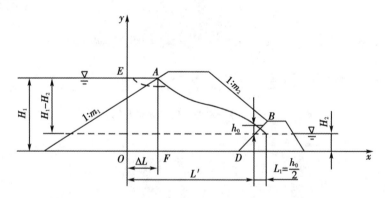

图 3.12　下游有棱体式排水设施时渗流计算简图

当下游无水时,水电站土石坝渗流与下游有褥垫式排水设施情况相同;当下游有水时,以排水棱体上游面与下游水位交点处的垂直断面为上游段的末端断面,将下游水面以上部分按下游有褥垫式排水设施情况处理,即将下游水面以上的坝体浸润线假定为一条抛物线,排水起点为抛物线焦点,抛物线原点在排水起点右侧 $h_0/2$ 处,h_0 为抛物线高度。由杜平公式可以求出抛物线高度、单位渗流量、坝体浸润线方程,见式(3.8)。

$$h_0 = \sqrt{L'^2 + (H_1 - H_2)^2} - L' $$
$$q = \frac{K}{2L'}\left[H_1^2 - (H_2 + h_0)^2 \right] \tag{3.8}$$
$$y^2 = (h_0 + h_2)^2 + 2qx/K \text{（坝体浸润线方程）}$$

式中：H_1，H_2——灰坝上、下游水深，m；

　　　　q——单位渗流量；

　　　　K——土的渗透系数。

　　见图 3.13 至图 3.16。

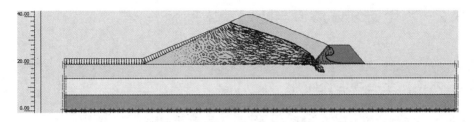

图 3.13　地下水渗流矢量分布图(3)

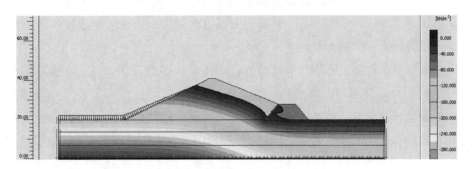

图 3.14　地下水等水位面分布云图(3)

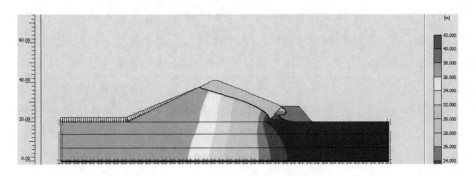

图 3.15　地下水等势面分布云图(3)

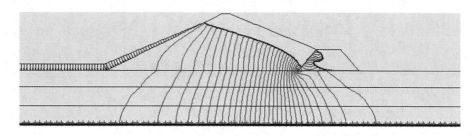

图 3.16　地下水渗流流网分布图(3)

◆◇ 3.2　水电站坝体渗流与防治技术措施

3.2.1　水电站土石坝渗流特点

水电站土石坝渗流不同于水利工程的挡水坝,其主要特点如下。

(1)坝体由多种介质组成,包括坝前沉积、初期坝、子坝、排渗设施、防渗设施等。坝前沉积不是均质的,一般情况下,其水平向渗透系数大于垂直向渗透系数。

(2)一般情况下,坝基土不是单一土层。

(3)对山谷型水电站土石坝,水电站土石坝渗流大多为三维渗流,渗流方向有自上游流向下游的,也有自两岸山坡流向谷底的。

(4)正常运行情况下,水电站坝体水位上升缓慢,可以将水电站土石坝渗流视为稳定流;而在汛期,当洪水突然来临,水库水位骤然上升时,水电站土石坝渗流又转变为非稳定流。

在进行水电站土石坝渗流分析时,应将初期坝、子坝、坝基及坝前粉煤灰渣视为一个整体,通过计算这个整体的渗流场,得出坝体浸润线及其出逸点的位置、渗流等势线的分布、渗流流速、水力坡降、渗流量等,为水电站土石坝渗流稳定计算提供依据。对宽广山谷中高度较小的灰坝,一般采用二维渗流分析就可以满足精度要求;对狭窄山谷中高度较大的水电站土石坝,需要进行三维渗流分析。由于三维渗流分析的工作量很大,有时也可以选择一些有代表性的剖面进行二维渗流分析,然后对计算结果进行修正。由于水电站土石坝坝型的多样性、边界条件的复杂性、坝前沉积粉煤灰的不均匀性和各向异性、反滤层与排渗设施的淤堵等因素,用水力学法计算的渗流结果无法满足实际工程的需要。多年来,一些重点工程采用了模拟试验、电拟试验、电阻网试验对水电站土石坝的渗流进行分析,不少工程还采用了有限单元法来对水电站土石坝的渗流进行计算。

3.2.2　渗流变形工程措施原则

防止水电站土石坝发生流土破坏的关键在于控制渗流逸出处的水力坡降。为了保证渗流逸出处的溢出坡降不超过允许坡降，实际工程中常采取以下措施。

（1）在水电站土石坝上游做垂直防渗帷幕。防渗帷幕可以完全切断地基透水层，彻底解决地基。

（2）土的渗透变形问题，也可以不切断地基的透水层，做成悬挂式，起到延长渗流路径、降低下游溢出坡降的作用。

（3）在水电站土石坝下游做减压沟或打减压井，以降低作用于地基上部黏土层的渗透力。

（4）在水电站土石坝下游做水平透水盖重，以防止地基土体颗粒被渗透力浮起。为了防止水电站土石坝发生管涌破坏，实际工程中常从以下两个方面采取措施：①改变水电站土石坝渗流的水力条件，降低土层内部和渗流逸出处的水力坡降，如在水电站土石坝上游做防渗帷幕、水平防渗铺盖等；②改变水电站土石坝渗流几何条件，在渗流逸出部位铺设反滤层，是防止管涌破坏的有效措施。

3.2.3　渗流与变形工程防治措施

水电站土石坝防渗的目的是：①控制渗漏量；②降低坝体浸润线，提高坝体稳定性；③减小渗透坡降，防止坝体发生渗透的变形。

水电站土石坝的防渗措施包括坝体防渗、坝基防渗、坝体与坝基接触防渗、坝体与岸坡接触防渗、坝体与其他构筑物接触防渗等。坝体防渗措施的选择是与坝型选择同步进行的。除均质土坝因其自身土料渗透性较弱可直接起到防渗作用外，其他类型的土石坝应专门设置坝体防渗设施。水电站土石坝防渗材料既可以是黏性土料，也可以是人工材料。

◆◇ 3.3　水电站坝体渗流变形防治措施

为了提高水电站土石坝的安全性，防止水电站土石坝因渗流变形而产生滑坡、垮坝事故，必须对水电站土石坝的渗流变形进行防治，并采取必要的工程措施。

3.3.1 褥垫疏干排水防渗墙措施

褥垫疏干排水防渗墙一般位于坝体中央稍偏下游侧，心墙土料的渗透系数一般为坝壳材料渗透系数的 1/1000~1/100，心墙顶部应高于正常蓄水位 0.3~0.6m，并且不低于校核洪水位。在心墙顶部应设厚度不小于 1.0m 的砂性土保护层，防止心墙冻融、干裂。

心墙顶部厚度应不小于 3.0m；底部厚度由心墙土料的允许渗透坡降 [i] 来决定，并且不宜小于水头的 1/4，心墙两侧边坡坡度一般为 1：0.30~1：0.15。心墙与上、下游坝壳之间应设置过渡层，以缓冲不同土料之间的沉降差，其中下游侧过渡层还起到反滤作用，应按反滤层的要求进行设计。褥垫疏干排水防渗墙防渗措施及其分析如图 3.17 至图 3.21 所示。

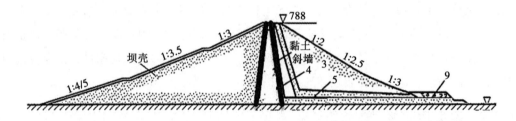

图 3.17　褥垫疏干排水防渗墙防渗措施(单位：m)

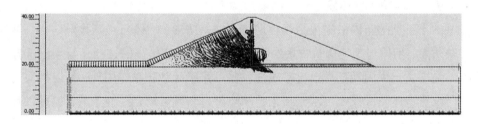

图 3.18　地下水渗流矢量分布图(4)

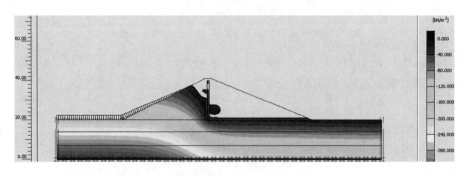

图 3.19　地下水等水位面分布云图(4)

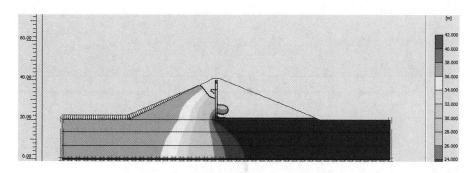

图 3.20　地下水等势面分布云图(4)

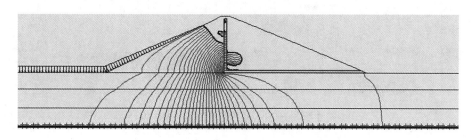

图 3.21　地下水渗流流网分布图(4)

3.3.2　黏土心墙防渗措施

　　黏土心墙一般位于坝体中央稍偏上游侧,心墙土料的渗透系数一般为坝壳材料渗透系数的 1/1000~1/100,心墙顶部应高于正常蓄水位 0.3~0.6m,且不低于校核洪水位。在心墙顶部应设厚度不小于 1.0m 的砂性土保护层,防止心墙冻融、干裂。心墙顶部厚度应不小于 3.0m;底部厚度由心墙土料的允许渗透坡降[i]来决定,并且不宜小于水头的 1/4,心墙两侧边坡坡度一般为 1∶0.30~1∶0.15。心墙与上、下游坝壳之间应设置过渡层,以缓冲不同土料之间的沉降差,其中下游侧过渡层还起反滤作用,应按反滤层的要求进行设计。黏土心墙防渗措施及其分析如图 3.22 至图 3.26 所示。

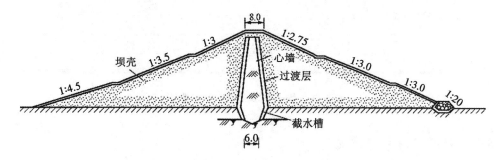

图 3.22　黏土心墙防渗措施(1)(单位:m)

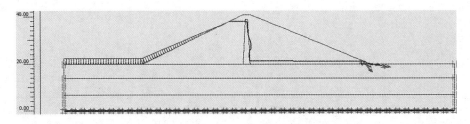

图 3.23　地下水渗流矢量分布图(5)

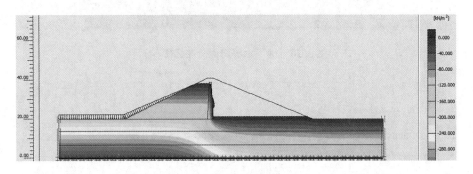

图 3.24　地下水等水位面分布云图(5)

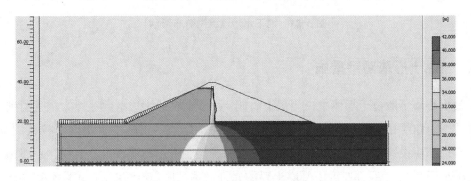

图 3.25　地下水等势面分布云图(5)

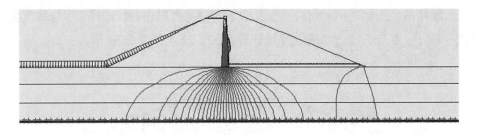

图 3.26　地下水渗流流网分布图(5)

3.3.3　灌浆帷幕防渗措施

当坝基砂卵石层很厚,用其他方法对坝基进行防渗处理比较困难或不经济时,可以采用灌浆帷幕防渗。灌浆帷幕防渗的施工方法是:先用旋转式钻机造孔,并用泥浆护壁。

钻孔完成后，在孔中注入填料，并插入压浆钢管，待填料凝固后，在压浆钢管中置入双塞灌浆器，在一定压力下，将水泥浆或水泥黏土浆压入透水层的孔隙中。压浆可自下而上分段进行，分段长度可根据透水层的性质确定，一般取 0.3~0.5m。待浆液凝固后，就形成了防渗帷幕。灌浆帷幕防渗措施及其分析如图 3.27 至图 3.31 所示。

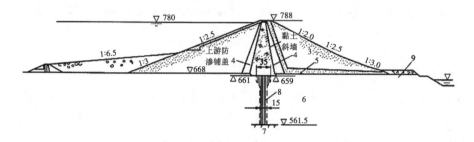

图 3.27　灌浆帷幕防渗措施（1）（单位：m）

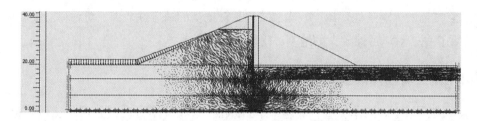

图 3.28　地下水渗流矢量分布图（6）

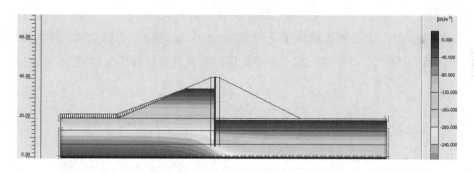

图 3.29　地下水等水位面分布云图（6）

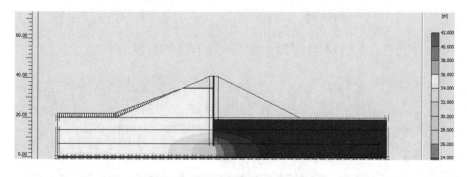

图 3.30　地下水等势面分布云图（6）

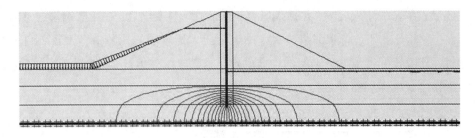

图 3.31　地下水渗流流网分布图(6)

砂卵石地基的可灌性，可根据地基的渗透系数、可灌比(M)、粒径小于0.1mm的颗粒含量进行确定。$M=D_{15}/d_{85}$，其中D_{15}为被灌土层中小于该粒径的含量占总土重15%的颗粒粒径，d_{85}为灌浆材料中小于该粒径的含量占总材料重85%的颗粒粒径。一般认为，当地基中小于0.1mm的颗粒含量不超过5%，或渗透系数大于10^{-2}cm/s，或可灌比大于10时，可灌水泥黏土浆；当渗透系数大于10^{-1}cm/s，或可灌比大于15时，可灌水泥浆。

灌浆帷幕的优点是处理深度较大；缺点是对地基的适应性较差，对粉砂、细砂地基，往往不易灌进，对渗透性较大的地基，耗浆量往往很大。

3.3.4　黏土斜墙防渗措施

黏土斜墙顶部应高于正常蓄水位0.6~0.8m，且不低于校核洪水位。斜墙土料和厚度要求与黏土心墙一样，斜墙厚度是指斜墙上游面法线方向的厚度。在斜墙上游侧和顶部应设不小于1.0m的砂性土保护层，防止斜墙冻融、干裂。斜墙上游侧边坡坡度一般为1:2.5~1:2.0，下游侧边坡坡度一般为1:2.0~1:1.5，斜墙上、下游侧的过渡层和反滤层设计与黏土心墙一样。黏土斜墙防渗措施及其分析如图3.32至图3.36所示。

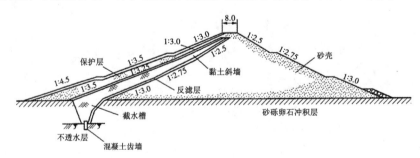

图 3.32　黏土斜墙防渗措施(1)(单位：m)

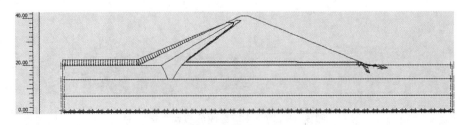

图 3.33　地下水渗流矢量分布图(7)

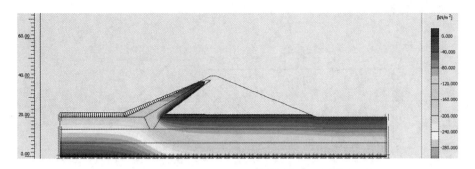

图 3.34 地下水等水位面分布云图(7)

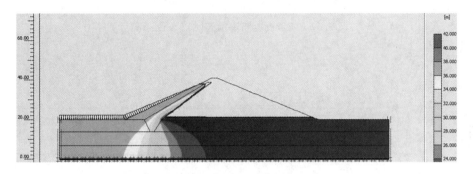

图 3.35 地下水等势面分布云图(7)

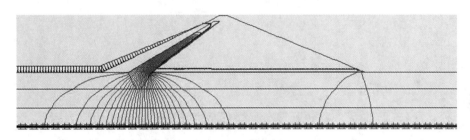

图 3.36 地下水渗流流网分布图(7)

3.3.5 防渗铺盖防渗措施

防渗铺盖是用黏性土做成的水平防渗设施,与黏土斜墙、黏土心墙或均质坝的坝体连接在一起。当用其他方法对坝体进行防渗处理比较困难或不经济时,可以考虑采用铺盖防渗。防渗铺盖的优点是构造简单,一般情况下造价比较低廉;缺点是不能完全截断渗流,只是通过延长渗流路径的方法,降低水力坡降,减小渗透量。

防渗铺盖的材料通常采用黏土或粉质黏土,渗透系数应小于砂砾石层渗透系数的1/100。铺盖长度一般为最大作用水头的 4~6 倍,铺盖厚度(δ_x)主要通过各点顶部和底部所受的水头差(ΔH_x)和土料的允许坡降($[i]$)进行估算,但不得小于 0.5m。铺盖表面应设保护层,铺盖与砂砾石地基之间应根据需要设置反滤层或垫层。防渗铺盖防渗措施及其分析如图 3.37 至图 3.41 所示。

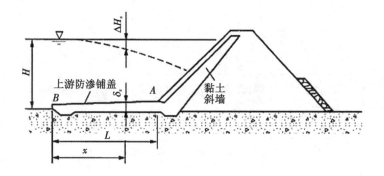

图 3.37　防渗铺盖防渗措施(1)(单位:m)

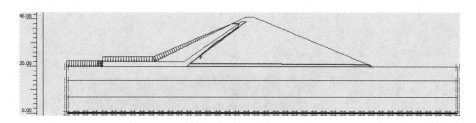

图 3.38　地下水渗流矢量分布图(8)

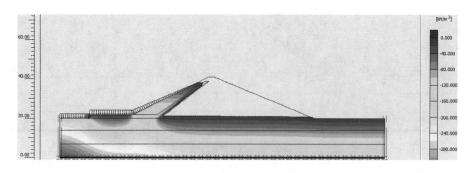

图 3.39　地下水等水位面分布云图(8)

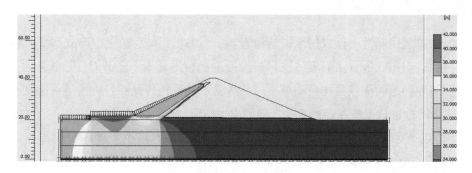

图 3.40　地下水等势面分布云图(8)

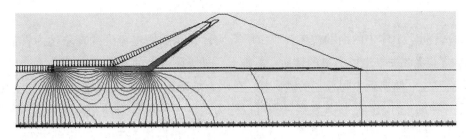

图 3.41 地下水渗流流网分布图(8)

◆◆ 3.4 水电站坝体渗流变形分析

渗流引起的土体变形(稳定)问题一般可归结为两类：一类是土体局部稳定问题，它是由于渗透水流将土体中的细颗粒冲出、带走或局部土体产生移动，导致土体变形而引起的渗透变形；另一类是土体整体稳定问题，它是在渗流作用下，导致整个土体发生滑动或坍塌。

3.4.1 渗透力

水在土体中流动时，土体颗粒对水流产生阻力，水流对土体颗粒施加渗流作用力，从而引起水头损失。土体颗粒受到的渗流作用力称为渗透力。单位体积土体颗粒所受到的渗透力(j)称为单位渗透力，可用式(3.9)表达：

$$j = \gamma_w i \tag{3.9}$$

式中：γ_w——水的重度；

i——水力坡降。

渗透力是一种体积力，单位为 kN/m^3，渗透力的大小与水力坡降成正比，方向与渗流方向一致。当求出渗流场中各个网格的水力坡降后，可用式(3.9)确定单位渗透力，整个流场的总渗透力为各个网格渗透力的矢量和。

3.4.2 渗流变形的类型及判别

水电站土石坝坝体和坝基由于水的渗流作用而出现的变形或破坏称为渗流变形或渗流破坏。土的渗流变形可分为流土、管涌、接触冲刷、接触流失四种类型，对单一土层来说，渗流变形主要为管涌和流土两种类型。

(1)流土。在渗流作用下，局部土体表面隆起、顶穿或粗细颗粒同时浮动而流失的现象称为流土。流土可以使土体完全丧失强度，从而危及建(构)筑物的安全。它主要发生在地基或土石坝下游渗流逸出处。基坑或渠道开挖时出现的流砂现象是一种常见的流土形式。一般情况下，任何类型的土，只要水力坡降增大到一定程度，都会发生流土破坏。

（2）管涌。土体中的细颗粒在渗流作用下从骨架孔隙通道流失的现象称为管涌。管涌的形成主要取决于土体本身的性质，某些土，即使在很大的水力坡降下也不会出现管涌；而有些土，如缺乏中间粒径的砂砾料，在水力坡降不大的情况下，就可以发生管涌。管涌是一种渐进性破坏，按其发展过程可以分为两种。一种是一旦发生管涌就不能承受较大的水力坡降。这种土称为危险性管涌土。另一种是即使发生管涌，仍能承受较大的水力坡降。随着时间的推移，土体渗透量不断增大，最后在土体表面出现许多泉眼，或发生流土，这种土称为非危险性管涌土。

（3）接触冲刷。渗流沿着两种渗透系数不同的土层的接触面流动时，沿层面将细颗粒带走的现象称为接触冲刷。在自然界中，水沿着两种介质的交界面流动而造成的冲刷，均属于此破坏类型，如建筑物与地基的交界面、土坝与涵管的接触面等。

（4）接触流失。渗流垂直于渗透系数相差较大的两相邻土层流动时，将渗透系数较小的土层中的细颗粒带入渗透系数较大的土层中的现象称为接触流失。接触流失包括接触管涌和接触流土两种类型。

（5）渗流变形的影响因素。

①地层分布特征。地层分布特征对渗流变形的影响主要表现在坝基以下。当坝基为单一的砂砾石层时，以管涌型渗流变形为主。当坝基为双层及多层结构土体时，渗流变形取决于表层黏性土的性质、厚度和分布范围。若黏性土层较厚且分布范围较大，尽管其下卧砂砾石层的水力坡降较大，也不易发生渗流变形。

②地形地貌条件。沟谷的成因影响渗流的补给条件。对深切型沟谷，如果坝基上、下游表层土被沟谷切穿，则不但有利于渗流的补给，而且缩短了渗流路径，增大了水力坡降，导致土体发生渗流变形的可能性加大；若下游地下水溢出段的出口有临空条件，则更易发生渗流变形。距古河道或冲洪积平原较近的部位修筑水电站土石坝时，土体发生渗流变形的可能性更大，应予以重视。

③工程因素。对渗流变形产生影响的工程因素主要包括水电站土石坝渗流出口条件、水库水位骤降、施工时破坏透水层、排水构筑物的布置等。

我国发生的几起土石坝渗流变形及溃坝事件，与坝体渗流出口的设计与维护都有很大关系。深基坑开挖时，由于破坏了隔水层而造成基坑坑壁坍塌，也属于工程因素造成的渗流破坏。

3.4.3 排水疏水防渗措施渗流变形分析

排水疏水渗墙一般位于坝体中央稍偏下游侧，心墙土料的渗透系数一般为坝壳材料渗透系数的 $1/1000 \sim 1/100$，心墙顶部应高于正常蓄水位 $0.3 \sim 0.6m$，且不低于校核洪水位。在心墙顶部应设厚度不小于 $1.0m$ 的砂性土保护层，防止心墙冻融、干裂。心墙顶部厚度应不小于 $3.0m$；底部厚度由心墙土料的允许渗透坡降 $[i]$ 来决定，并且不宜小于水头的 1/4，心墙两侧边坡坡度一般为 1：0.30~1：0.15。心墙与上、下游坝壳之间应设置过渡层，以缓冲不同土料之间的沉降差，其中下游侧过渡层还起反滤作用，应按反滤层的要求进行设计。排水疏水防渗措施及其分析如图 3.42 至图 3.46 所示。

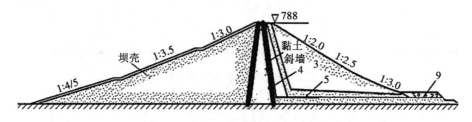

图 3.42　排水疏水防渗措施（单位：m）

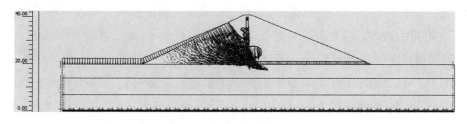

图 3.43　地下水渗流矢量分布图（9）

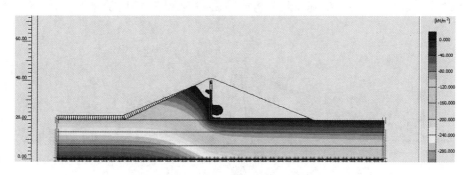

图 3.44　地下水等水位面分布云图（9）

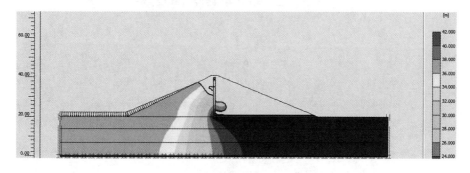

图 3.45　地下水等势面分布云图（9）

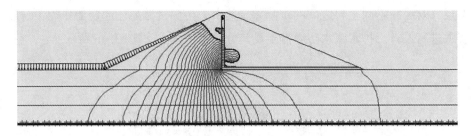

图 3.46 地下水渗流流网分布图(9)

3.4.4 黏土心墙防渗措施渗流变形分析

黏土心墙一般位于坝体中央稍偏上游侧,心墙土料的渗透系数一般为坝壳材料渗透系数的 1/1000~1/100,心墙顶部应高于正常蓄水位 0.3~0.6m,且不低于校核洪水位。在心墙顶部应设厚度不小于 1.0m 的砂性土保护层,防止心墙冻融、干裂。心墙顶部厚度应不小于 3.0m;底部厚度由心墙土料的允许渗透坡降来决定,并且不宜小于水头的 1/4,心墙两侧边坡坡度一般为 1:0.30~1:0.15。心墙与上、下游坝壳之间应设置过渡层,以缓冲不同土料之间的沉降差,其中下游侧过渡层还起反滤作用,应按反滤层的要求进行设计。黏土心墙防渗措施及其分析如图 3.47 至图 3.51 所示。

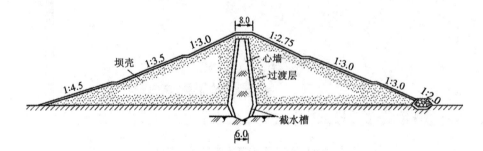

图 3.47 黏土心墙防渗措施(2)(单位:m)

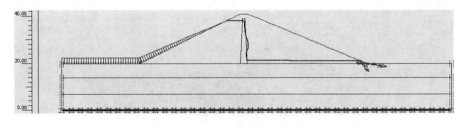

图 3.48 地下水渗流矢量分布图(10)

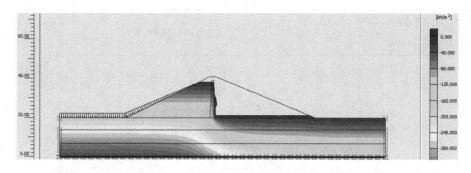

图 3.49   地下水等水位面分布云图(10)

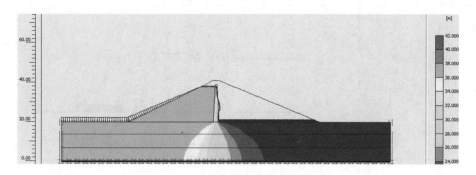

图 3.50   地下水等势面分布云图(10)

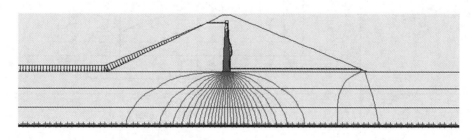

图 3.51   地下水渗流流网分布图(10)

◆◇ 3.5   土石坝的分类特征

综上所述，水电站坝体渗流与防治技术可以归纳为表 3.1 所列。

表 3.1　水电站坝体渗流与防治技术归纳

水电站坝体渗流 变形防治工程措施	水电站土石坝坝型图
基本型	
下游褥垫排渗措施	
下游棱体排渗措施	
下游褥垫疏干排水+黏土心墙防渗墙措施	
黏土心墙防渗墙措施	

表3.1(续)

水电站坝体渗流 变形防治工程措施	水电站土石坝坝型图
灌浆帷幕防渗墙措施	
上游黏土心斜墙防渗墙措施	
上游防渗褥垫铺盖+黏土心 斜墙防渗墙措施	
上游渗管排水+黏土心斜墙 防渗墙措施	

第4章　土石坝坝体坝基工程设计与防护

　　土料设计的目的是确定黏性土的填筑干容重、含水量，砾质土的砾石含量、干容重、含水量，砂砾料的相对密度和干容重，堆石料的级配、干容重、孔隙率。要使土石坝具有较小的变形，以防止裂缝；要使其有较高的强度，以减小坝断面；要使防渗体有较小的渗透性，以保证渗透稳定性，从而使土石坝设计得经济合理、安全可靠。

◆◇ 4.1　土石材料设计

4.1.1　碾压式土石坝的黏性土

　　黏性土用南京水利科学研究所标准击实仪做击实试验，求最大干容重和最优含水量。一般采用25击，但对有些土料，如云南红黏土，则击数可减为20击或15击。应该使土样最优含水量尽可能接近其塑限含水量，据此确定击数。试验数不宜少于25～30组。由此求得平均最大干容重$\overline{\gamma}_{max}$和平均最优含水量$\overline{\omega_{0p}}$。设计干容重为：

$$\gamma_d = m\,\overline{\gamma}_{max} \tag{4.1}$$

式中：γ_d——设计干容重；

　　　　m——施工条件系数（或称压实度）；对于一、二级坝或高坝，m值采用0.97～0.99；三、四级坝或低坝，采用0.95～0.97；地震区应采取大值。

　　设计最优含水量为：

$$\omega_{0p} = \overline{\omega_{0p}} = \omega_p + B\,I_p \tag{4.2}$$

式中：ω_p——塑限含水量，以小数计；

　　　　I_p——塑性指数，以小数计；

　　　　B——稠度，对高坝可采用-0.01～0.1，低坝可采用0.1～0.2。

　　用下列公式计算最大干容重作为校核参考：

$$\gamma_{max} = \frac{G_0(1-V_a)}{1+G_b\omega_{4D}} \tag{4.3}$$

式中：G_0——土粒密度；

　　　　V_a——压实土的含气量，见表4.1。

表 4.1　压实土的含气量

土类	黏土	砂质黏土	砂质壤土
V_0	0.05	0.04	0.03

同前面一样，尚需采用 m 后才能作为设计干容重。还应当用下式作校核：

$$\gamma_d \geq 1.02 \sim 1.12 \, (\gamma_d)_0 \tag{4.4}$$

式中：γ_d——设计干容重；

$(\gamma_d)_0$——土场自然干容重。

对于一、二级坝，还应该进行现场碾压试验，以便复核，并据以选定施工碾压参数。要求施工压实干容重的合格率，对一、二级坝的心墙、斜墙，为 90%；对三、四级坝的心墙、斜墙或一、二级均质坝，为 80%~90%。

4.1.2　碾压式坝的砾质黏性土

砾卵石中含黏粒 5% 以上，就有最优含水量等黏性土的性质。用作心墙的砾质黏性土，粗粒含量宜限制在少于 40%（以 5mm 作为粗粒与细粒的分界）。作为坝壳料的砾质黏性土，其粗粒含量不受限制。无论用作心墙料或坝壳料都必须碾压密实，达到设计干容重。砾质土宜用气胎碾或振动碾压实。粗粒含量小于 40% 的砾质土，做击实试验时，可将粗粒筛除，只做细粒土的击实试验，然后用式（4.5）和式（4.6）换算最大干容重和最优含水量：

$$\gamma_d = \cfrac{1}{\cfrac{p}{G_s} + \cfrac{1-p}{(\gamma_0)_{max}}} \tag{4.5}$$

$$\omega_0 = (\omega_0)_0 (1-p) \tag{4.6}$$

式中：γ_{max}——砾质土的最大干容重；

p——大于 5mm 的粗粒含量，以小数计；

G_s——大于 5mm 的粗粒密度（砾石块容重）；

$(\gamma_0)_{max}$——小于 5mm 的细粒土最大干容重；

ω_0——砾质土的最优含水量；

$(\omega_0)_0$——小于 5mm 的细粒土最优含水量。

粗粒含量大于 40% 的砾质土，应该用大型击实仪做击实试验，不筛除粗粒料，击实筒的直径应不小于最大粒径的 5 倍。击实功能宜用 86.3t-m/m³ 以上，视工程重要性决定。

如无条件做大型击实试验，对于粗粒含量大于 40% 的砾质土，先用式（4.5）和式（4.6）换算最大干容重和最优含水量，再用式（4.7）和式（4.8）进行改正：

$$\gamma'_{max} = \gamma_{max} - \Delta\gamma \tag{4.7}$$

$$\omega'_0 = \omega_0 + \omega\Delta p \tag{4.8}$$

式中：γ_{max}——用式(4.5)算得的最大干容重；

ω_0——用式(4.6)算得的最优含水量；

γ'_{max}——粗粒含量大于40%的砾质土改正后的干容重；

$\Delta\gamma$——干容重改正值，用下面介绍的三点法求得；

ω——粗粒的含水量；

Δp——超过40%的粗粒含量，即实际粗粒含量减40%。

$\Delta\gamma$与粗粒含量p的关系，可用三点法近似求得，如图4.1所示。首先用振动试验求出不含细粒的纯粗粒料的最大干容重γ_s，将该值标于图上D点(例如图上为1.87g/cm³)。将砾卵石的密度标于图上E点[例如图上为2.65g/cm³，亦即当$p=100\%$时按式(4.5)计算的γ_{max}]，两点差值为0.78，标于图上A点。然后用式(4.9)近似计算最大干容重时的粗粒含量p_B，即当粗粒含量为p_B时，砾质土的干容重最大，将算出的p_B标于图上B点(例如图上为60%)。

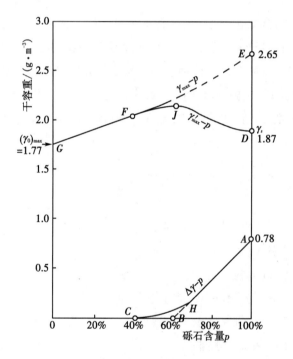

图4.1 用三点法求砾质土最大干容重的曲线

$$\left.\begin{array}{l} p_B=\dfrac{0.9q+0.1\gamma}{0.9q+\gamma} \\[2mm] q=\dfrac{1}{(\gamma_0)_{max}}-\dfrac{1}{(G_s)_0} \\[2mm] \gamma=\dfrac{1}{\gamma_s}-\dfrac{1}{G_s} \end{array}\right\} \tag{4.9}$$

式中：$(G_s)_0$——细粒土的密度；

γ_s——纯粗粒料的最大干容重。

当粗粒含量为40%时，按式(4.5)和式(4.6)计算的最大干容重和最优含水量不需改正，即计算值与实际值相等，标于 F 点。改正差值为0，标于 C 点。将 AB 连成一直线，经 C 点作曲线(或圆弧)与 AB 线相切于 H，则 AHC 即为干容重改正曲线 $\Delta\gamma$-p。将细粒土的 $(\gamma_0)_{max}$ 标于 G 点(例如图上为 1.77g/cm^3)。连接 EFG 曲线，将 EF 段曲线各点减去 AHC 曲线的纵坐标值，得到 FJD 曲线，则曲线 $GFJD$ 为砾质土的粗粒含量与干容重的关系曲线 γ'_{max}-p。

按此曲线确定设计干容重，还应乘施工条件系数 m，参见式(4.10)。砾质土压实干容重的合格率：对于一、二级坝的防渗体，不宜小于90%；对于坝壳或均质坝，可采用80%～90%，视工程重要性而定。设计干容重的公式为：

$$\gamma_d = m\gamma'_{max} \tag{4.10}$$

式中：γ_d，m——意义均与式(4.1)相同。

必须注意的是，砾质土中砾卵石的风化程度对干容重的影响很大，因此其干容重比同样粗粒含量的新鲜砾卵石的砾质土降低很多。即使弱风化的砾卵石砾质土，其干容重也有所降低，故对于含风化砾卵石的砾质土而言，不宜用式(4.5)、式(4.7)和式(4.9)换算和改正，应当用大型击实仪做击实试验来确定。

砾质土的抗剪强度、渗透系数、允许渗透比降、压缩系数，取决于粗粒含量和压实干容重与含水量。粗粒含量大于50%，渗透系数急剧增大，抗剪强度显著提高，压缩系数明显减小。同样的粗粒含量，压实干容重高，则渗透系数小，抗剪强度大，压缩系数小。所以应强调用重型碾压机械，使上料达到较高干容重。下面将某砾质土(粗粒含量 $p = 50\%$)的干容重与抗剪强度关系示于图4.2中。

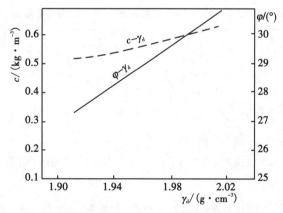

图4.2 某砾质土(粗粒含量 $p = 50\%$)的干容重与抗剪强度关系

砾质土的填筑含水量不宜比最优含水量低2%，含水量太低，渗透系数增大，而且水库初蓄时会发生较大湿陷，从而导致坝体裂缝。

4.1.3 碾压式坝的砂和砂卵石

砂和砂卵石填筑的设计指标，用相对密度(D)表示，D 是根据最大与最小孔隙比试验结果计算得到的，见式(4.11)和式(4.12)：

$$D_r = \frac{e_{max} - e}{e_{max} - e_{min}} \tag{4.11}$$

或

$$D_r = \frac{(\gamma_d - \gamma_{min})\gamma_{max}}{(\gamma_{max} - \gamma_{min})\gamma_d} \tag{4.12}$$

$$e_{max} = \frac{G_s}{\gamma_{min}} - 1 \tag{4.13}$$

$$e_{min} = \frac{G_s}{\gamma_{max}} - 1 \; ; \; e = \frac{G_s}{\gamma_d} - 1 \tag{4.14}$$

式中：e_{max}——最大孔隙比；

e_{min}——最小孔隙比；

e——填筑的砂、砂卵石或地基原状砂、砂砾石的孔隙比；

G_s——砂粒密度；

γ_{max}，γ_{min}——最大、最小干容重，由试验求得(砂料在小型容器中试验，砂卵石在大型容器中置振动台上试验，容器内径为最大粒径的 5 倍)；

γ_d——填筑的砂、砂卵石或地基原状砂、砂卵石的干容重。

为了防止坝壳饱和砂以及地基饱和砂受地震或强烈爆炸振动发生液化，应使饱和砂土达到表 4.2 所列的相对密度[《水工建筑物抗震设计标准》(GB 51247—2018)]。

表 4.2 饱和砂土在地震时可能发生液化的相对密度 D_r 值

设计烈度	7	8	9
相对密度 D_r	0.70	0.75	0.80~0.85

注：当设计烈度为 6 度时，相对密度不宜小于 0.65。

在非地震区，砂质坝壳也应当压实到相对密度不小于 0.60，较高的坝应达到 0.65。因为松砂在蓄水饱和后，即使受到轻微振动也会发生液化。曾有砂壳心墙坝，砂料填筑仅用拖拉机轻碾压，相对密度很低。蓄水以后，因水库区违章炸鱼(药量仅 1kg)，导致液化滑坡。

当砂卵石的粗粒含量小于 60%(以 5mm 作为粗粒与细粒的分界)，卵砾石未形成骨架，分散的卵砾石包裹在砂粒中，这种饱和砂卵石，仍会因振动而液化，所以也要求达到表 4.2 所列相对密度标准。

根据砂或砂卵石的最大最小干容重试验结果和设计要求的相对密度，可用式(4.15)计算设计干容量。

$$\gamma_d = \frac{\gamma_{min}\gamma_{max}}{(1-D_r)\gamma_{max}+D_r\gamma_{min}} \qquad (4.15)$$

砂卵石的粗粒含量不同，其最大与最小干容重也不同。大型容器做最大与最小干容重试验可以得到粗粒含量 p 与最大干容重以及 p 与最小干容重的关系曲线，如图 4.3 所示。再根据规定的相对密度，用式(4.15)计算得到粗粒含量 p 与设计干容重关系曲线 $\gamma_d - p$，如图 4.3 所示的虚线。以此曲线作为施工质量检查的控制标准。

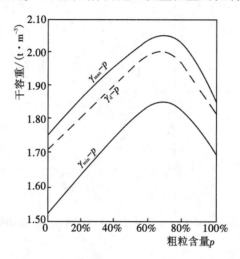

图 4.3　粗粒含量 p 与最大干容重、最小干容重和设计干容重的关系曲线

对于三、四级坝或低坝，如果没有振动台大型容器做砂卵石的最大与最小干容重试验，可以只做细粒料的最大与最小干容重试验，按规定的相对密度计算设计干容重，然后用式(4.5)换算，再用式(4.7)改正，得到粗粒含量与设计干容重关系曲线，供施工质量检查之用。

用振动碾压实砂卵石，效率最高，用气胎碾或机械夯板压实砂卵石也很好。压实时应充分洒水饱和。不宜用拖拉机压实砂卵石，因为这种轻碾压达不到要求的相对密度。

砂卵石施工压实合格率一般为 80%~85%，视工程重要性而定。

砂卵石的抗剪强度随粗粒含量和相对密度的增大而增大。粗粒含量小于 30% 时，砂卵石的抗剪强度与细粒料的抗剪强度基本相等。当粗粒含量由 30% 增大到 70% 时，内摩擦角可增大 10° 以上。但如果含风化砾卵石较多，则浸水饱和以后抗剪强度可降低 1°~3°。当砂卵石中含泥量(指粒径小于 0.1mm 的含量)达到 8% 以上时，渗透系数显著减小。含泥量超过 12% 时，抗剪强度将显著降低。例如，横山坝砂卵石含泥量由 20% 减至 18.5% 时，内摩擦角减小 18.3°。碧口坝砂卵石含泥量由 5% 增至 15% 时，渗透系数由 10^{-2}cm/s 降至 10^{-3}cm/s，不利于水库水位降落时上游坝坡的稳定。含泥量较多的砂卵石应按砾质土设计。

砂卵石的粗粒含量小于 50% 时，其渗透系数基本与细粒料的渗透系数相等。粗粒含量超过 50%，渗透系数急剧增加。超过 75% 时，渗透系数会达到 1000m/d，临界管涌比降急剧减小。图 4.4 为某坝砂卵石粗粒含量与渗透系数关系曲线。

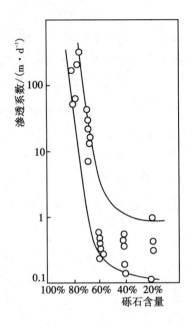

图 4.4 某坝砂卵石粗粒含量与渗透系数关系曲线

◆◇ 4.2 碾压式土石坝的外形轮廓施工设计

4.2.1 坝顶宽度

坝顶宽度首先要满足心墙或斜墙顶部及反滤过渡层布置的需要。在寒冷地区，黏土心墙或斜墙两侧需有适当厚度的保护层，以免冻裂。还应考虑施工的要求和运行检修防汛运输的需要，坝顶不宜太窄。如坝顶兼作公路，则路面及路肩宽度应按交通部公路标准确定。

根据上述要求以及已成坝的统计资料，坝顶宽度在下述范围为宜：坝高 30m 以下，坝顶宽度宜为 5m；坝高 30~60m，坝顶宽度宜为 6~8m；坝高 60~100m，坝顶宽度宜为 8~10m；坝高 100m 以上，坝顶宽度宜用下式计算：

$$B = \sqrt{H} \tag{4.16}$$

式中：B——坝顶宽度，m；

H——坝高，m。

确定坝顶宽度时，还要适当考虑人民防空安全的要求。炸弹命中坝顶炸成的弹坑，要小于坝顶或设计水位处的防渗体厚度，以免被炸后库水漫溢冲决大坝。弹坑漏斗的直径和深度可参照式（4.17）和式（4.18）进行计算：

$$D = 1.8\sqrt[8]{M} \tag{4.17}$$

$$h = C\frac{M}{d^2}v \tag{4.18}$$

或用近似式(4.19)计算弹坑漏斗深度[式(4.19)已有 1.5 的安全系数]:

$$h = 0.7\sqrt{M} \tag{4.19}$$

式中: D——弹坑漏斗(底)直径,m;

　　　M——炸弹质量,kg;

　　　h——弹坑漏斗深度,m;

　　　C——系数,对于夯实土 $C = 4.5\times10^{-6}$,对于较松土 $C = 6\times10^{-6}$;

　　　d——炸弹直径,m;

　　　v——炸弹着地速度,m/s。

设计时采用炸弹的质量应按照人民防空部门的规定标准执行。在现代战争中,炸弹质量日益增加,以致由此计算需要的填顶宽度往往很宽,因此较多地增加坝体工程量和投资,在经济上不够合理。所以可考虑战时降低水库运用水位,使水库水面处坝体和防渗体有足够宽度,以防止因炸弹命中坝体造成漫流冲决。

4.2.2　坝顶超高

水库静水位至坝顶或至稳定、坚固、不透水的防浪墙顶的高差,称为超高。坝顶超高应考虑在下列三种情况下,波浪不能漫过或溅过坝顶:风浪在坝坡上爬高;地震涌浪及坝顶因地震产生附加沉陷;水库区两岸发生滑坡的涵浪。此外,对重要的坝还应考虑战时在水库水面或上空原子弹爆炸产生的涌浪不致漫过坝顶。但近代战争中,原子弹吨级很大,往往产生很高的涌浪,用超高防御涌浪,很不经济。因此近来战时都用降低运用水位使涌浪不效漫过坝顶的办法来解决。有的水库需在战时降低运用水位 20~30m 或更多。对风浪的超高,用式(4.20)计算:

$$d = h_B + e + a \tag{4.20}$$

式中: d——坝顶在静水位以上的超高;

　　　h_B——风浪沿着坝坡的爬高;

　　　a——安全加高;

　　　e——坝前因风吹而使静水位高出原库水位的风壅奇度。

对地震涌浪和坝顶附加沉陷考虑坝顶超高时,地震涌浪高度一般采用 0.5~1.5m,按地震烈度大小和不同坝前水深选用大值、中值和小值。地震附加沉陷,根据地震调查,8 度~9 度地震区附加沉陷等于坝高的 1.20%~1.44%;烈度较低时,附加沉陷相应减小。如坝基为软土和松砂,则上部 10~20m 可按坝的附加沉陷比率计算。一般认为,地震涌浪加附加沉陷值为:对 8 度~9 度地震烈度区的坝,坝高 30~50m,采用 2.0m;坝高 50~

100m，采用2~3m；坝高100~200m，采用3~5m；坝高200m以上，采用5~7m。对于填筑土料设计标准很高、碾压很密实的坝，坝基没有软土和松砂的情况，上述地震附加沉陷量可减小些。

对水库两岸山坡滑坡涌浪考虑坝顶超高时，滑坡产生的涌浪高度，应根据地质勘探资料估算滑坡体的体积、厚度和滑速，据以计算涌浪，并可做水工模型试验验证。只在水库正常运行水位时才考虑地震涌浪加地震附加沉陷或滑坡涌浪，非常运行水位时不必考虑这两种坝顶超高。心墙、斜墙等防渗体顶部，应超过正常运行水库静水位。如在坝顶建筑了稳定、坚固和不透水的防浪墙，则坝顶超高可以算到防浪墙顶。这样的防浪墙也可当作防渗体。

4.2.3 波浪沿坝坡的爬高

4.2.3.1 交通部《港口工程技术规范》公式

$$h_B = K_\delta K_d R_0 (2h) \tag{4.21}$$

式中：h_B——波浪在坝坡上的爬高，即高出静水位的高度；

K_δ——护坡粗糙系数，见表4.3；

K_d——水深校正系数，见表4.4；

R_0——为$K_d = 1.0$、$2h = 1$m时的爬高，与坡率及波浪坦度有关[波浪坦度为波浪陡度的倒数，即$2L/(2h)$]，可由图4.5查取；

$2h$，$2L$——波高、波长。

表4.3　护坡粗糙系数 K_δ

护坡结构	K_δ
整片光滑不透水的沥青混凝土	1.00
混凝土板	0.90
砌石	0.75~0.80
单层铺石	0.60~0.65
抛填两层块石	0.50~0.55

表4.4　水深校正系数 K_d

$\dfrac{H}{2h}$	1.5	2.0	3.0	4.0	5.0
K_d	1.20	1.18	1.00	0.96	0.94

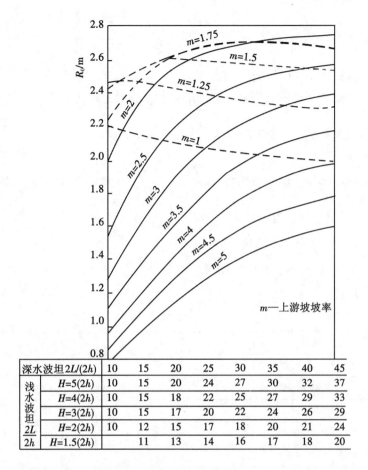

深水波坦 $2L/(2h)$	10	15	20	25	30	35	40	45
浅 水 波 坦 $\dfrac{2L}{2h}$	$H=5(2h)$	10	15	20	24	27	30	32	37
	$H=4(2h)$	10	15	18	22	25	27	29	33
	$H=3(2h)$	10	15	17	20	22	24	26	29
	$H=2(2h)$	10	12	15	17	18	20	21	24
	$H=1.5(2h)$		11	13	14	16	17	18	20

图 4.5　系数 R_0 计算曲线

4.2.3.2　水利调度研究所公式

对于坝坡坡率 $m=2.5\sim5$ 范围内的单坡，水利调度研究所认为可用下式计算爬高：

$$h_B = 0.44 \frac{(2\eta)^{1.1}}{mn^{0.6}} \tag{4.22}$$

式中：m——上游坡坡率；

　　　　n——上游坡护坡糙率，由表 4.5 查取。

表 4.5　护坡糙率表

护坡种类	抛石	干砌石	浆砌石或干砌砂浆勾缝	沥青或混凝土 坡面
n	0.0350	0.0275	0.0250	0.0155

4.2.3.3　莆田试验站方法

在风的直接作用下，来波为正向的不规则波，在坡率为 $1.5 \leqslant m \leqslant 5.0$ 的单坡的爬高为：

$$h_B = 1.25 k_\Delta k_w k_p \frac{(2h) \times 1\%}{\sqrt{1+m^2}} \sqrt{\frac{(\overline{2L})}{(2h) \times 1\%}} \tag{4.23}$$

式中：h_B——保证率为 $P\%$ 的爬高，m；

k_Δ——与坝坡的糙率和渗透性有关的系数，按表4.6确定；

k_w——风速系数，由无因次参数 $\dfrac{\omega_{1e}}{\sqrt{gH}}$ 按表4.7确定；

k_p——爬高的保证率换算系数 $\left(k = \dfrac{(h_\beta) P\%}{(h_B) 1\%}\right)$，根据坝的等级规定的保证率 $P\%$ 和

无因次系数 $(2h) \times 1\%/H$，按表4.8确定；

$(2h) \times 1\%$——保证率为1%的波高，m；

$(\overline{2L})$——平均波长，m，其中 T 用平均周期 $\overline{T}$ 代入。

其他符号同前。

表4.6　糙渗系数 k_Δ

护坡特征	k_Δ
光滑不透水护坡(沥青混凝土)	1.00
混凝土及混凝土板护坡	0.90
草皮护坡	0.85~0.90
砌石护坡	0.75~0.80
抛填二层块石(不透水基础)	0.60~0.65
抛填二层块石(透水基础)	0.50~0.55

表4.7　风速系数 k_w

$\dfrac{\omega_{1e}}{\sqrt{gH}}$	0	0.5	1.0	1.5	2.0	2.5	3.0	3.5	4.0	≥5.0
k_w	1.00	1.02	1.05	1.12	1.20	1.28	1.34	1.38	1.41	1.44

表4.8　保证率换算系数 k_p

$\dfrac{(2h) \times 1\%}{H}/P\%$	0.1	1	2	3	4	5	10	15	20	30	50
<0.2	1.220	1.000	0.922	0.872	0.836	0.807	0.707	0.642	0.591	0.511	0.385
0.2~0.3	1.180	1.000	0.937	0.897	0.837	0.842	0.758	0.701	0.651	0.585	0.469
>0.3	1.140	1.000	0.947	0.916	0.888	0.860	0.794	0.744	0.704	0.639	0.532

4.2.3.4　斜向波对波浪爬高的影响

当来波波向与坝轴线成一夹角 β 时，波浪爬高应乘一折减系数 k_β，k_β 值按表4.9确定。

表 4.9　斜向波折减系数 k_β

β	90°	70°	50°	30°	10°	0°
k_β	1	0.98	0.88	0.76	0.65	0.60

4.2.3.5　有戗道和折坡的波浪爬高

当坝坡上戗道或折坡的位置高于或低于静水位 $0.5(2h)$ 时,可近似地不考虑戗道或折坡对爬高的影响。当戗道的位置在静水位上下 $0.5(2h)$ 范围内,戗道宽度为 $0.5\sim2.0(2h)$ 时,可按减小爬高 $10\%\sim20\%$ 计算。当静水位在戗道或折坡附近时(见图 4.6),波浪爬高值可乘改正系数 β,即

$$h'_B=\beta h_B;\ \beta=1-0.2\sqrt{\frac{\delta}{2h}}+2\frac{t}{2L}\left(\frac{m_1}{m_2}-1+0.2\sqrt{\frac{\delta}{2h}}\right) \tag{4.24}$$

式中:h'_B——有戗道或折坡时的波浪爬高;

　　　β——改正系数;

　　　δ——戗道宽度;

　　　t——静水位高于戗道的高差;

m_1,m_2——坝坡的坡率,见图 4.6。

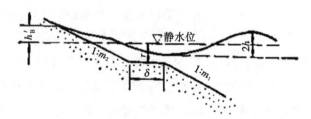

图 4.6　有戗道和折坡的波浪爬高

如没有戗道,则 β 为:

$$\beta=1+2\frac{t}{2L}\left(\frac{m_1}{m_2}-1\right) \tag{4.25}$$

◆◇ 4.3　土石坝体防渗结构轮廓施工设计

4.3.1　土斜墙和土心墙

土斜墙和土心墙的厚度由以下几种因素确定:

(1)填筑土料的安全渗透比降。虽然黏性土料室内管涵试验破坏比降很大,但考虑到填土的不均匀性,实践中采用的安全渗透比降都较小。对于良好压实的填土:轻壤土为 $3\sim4$,壤土为 $4\sim6$,黏土为 $5\sim10$。以此计算确定斜墙和心墙的最小厚度。

（2）坝坡稳定的要求。斜墙、心墙的厚度愈大，施工期孔隙压力消散愈慢，对坝坡稳定愈不利。因此，应根据坝坡稳定计算综合研究确定斜墙、心墙的厚度。

（3）心墙的边坡和沉陷边坡不宜过陡，特别是堆石坝的心墙边坡愈陡，堆石对心墙的钳制作用愈大。心墙沉陷比坝壳沉陷大，由于被坝壳钳制而不能自由下沉，容易产生水平裂缝。应细致研究计算确定。

（4）施工要求。用羊足碾压实时，顶部厚度不应小于2m。

土斜墙和土心墙的顶部应高于水库静水位，以防其上面保护层土料毛管水上升而发生"漫顶现象"。其高出静水位的高度，见表4.10。如果在坝顶设有与土斜墙、土心墙紧密连接的稳定的不透水混凝土防浪墙，则土斜墙、土心墙的顶部高度不受此限制。

表 4.10 防渗体顶部高出静水位的尺寸

防渗体型式	高出静水位/m
土斜墙	0.8~0.6
土心墙	0.6~0.3

堆石坝壳的土斜墙，一般上游坡度为1∶1.5~1∶1.7，下游坡度为1∶1.0~1∶1.3。砂砾坝壳的土斜墙，一般上游坡度为1∶2.0~1∶2.5，下游坡度为1∶1.5~1∶2.0。使斜墙下游有广阔的砂砾区，在施工时可不受斜墙施工的牵制。一般斜墙顶部都转变为心墙，使坝顶附近的坝坡变陡，以节省工程量，并便于与岸坡衔接。心墙的位置设在中心部位，或略向上游倾斜成为斜心墙。斜心墙可减小堆石坝壳对它的钳制，从而减少产生水平裂缝的可能性。土斜墙的上游面应设置保护层，以防止冰冻、干燥或机械破坏。保护层用砂砾、卵石、块石或少黏性土料。其厚度应大于冻层深度和干燥深度，一般应大于2.0m。土斜墙和土心墙顶部都应设置保护层，其厚度亦应大于冻层或干燥深度，并不应小于1.0m。土斜墙、土心墙的底部与基岩连接时，应开挖掘水槽，将全风化岩挖除，深入弱风化岩0.5~1.0m，浇筑混凝土板或喷混凝土，或浇筑混凝土齿墙，然后填土，以免填土与裂隙发育的岩石接触，填土被裂隙内集中渗漏冲刷造成管涌。混凝土板、混凝土喷层或混凝土齿墙下面的岩石，用固结灌浆加固。Ⅲ、Ⅳ级坝的斜墙、心墙底部，可不浇筑或喷混凝土，但基岩的裂隙应用混凝土填塞，然后才能填土。截水檐底部填土与混凝土接触面的渗径长度，按接触面的安全渗透比降确定。一般采用安全渗透比降为：轻壤土1.5~2.0，壤土2.0~3.0，黏土2.5~5.0。填土与基岩直接接触时，安全渗透比降应比上述数据减小些，约为上述数据的50%~75%。

4.3.2　钢筋混凝土心墙

钢筋混凝土心墙，一般顶部窄、底部宽，呈对称的或不对称的梯形断面，亦可为台阶形。梯形断面两侧坡度为50∶1至100∶1。台阶形断面沿心墙高度每隔3~6m设一台阶，供设置模板用。一般采用梯形断面较好，以便用滑升模板施工。钢筋混凝土心墙的顶部厚度一般不小于 0.3m，其上部伸出坝顶一定高度作为防浪墙，可设计成坚固的稳定的不透水的防浪墙，以减省坝顶高度。因此，钢筋混凝土心墙的轴线应偏于坝轴线的上游，与上游坝肩重合。

钢筋混凝土心墙的底部与基岩连接，应开挖至新鲜岩层或弱风化岩层，浇筑混凝土基垫，使心墙坐落在基垫上。基垫的底宽与钢筋混凝土面板的基垫一样，对于坚硬新鲜岩层，底宽约为：

$$\left(\frac{1}{10} \sim \frac{1}{20}\right)H$$

对于弱风化岩层，底宽应按裂隙填充物的允许管涌比降确定。对于断层、破碎带、裂隙密集带，应作专门处理。基垫下应作固结澄浆和接触灌浆。较高的坝，钢筋混凝土心墙底部应设检查排水灌浆廊道。

钢筋混凝土心墙设竖直伸缩缝，在河床坝段，伸缩缝间距为 50~60m，在岸坡坝段，伸缩缝间距为 25~30m。混凝土初凝以后，就要在心墙两侧用湿砂覆盖，以防裂缝。在混凝土强度达到 60% 左右时，才能在两侧夯实碾压。心墙上部受气温影响，温度变幅很大，尤其伸出坝顶作防浪墙的部分，顶部伸缩缝间距应缩小，约为 15~20m，见图 4.7。伸缩缝中设紫铜止水片或塑料止水片。在混凝土基垫与心墙连接处及心墙 1/3 高度处设水平缝，见图 4.7。水平缝是为了减小心墙的弯矩，其形式有摩擦缝、铰缝和辊缝三种，见图 4.8。水平缝应保证能够水平移动或转动，同时还要保证不漏水，故有的水平缝仍需设止水片。

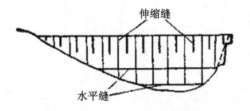

图 4.7　钢筋混凝土心墙伸缩缝间距

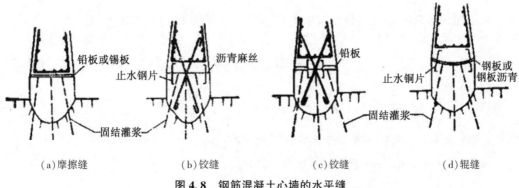

(a)摩擦缝　　　　(b)铰缝　　　　(c)铰缝　　　　(d)辊缝

图 4.8　钢筋混凝土心墙的水平缝

钢筋混凝土心墙的配筋，根据计算确定。一般含筋率为 0.4% ~ 1.0%。垂直的受力筋和水平的分布筋布设在心墙的两面。采用混凝土的标号为 28d 强度 150 号以上。抗渗标号为 S_s。

沿竖直缝和水平缝的上下游面都应设反滤料，如上下游坝壳为堆石，则心墙与堆石之间应设过渡层，以均匀传布压力，同时可防止施工时堆石砸坏混凝土。

4.3.3 钢筋混凝土心墙的应力计算方法

图 4.9 为钢筋混凝土心墙断面。墙高 H，底厚 t_0，为简化计算公式，假定墙顶厚度为 0，在墙顶以下任何高度 h 处，墙的位移为 y，假定压实的坝体对心墙的抗力符合文克尔假定，又假定弹性抗力系数随深度呈线性变化，底部的弹性抗力系数为 k，不同深度的弹性抗力系数为 $\frac{h}{H}k$，混凝土的弹性模量为 E。令密契尔函数的变量 $x = \frac{h}{a}$。

$$C = \frac{t_0}{H}, \quad a = \sqrt{\frac{EC^3 H}{12k}} \tag{4.26}$$

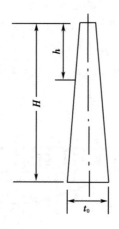

图 4.9 钢筋混凝土心墙断面

由墙顶计起高度 h 处的断面惯矩 $J_k = \frac{1}{12}C^3 h^3$，该断面的弯矩和切力为：

$$M = \frac{1}{a} E J_k \left[A M_1' + B M_2' \right] \tag{4.27}$$

$$Q = -\frac{1}{a^3} E J_k \left[A M_1'' + B M_2'' \right] + \frac{3M}{h} \tag{4.28}$$

式中：M_1''，$M_2'' - M_1$，M_2——密契尔函数的二次导数；

M_1'''，$M_1''' - M_1$，M_2——密契尔函数的三次导数。

$$M_1 = 1 - \frac{3x^2}{(3!^2)} + \frac{5x^2}{(5!^2)} - \cdots; \quad M_2 = 4\left[\frac{x}{(2!^2)} - \frac{2x^2}{(4!^2)} + \frac{3x^2}{(6!^2)} - \cdots \right] \tag{4.29}$$

密契尔函数值列于表 4.11 中。常数 A、B 由心墙底端连接情况确定：

（1）固接于地基，在心墙底部 $\left(h=H, x=\dfrac{H}{a}\right)$：

$$\frac{\mu H}{k}+AM_1\left(x=\frac{H}{a}\right)+BM_2\left(x=\frac{H}{a}\right)=0 ; \quad AM_1'\left(x=\frac{H}{a}\right)+BM_2'\left(x=\frac{H}{a}\right)=0 \tag{4.30}$$

式中：μ——作用于墙的主动土压力系数或水压力系数，水压力系数即水的容重 γ_w。

由此联立方程式求 A、B。

（2）铰接于地基，在心墙底部 $\left(h=H, x=\dfrac{H}{a}\right)$：

$$\frac{\mu H}{k}+AM_1\left(x=\frac{H}{a}\right)+BM_2\left(x=\frac{H}{a}\right)=0 ; \quad AM_1''\left(x=\frac{H}{a}\right)+BM_2''\left(x=\frac{H}{a}\right)=0 \tag{4.31}$$

由此联立方程式求 A、B。

（3）心墙底部为滑缝，在心墙底部 $\left(h=H, x=\dfrac{H}{a}\right)$：

$$\frac{\mu H}{k}+AM_1\left(x=\frac{H}{a}\right)+BM_2\left(x=\frac{H}{a}\right)=0 ; \quad AM_1'''\left(x=\frac{H}{a}\right)+BM_2'''\left(x=\frac{H}{a}\right)=0 \tag{4.32}$$

以上各式中的 k 值，参见表 4.12。

棱体对心墙的抗力求出以后，还应当验算：此抗力加下游棱体的主动土压力应不大于下游棱体的被动土压力。

表 4.11　密契尔函数

x	M_1	M_1'	M_1''	M_1'''	M_2	M_2'	M_2''	M_2'''
0	+1.0000	0.0000	−0.1667	0.0000	0.0000	+1.0000	0.0000	−0.0833
1	+0.9170	−0.1653	−0.1625	+0.0083	+0.9861	+0.9584	−0.0829	−0.0819
2	+0.6722	+0.3223	−0.1501	+0.0164	+1.8896	+0.8352	−0.1630	−0.0776
3	+0.2779	−0.4629	−0.1298	+0.0241	+2.6306	+0.6343	−0.2376	−0.0710
4	−0.2456	−0.5795	−0.1021	+0.0312	+3.1346	+0.3627	−0.3041	−0.0616
5	−0.8706	−0.6648	−0.0676	+0.0376	+3.3355	+0.0296	−0.3601	−0.0499
6	−1.5627	−0.7127	−0.0272	+0.0430	+3.1773	−0.3532	−0.4032	−0.0360
7	−2.2817	−0.7176	+0.0181	+0.0474	+2.6171	−0.7718	−0.4314	−0.0201
8	−2.9822	−0.6753	+0.0671	+0.0505	+1.6270	−1.2104	−0.4429	−0.0027
9	−3.6154	−0.5825	+0.1186	+0.0522	+0.1954	−1.6517	−0.4364	+0.0160
10	−4.1299	−0.4377	+0.1711	+0.0525	−1.6710	−2.0768	−0.4106	+0.0356
11	−4.4734	−0.2405	+0.2231	+0.0513	−3.9463	−2.4662	−0.3649	+0.0558
12	−4.5039	+0.0078	+0.2731	+0.0484	−6.5849	−2.8000	−0.2990	+0.0760
13	−4.4416	+0.3044	0.3194	+0.0439	−9.5208	−3.0575	−0.2129	+0.0960
14	−3.9705	+0.6447	+0.3603	+0.0378	−12.6680	−3.2193	−0.1073	+0.1151

表4.11(续)

x	M_1	M_1'	M_1''	M_1'''	M_2	M_2'	M_2''	M_2'''
15	-3.1396	+1.0227	+0.3945	+0.0300	-15.9210	-3.2660	+0.0168	+0.1330
16	-1.9151	+1.4306	+0.4198	+0.0206	-19.1557	-3.1799	+0.1581	+0.1492
17	-0.2716	+1.8589	+0.4352	+0.0098	-22.2310	-2.9447	+0.3145	+0.1632
18	+1.8060	+2.2970	+0.4390	-0.0024	-24.9908	-2.5466	0.4836	+0.1746
19	+4.3216	+2.7326	+0.4299	-0.0159	-27.2661	-1.9741	0.6627	+0.1830
20	+7.2659	+3.1521	+0.4067	-0.0305	-28.8782	-1.2190	0.8485	+0.1879
21	+10.6156	+3.5410	+0.3685	-0.0461	-29.6415	-0.2762	+1.0373	+0.1890
22	+14.3326	+3.8838	+0.3144	-0.0623	-29.3675	+0.8553	+1.2252	+0.1860
23	+18.3625	4.1643	+0.2437	-0.0790	-27.8688	2.1725	+1.4078	+0.1785
24	+22.6348	+4.3657	+0.1563	-0.0959	-24.9632	+3.6677	+1.5806	+0.1662
25	+27.0619	+4.4711	+0.0519	-0.1128	-20.4781	+5.3288	+1.7386	+0.1490
26	+31.5394	+4.4638	-0.0692	-0.1293	-14.2560	+7.1384	+1.8770	+0.1268
27	+35.9465	+4.3273	-0.2065	-0.1451	-6.1590	+9.0745	+1.9905	+0.0994
28	+40.1457	+4.0458	-0.3591	-0.1599	+3.9160	+11.1095	+2.0740	+0.0688
29	+43.9847	+3.6044	-0.5259	-0.1734	+16.0821	+13.2102	+2.1223	+0.0290
30	+47.2968	+2.9898	-0.7053	-0.1851	+30.3571	+15.3407	+2.1304	-0.0137

表 4.12　碾压密实的土石坝心墙上下游棱体的 k 值　　　　　单位：t/m^3

心墙顶部以下深度/m	坝棱体土料		
	砂、砂质壤土、砂质黏土	砂砾、小砾石、碎石	堆石
5	2000	1500	500
10	4000	3000	1000
15	5000	3500	1500
≥20	6000	4000	1750

◆ 4.4　土石坝基防渗施工设计

4.4.1　土截水墙

当透水坝基厚度小于15m，一般采用开挖截水槽达弱风化基岩，浇筑混凝土垫层，或喷混凝土，进行固结灌浆，然后填筑土截水墙，上部再填筑土心墙或土斜墙。土截水墙的底宽，根据土与混凝土垫层的接触面允许渗透比降确定。对于Ⅲ、Ⅳ级坝或低坝，可不浇筑混凝土垫层或喷混凝土，只用混凝土填塞裂隙，土截水墙底部直接与基岩接触，其底部宽度根据土与岩石接触面的允许渗透比降确定。由于接触面允许渗透比降较小，因而需要较长的接触渗径，为了适当减小土截水墙底部宽度，常在混凝土垫层顶部浇筑齿墙、齿槽。土截水墙类型如图 4.10 所示。

　　岸坡的土截水墙与河床部位的土截水墙相似，把坡积物覆盖层挖除，把基岩全风化层挖除，达弱风化基岩，浇筑混凝土垫层或喷混凝土，进行固结灌浆，然后填筑土料。在岸坡部位，根据水头计算所需接触渗径长度，逐渐减小土截水墙底宽。在岸坡较高部位，一般不设廊道。均质坝的土截水墙应设置在坝轴线的上游部位，这样可以对降低坝下游棱体内的浸润线起显著作用，有利于下游棱体的坝坡稳定。当土截水墙设置在坝轴线的下游部位时，将明显抬高下游棱体内的浸润线，不利于下游棱体的坝坡稳定。

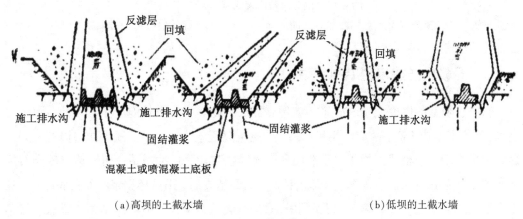

(a)高坝的土截水墙　　　　　　　　　　　　(b)低坝的土截水墙

图 4.10　土截水墙类型

4.4.2　混凝土截水墙(人工开挖深槽)

　　当透水坝基厚度小于 30m 时，如采用土截水墙，则开挖量太大，施工排水比较困难。如果没有造孔机具而建造混凝土防渗墙，则可采用井壁支撑法开挖直槽，建造混凝土截水墙。一般是上部的 12~15m 厚的透水层，敞口开挖明槽，填筑土截水墙，下部 10 余米开挖直槽，浇筑混凝土截水墙。

　　图 4.11 为混凝土截水墙实例(坝高为 105m)，该坝基的砂卵石、卵石粒径大，含量多，最大粒径为 3m，大于 100mm 的占 50%~70%。开挖排水量为 0.47m³/s。上部明槽开挖后，先浇筑直槽开口的混凝土，以下用预制混凝土梁支撑或木支撑逐层向下开挖。开挖至弱风化岩，然后由下向上逐层拆除支撑，浇筑混凝土截水墙。混凝土截水墙的厚度由施工需要决定，一般为 2~4m。顶部伸入土截水墙的齿墙高度和土截水墙底部混凝土垫的宽度，由接触面的允许渗透比降决定。

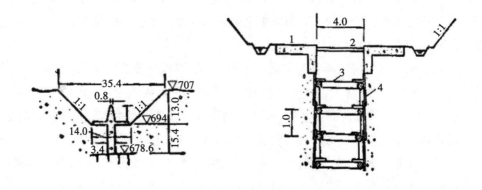

图 4.11　混凝土截水墙实例(单位：m)

1—混凝土戗口；2—预制钢筋混凝土支撑，长 4m，间距 2.8～3.0m；3—φ18cm 木支撑，垂直间距 1m；4—厚 5cm 木挡板

4.4.3　混凝土防渗墙(机钻造孔槽)

当透水坝基的厚度大于 30m 时，如用支撑法开挖直井，浇筑混凝土截水墙，则施工困难，工期长，造价高，故应采用机械造孔，浇筑混凝土防渗墙。混凝土防渗墙有柱列式混凝土防渗墙和板槽式混凝土防渗墙两种形式。柱列式是用冲击钻或回转钻将砂卵石层钻成圆孔。钻孔时用泥浆固壁，并带出钻屑；钻到基岩后，用循环泥浆清除孔底碎屑，在泥浆下浇筑混凝土。先钻第一期孔(间隔一孔)，浇筑混凝土；一周后钻第二期孔，将第一期孔混凝土柱切削掉 10～15cm，再浇混凝土，形成连续的柱列。板槽式是用冲击钻或回转钻或挖沟机在砂卵石层中造成直立槽孔，造孔时用泥浆固壁，并带出钻屑；钻到基岩清孔后，在泥浆下浇筑混凝土墙。造槽时亦分两期，第一期先造间隔一槽段的槽孔，浇筑混凝土墙；一周后造第二期槽孔，将第一期墙的两端切削掉半个钻孔，然后浇第二期混凝土墙连接。可以用墙端预置管法，浇筑混凝土后拔管，最后浇筑此预留柱，连接一、二期墙，以节省造孔和混凝土工作量。混凝土防渗墙适用于各种砂卵石地层，造孔时进到地层中有大块石时，可进行孔内爆破，再冲击钻进。遇到细砂，可改善泥浆性质，维持孔壁不坍。但应在设计时查清地基各层颗粒级配，以便造孔时预先对各层制定施工措施。

(1)固壁泥浆。泥浆渗入和附着在造孔的孔壁(槽壁)，形成几厘米厚的泥皮，泥浆柱的压力压在泥皮上，以维持孔壁(槽壁)稳定。同时泥浆还可以把打碎的砂砾、岩屑冲洗携带出孔口。泥浆应具有触变性和黏滞性。泥浆的质量指标要求见表 4.13。造浆材料可用膨润土或普通黏土，黏土的塑性指数在 20 以上，黏粒含量大于 40%，0.1mm 以上的砂含量不超过 6%，二氧化硅与三氧化二铝含量的比值为 3～4。如果用低塑性黏土造浆，可加纯碱(Na_2CO_3)0.3% 左右，可以提高黏度、胶体率和容重，制造符合质量标准的泥浆。

表 4.13 固壁泥浆质量指标

容重/ (g·cm⁻³)	黏度/s	1min 静切力 /(µg·cm⁻²)	10min 静切力 /(µg·cm⁻²)	含砂率	30min 析水量 /cm³	泥皮厚 /mm	胶体率	稳定性 /(g·cm⁻³)	pH 值
1.1~1.2	18~25	20~30	50~100	≤5%	20~30	2~4	≥96%	≤0.03	7~9

注：① 黏度：从容器的底孔中流出 500mm 浆液的时间。② 静切力：用圆柱体测定，静置 1min 的静切力和静置 10min 的静切力。③ 析水量：在一个大气压下，30min 内析出的水量。④ 稳定性：泥浆静置一天后，容器上半部与下半部浆液的容重差值。

（2）混凝土配比和浇筑。防渗墙的混凝土要求防渗性高，达到 S_8 以上，要求弹性模量低，以增大墙背后被动土压力的作用。因此，防渗墙混凝土都掺加一定比例的黏土。但掺黏土会降低混凝土的抗压强度，因此，对高水头的深墙，不宜掺加过多的黏土。防渗墙混凝土的配比及技术指标，见表 4.14。浇筑混凝土时，用导管在泥浆下浇筑，导管底部出口应埋在混凝土面下 1~6m。混凝土上升速度宜大于 1m/h，槽内混凝土面高差不大于 0.5m。导管直径为 20~25cm，故最大骨料粒径为 2~4cm。

表 4.14 防渗墙混凝土的配比及技术指标

参考性配比				水灰比	加气剂	坍落度 /cm	扩散度 /cm	7 天抗压强度/(kg·cm⁻²)	28 天抗压强度/(kg·cm⁻²)	抗渗标号	弹性模量/(kg·cm⁻²)	水泥品种标号
水泥	砂	碎石	黏土									
1	1.5	2.9	0.2~0.3	0.6~0.7	0.1%~0.25%	18~22	34~38	20~30	80~100	>S_k	150000~250000	硅或矿 400 以上

防渗墙一般插进基岩 0.5~0.8m。当基岩风化破碎，插进基岩应加深。

（3）防渗墙的构造。混凝土防渗墙的厚度，通常根据通过墙的水力比降和应力计算确定。也有的工程单位对墙的耐久性进行研究后，粗略地计算防渗墙抗溶滤的安全年限。根据已建成的防渗墙统计，承受的水力比降可达 100。我国已建的混凝土防渗墙最厚达 1.3m，一般为 60~80cm。对水头高、深度大的防渗墙，根据应力计算，如果需要，可在槽内放置钢筋骨架，然后浇筑混凝土。由于防渗墙两侧冲积层有沉陷，引起防渗墙顶部黏土心墙与两侧黏土心墙的不均匀沉陷而可能导致裂缝，故防渗墙顶部常作成尖劈状，其伸入黏土心墙内的高度根据水头和允许的接触渗透比降确定。详见图 4.12。

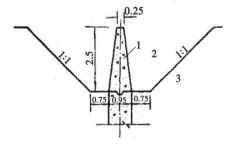

图 4.12 防渗墙顶部伸入心墙的高度和形状示例图（单位：m）

1—混凝土防渗墙；2—新填筑的心墙；3—已填筑的心墙

为了平衡墙顶与墙两侧的不均匀沉陷，常在墙顶以上填筑高塑性土区，其压缩性大，使沉陷量等于墙两侧坝基冲积层和坝体心墙的沉陷量与墙顶心墙沉陷量的差值。亦有在防渗墙顶部设廊道的，以便检查、灌浆、排水，廊道顶部填筑高塑性土区，并在廊道顶设排泥孔，在廊道顶与廊道防渗墙侧的心墙产生不均匀沉陷时，高塑性土经排泥孔压入廊道，以自动平衡不均匀沉陷，见图 4.13。

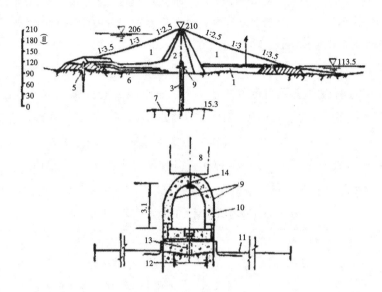

图 4.13　防渗墙顶部廊道和高塑性土区（单位：m）

1—碾压的透水料；2—碾压冰填土；3—两排混凝土防渗墙；4—排水道；5—围堰截水墙；6—冲积层；7—岩面；
8—膨润土区；9—钢板；10—混凝土；11—钢板止水；12—混凝土防渗墙；13—排水及灌浆管；14—排消管

4.4.4　自凝水泥黏土浆防渗墙

混凝土防渗墙造孔时，泥浆只起到固壁作用。近来采用水泥与膨润土掺加少量缓凝剂制成自凝灰浆，凝固前可以固壁，凝固后成为防渗墙。墙体渗透系数可达 $10^{-6} cm/s$。

自凝灰浆的配方为每立方米灰浆用水泥 200kg，膨润土 30~60kg，以及少量缓凝剂。缓凝剂可用纸浆废液（亚硫酸盐木质素），占水泥重量 1%~2%，以及食糖 0.2%。可根据进入浆体的地层细颗粒数量，适当调整膨润土用量；当通过黏土层造孔时，要减少膨润土用量。泥浆的黏度以 39~42s 为宜。膨润土浆掺加水泥后，由于水泥的吸水作用和对膨润土的絮凝作用，浆体黏度增大，表现为假凝。泥浆注入钻孔内后，受钻具的搅拌扰动，使假凝消失，水泥水化使部分钠膨润土变为亲水性较弱的钙膨润土，浆体黏度减小。这时的黏度称为原始黏度。

自凝灰浆凝固后强度不高。当灰水比为 0.2 时，28d 的抗压强度为 $0.4~0.5 kg/cm^2$，90d 的抗压强度为 $0.65~0.75 kg/cm^2$。当灰水比为 0.4 时，抗压强度可达 $2.3~2.9 kg/cm^2$。为了防止浆体被渗流水冲刷，抗压强度至少必须达到 $0.2 kg/cm^2$。

4.4.5　板桩灌注防渗墙

把一组工字钢(7~10 根)用振动沉拔桩锤打入冲积层中，工字钢的一角焊有灌浆管，管底布活门，管随工字钢一起打入冲积层。然后依次序一根一根地拔出钢板桩，随拔随灌浆。拔出的工字钢又在桩组的前端打入。拔出工字钢遗留的空间被浆体灌满，成为防渗墙(见图 4.14)。这种防渗墙只有 6~40cm 厚，因此，只能用于低水头坝，一般承受 10 余米水头。这种防渗墙的深度只能在 15m 左右，冲积层中有孤石就打不下去，只适用于砂、砂砾石冲积层。故一般用于平原水库坝基防渗处理。

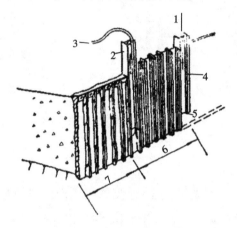

图 4.14　板桩灌注防渗墙

1—打钢板桩；2—拔钢板桩和灌浆；3—灌浆软管；4—灌浆管；5—栓塞或活门；6—打进去的钢板桩；7—建成的帷幕

为了工字钢打入土中能互相靠紧，在每根板桩的一侧翼板的两边焊 2 块角钢，打桩时，后一根板桩的一侧未焊角钢的翼板套入前一根板桩的角钢内，如图 4.15 所示。

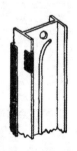

图 4.15　工字钢的一侧翼板焊角钢

有的工程为了防渗墙接头衔接得好，采用搭接式，只用一根板桩，拔出并灌浆后，再搭接打入土中，如图 4.16 所示。灌注的浆液为黏土水泥浆或膨润土水泥浆。有时掺入一定量的细砂、石粉或粉煤灰，为防止浆体失水收缩，可加入少量磷酸盐。在黏土水泥浆中，水泥与黏土的重量比为 1:3~1:2，干料与水的比例为 1:2~1:1。在膨润土水泥浆中，水泥与膨润土的重量比为 1.5:1~1.75:1。干料与水的比例为 1:10~1:3。

在含泥细砂地层中，灌注墙只能填充板桩的空间，故工字钢的腹板底部应焊钢板加厚，使防渗墙厚一些。在这种地层中浆液宜稠。在砂砾石地层中，浆液可扩散进砂砾石的孔隙中，有时可形成40cm厚的防渗墙。在这种地层中，浆液宜稀一些。

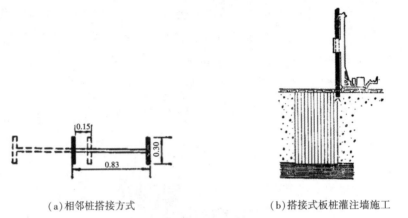

|（a）相邻桩搭接方式|（b）搭接式板桩灌注墙施工|

图4.16 搭接式板桩灌注防渗墙

4.4.6　泥浆槽防渗墙

修筑泥浆槽防渗墙时先用索铲、抓铲、反铲或挖沟机把坝基砂卵石挖成槽，挖槽时用泥浆固壁，可维持槽壁直立不坍。泥浆的质量指标见表4.13。挖成一段槽子后，用挑选的土料与膨润土泥浆及槽中挖出的砂卵石拌和回填入槽内，形成防渗墙。回填随着开挖同方向进行，要使被回填土挤出的泥浆流向开挖的槽内，如图4.17所示。

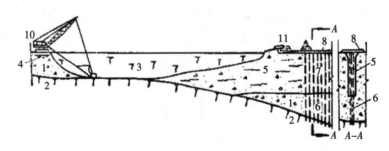

图4.17 泥浆槽防渗墙施工示意图

1—透水层；2—不透水层；3—膨润土泥浆；4—水位；5—泥浆槽回填土；6—灌浆帷幕；7—灌浆铺盖；
8—保护铺盖；9—泥浆槽；10—索铲；11—推土机

泥浆槽的宽度取决于水头和回填土的允许渗透比降，同时也取决于开挖机械。回填土的允许渗透比降，根据其配比做管涌试验确定。已成坝的经验表明，渗透比降可达10~30，一般采用7~17。回填土的渗透系数为10^{-7}~10^{-5}cm/s。索铲、反铲开挖，槽宽约3m；挖沟机开挖，槽宽约1.8m。

泥浆槽的深度取决于开挖机械，索铲最深可挖至27m，抓铲最深可挖至30m，挖沟机可挖至14m。泥浆槽顶部开口放大成斜坡，这是为了使泥浆槽与坝基冲积层的相对不均匀沉陷不产生突变,因而可防止心墙发生裂缝。有的坝将槽口开挖到与心墙底部同样宽度,如图 4.18(a)。在槽口地下水位以上部位,可以用碾压法填筑,填筑的土料是心墙土料与泥浆回填料的混合料,以此作为泥浆槽到心墙的过渡带。河精坝段可先在水下填砂砾石料至水面,然后建泥浆槽。如图 4.18(b)所示。泥浆槽内回填的土料是将挖出来的泥浆和砂石掺加一定量的填土或砂质黏土,以充填砂石的孔隙。填料混合以后,细粒(包括粉粒及黏粒)不超过 10%~25%,以免延长泥浆的固结时间。一般回填土料的颗粒组成,见表 4.15。掺加的黏性土不要用高塑性黏土,要用容易湿化崩解的土,以免结成土块,拌和不匀。回填土中必须保证含有足够的卵石,以减少其压缩性,避免过分沉陷。经过适当选择配比,其压缩性甚至比坝基砂石的压缩性还小。拌和是在就地用抓铲、推土机等进行,拌成混凝土一样,坍落度为 15~20cm 为宜。槽底岩面用波状齿重块拉挖,以免坑洼不平处砂卵石抓不干净。槽底碎屑清除干净后,浇筑一层混凝土垫层,然后回填拌和的土料。回填到槽顶以后,铺一层土料保护,以防止干缩开裂。到坝体填筑时,将保护的土料清除。泥浆槽回填料应做三轴压缩试验,以便据以计算心墙和泥浆槽的变形,以及验算裂缝。

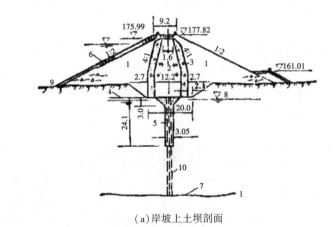

(a)岸坡上土坝剖面

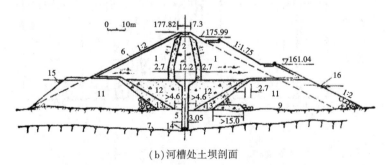

(b)河槽处土坝剖面

图 4.18　泥浆槽防渗墙和坝的断面图

1—透水土料;2—不透水土料;3—过渡层;4—开挖至地下水位以上 0.9m;5—泥浆槽;6—0.9m 厚堆石;7—岩层;
8—地下水位;9—原地面;10—三排帷幕灌浆;11—水下抛石;12—水下回填透水料;13—反滤料;14—混凝土铺垫;
15—导流时上游最高水位;16—导流时下游最高水位

表 4.15　泥浆槽回填土料的组成

通过的筛孔尺寸/mm	76.200	19.050	4.700	0.580	0.074
重量百分比	80%~100%	40%~100%	30%~70%	20%~50%	10%~25%

4.4.7　砂砾石地层水泥黏土灌浆帷幕

（1）冲积层的可灌性。根据以往实践经验，可按下面四种方法判断地层接受某种浆液的可灌性。

①根据可灌比，与反滤层的设计原理一样，地层土壤能否接受灌浆，也可以用地层土壤粒径的 D_{15} 与灌浆材料粒径的 d_{85} 的比值来衡量，此比值称为可灌比 M：

$$M = \frac{D_{15}}{d_{85}} \tag{4.33}$$

当 $M<5$ 时，一般认为不大可能接受灌浆，就是没有可灌性。当 $M \geqslant 5$，就有可灌性。但当 $M=5 \sim 10$ 时，可灌性不一定很好，不同土层有不同的灌浆效果。当 $M \geqslant 10$ 时，通常可灌性是好的。所以当地层土的 $D_{15} \leqslant 0.4$mm 时，400 号普通水泥就灌不进去，而要用水泥黏土灌浆。

②根据小于 0.1mm 粒径的含量，有小于 0.1mm 粒径占 5% 以下时，可接受灌浆。但较均匀的砂，即使小于 0.1mm 粒径仅占 3%，仍不接受水泥黏土灌浆，因为 $M<S$。

③根据土层颗粒级配，我国实践经验表明，可根据图 4.19 的颗分曲线判别各种浆液的可灌性。

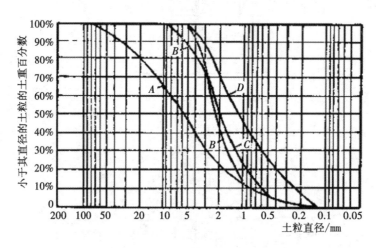

图 4.19　判别土层可灌性的颗分曲线

A—接受纯水泥浆的土层分界线；B—接受水泥黏土浆的表层土坝分界线；C—接受一般水泥黏土浆的土层分界线；

D—接受精细黏土与高细度水泥浆或加化学剂的黏土浆的土层分界线

④根据土层渗透系数的大小（单位：m/d），可采用不同灌浆材料如下：

$k=800$，水泥浆中可加入细砂；$k>150$，可灌纯水泥浆；$k=100 \sim 120$，可灌加塑化剂的水泥浆；$k=80\sim100$，可灌加 2～5 种活性掺和料的水泥浆；$k\le80$，可灌水泥黏土浆；$k=40$，灌水泥黏土浆的下限。

（2）灌浆材料。所用水泥标号应在 400 号以上。对黏土的质量要求，与之前的固壁泥浆所用黏土相同。钙黏土遇水不易分散，可加碳酸钠 2%～4%，或苛性钠 1%～2%，或磷酸钠 0.4%（都按黏土重量百分比）。钠黏土容易分散，可不加分散剂。

水泥黏土浆的配比，可采用水泥占干料（水泥加黏土）的 20%～40%，灌浆结石 28d 强度可达 4～5 kg/cm^2。边排孔采用水泥含量较高的浆液，中排孔则用水泥含量较低的浆液。水泥黏土浆的性质见表 4.16。

表 4.16　水泥黏土浆的性质

排别	干料：水	配合比（水泥：黏土）	容重/（$g\cdot cm^{-3}$）	稳定性/（$g\cdot cm^{-3}$）	黏度/s	失水率	备　注
边排孔	1：1～1：3	35%：65%～40%：60%	1.48～1.21	<0.02	37～18	<2%	① 黏度不能大于 60s ② 原浆（泥浆）容重控制在 1.40 ③ 浓浆用于吸浆率小于 50L/min
中排孔	1：1～1：3	20%：80%～25%：75%	1.47～1.20	<0.02	37～18	<2%	

为了提高浆液的分散性和稳定性，常加入亲水性塑化剂亚硫酸纸浆废液（约占水泥重量的 0.2%～0.4%），然后再加憎水性塑化剂木质焦油（占水泥重量的 0.01%～0.02%）。为加速灌液凝固，可加氯化钙（占水泥重量的 2%～5%）。对于砂层，黏土水泥浆灌不进去，为此，常添加一些反应剂如铝酸盐、磷酸盐、硅酸盐等。

（3）灌浆方法。除孔隙率很大的砂卵石层、渗透系数在 150m/d 以上的地层，可用普通岩石灌浆的方法，即在套管中用灌浆塞由上而下或由下而上灌浆外，一般砂砾石层只有采用预埋穿孔管双塞高压灌浆才能奏效。其方法是：在套管护壁法钻孔完成后，在套管中间放下穿孔管，然后在两管间注入水泥黏土浆液填料，套管随着上蹿。如用泥浆固壁法钻孔，必须洗掉孔壁泥皮，然后才能注入填料，插入穿孔管。待填料凝固后（约 7～14d，以防灌浆时浆液由孔壁向上蹿），在穿孔管内放入双塞灌浆器，用清水或稀泥浆压破穿孔管上的橡皮箍和孔壁填料，然后开始灌浆。穿孔管用 42～100mm 钢管制成，在管壁上每 33cm 或 50cm 钻 3～4 个直径为 9～15mm 的射浆孔。射浆孔外面用弹性良好的宽10～15cm 的橡皮箍套紧扎牢，以免填料进入穿孔管，灌浆器内管用直径 25mm 或 42mm 钢管制成，外套为直径 51mm 的外管及橡皮塞，外管是为压紧橡皮塞使之紧贴于穿孔管之用。上下两塞相距 25cm 或 40cm（配合穿孔管射浆孔距离）。该段内外管均钻 4cm×15cm 的出浆孔。出浆孔段应对准穿孔管上一环射浆孔（见图 4.20）。

孔壁填料必须具有以下性质：

①不收缩，以免与穿孔管分离；

②7d 抗压强度为 $5\sim15kg/cm^2$，要足以防止灌浆时浆液沿孔壁上蹿出地面；

③强度又不可太高，确保在灌浆压力下能崩开，使浆液通过它进入砂砾石地层；

④能在水下凝固；

⑤要求析水性低，稳定性高，不致很快沉淀；

⑥黏度适中，使穿孔管容易插入；

⑦密度不大，以使其静压力较小，不致过多地渗入周围地层。

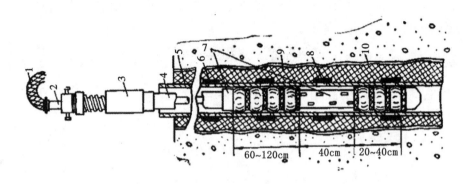

图 4.20　预埋穿孔管灌浆法孔内结构示意图

1—送浆管；2—内管；3—紧密器；4—外管；5—穿孔管；6—橡皮套；7—双排灌具(上下托、橡皮塞、射浆管)；
8—穿孔管射浆孔；9—孔壁填料；10—泥皮

预埋穿孔管法可用较高灌浆压力，达 $40\sim60kg/cm^2$。可先灌任何一环，还可复灌或补灌，灌浆质量有保证，但耗用大量穿孔管。

(4)灌浆帷幕的构造。灌浆帷幕的渗透系数，应在试验性灌浆的地层中做抽水试验或取原状样做室内渗透试验确定。质量好的灌浆帷幕渗透系数为 $10^{-5}\sim10^{-4}cm/s$。帷幕的允许渗透比降一般采用 $2.5\sim3.5$，亦应取原状样做管涌试验确定。帷幕的厚度，根据坝底轮廓、帷幕上下游地基渗透系数和地基厚度进行渗流计算，或做电拟试验确定帷幕承担的水头，然后除以允许渗透比降求得。帷幕一般上部厚，深部减薄。灌浆孔的孔距一般外排为 $2\sim3m$，内排为 $4\sim6m$，排距一般为 $4\sim6m$。先灌外排，后灌内排。各排都分三序灌浆，逐步加密。

砂卵石层表部 $5\sim6m$，因不能用高压灌浆，容易蹿浆或上抬，灌浆质量较低，故常挖除这几米，回填心墙黏土料。

4.4.8　防渗铺盖

以铺盖(包括坝体、坝基)的横剖面作为平面问题计算渗流，铺盖两边与岸坡不透水土层或岩层必须衔接良好，严密封闭。如果覆盖层底部基岩有明显的顺河深槽，则渗流计算应按三向考虑，可用有限单元法计算或三向电拟试验求流网。在深槽部位渗透比降最大，据以验算渗透稳定性。

除了水头很低的坝可以使用等厚铺盖外，中水头、高水头坝的铺盖，都应设计成梯形断面(即前端薄、末端厚)，才符合经济合理的要求。一般前端厚度采用 0.5~1.0m，末端厚度通过计算确定。如果按等厚铺盖设计，则铺盖土料的允许渗透比降不能充分利用，其工程量比梯形铺盖的工程量增加 30%~40%。铺盖的设计是为了选定铺盖的断面(包括长度、前端厚度、末端厚度)和铺盖的渗透系数。通过选定的渗流和铺盖底部砂卵石坝基的渗流和坝体的渗流，应限止到满足下列三个要求。

(1)铺盖底部砂卵石层内的渗透比降不大于该地层的允许渗透比降。砂卵石地层的允许渗透比降，可取破坏渗透比降的$\frac{1}{3}$~$\frac{1}{2}$。

(2)坝的下游砂卵石坝壳内的渗透比降不大于坝壳材料的允许渗透比降。

(3)通过铺盖本身的渗透比降不大于铺盖土料的允许渗透比降。

满足上述三个要求的铺盖断面和铺盖渗透系数，可以有无数个组合，设计者应选择工程量最小或较小的组合。

影响铺盖设计断面的因素是 $\lambda = \frac{t_0}{t_1}$、$a = \sqrt{\frac{k_n}{k_0 T t_1}}$ 和水头。因此，以往单纯用水头决定铺盖长度是不正确的。所以，过去所谓"有效长度等于水头的 3~4 倍或 5~6 倍"，既没有考虑渗透稳定性的要求，又没有考虑铺盖厚度、渗透系数、透水层厚度等重要因素，因而是片面的、有害的，往往造成铺盖的失事。上述 t_0 为铺盖前端厚度，t_1 为铺盖末端厚度，k_n 为铺盖渗透系数，k_0 为地基渗透系数，T 为地基透水层厚度，如图 4.21 所示。

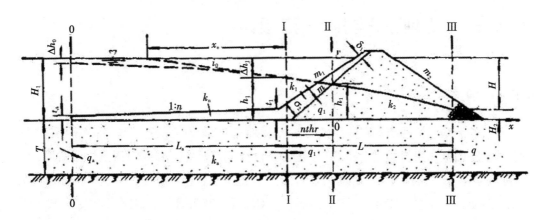

图 4.21 铺盖与坝的符号表示

图中标出最佳铺盖断面，是工程量最省的断面。但有时这种断面薄而长，不能满足铺盖本身渗透稳定的要求，需要略为加厚缩短，这种断面不是最佳断面，但可接近最佳断面。以工程量不超过最佳断面的 30% 为界，作为合理铺盖断面范围。铺盖越长，渗流量越小，长度达无穷大时，渗流量最小，称为极限渗流量。所以，不存在"极限长度"。以往有"极限长度"一词，似乎铺盖到极限长度，渗流量最小，长度再增加，渗流量反而会增加，这是非常错误的概念。极限渗流量用下式计算：

$$q_{\min} = k_0 T a_1 \Delta h_1 \qquad (4.34)$$

式中：$q_{\min}$——断面 I-I 处的极限渗流量，参见图 4.21；

Δh_1——断面 I-I 处铺盖顶部与底部的水头差，见图 4.21。

其他符号，标于图 4.21 中。

$$a_1 = \sqrt{\dfrac{k_n}{k_0 T t_1}} \qquad (4.35)$$

由式(4.34)、式(4.35)可知，当铺盖的渗透系数和末端厚度选定以后，即使铺盖长度无限伸长，渗沉量再也不能比 $q_{\min}$ 小。因此，初选铺盖渗透系数和末端厚度时，可用式(4.34)、式(4.35)先行计算 $q_{\min}$，如 $q_{\min}/(k_0 T)$ 大于坝基砂卵石的允许渗透比降，则应减小铺盖渗透系数或加大铺盖末端厚度，再作进一步计算。

为了达到设计要求的铺盖渗透系数和铺盖允许渗透比降，铺盖施工应碾压到相应的干容重。铺盖底部地面应基本整平，以免发生不均匀沉陷，使铺盖裂缝。底部地面不应有漂卵石，以免将铺盖顶裂。对于卵石地面，应按反滤要求设置反滤层，以免铺盖底部黏土剥落，导致破坏。铺盖碾压完成后或施工间歇期，面上应铺砂或松土保护，以免干裂。在泄水建筑物附近的铺盖面上，应设干砌块石保护层，以免被水流淘刷。在岸坡上的铺盖，应计算其滑动稳定性。若施工围堰筑在铺盖的前端或中部，则当围堰挡水时，铺盖底部承受扬压力，应采取压重或排渗措施，防止扬压力顶穿铺盖。

◈◇ 4.5　土石坝防护与排水施工设计

4.5.1　坝顶

路面的类型包括泥结碎石路面、水结碎石路面、嵌砌块石路面、沥青混凝土路面、水泥混凝土路面等。路面的宽度和类型，按公路设计规范确定。有些坝顶不作公路用，但也应修筑路面，以便运输维修和防汛器材的汽车通行。不应当用松散的砂卵石或黏性土做坝顶路面，因为这种路面，汽车通行不便，对维修和防汛不利。土石坝坝顶一般不设置铁路，如需设置铁路，应作动力计算。坝顶应具有向上下游两侧倾斜的坡度，一般为 2%~3%，以便于排除雨水，如上游侧设置不透水防浪墙，路面也可以向一侧倾斜。通常在坝顶上游侧设置防浪墙，下游侧设置边石。防浪墙可防止浪花溅至坝堤并保障行人安全，下游侧一般埋设混凝土柱或浆砌块石柱边石。一般防浪墙不作为挡水建筑物，只防浪花溅过，波浪爬高以上的安全加高算到坝，防浪墙不算在安全加高值内。因此，这种防浪墙不作抗渗和力学计算。图 4.22 所示是这种防浪墙的典型布置。这种防浪墙也可以用预制混凝土构件装配而成。有的坝在坝顶设置稳定、坚固、不透水的防浪墙，则安全加高可算到防浪墙。心墙斜墙顶部也不必受表 4.17 规定的限制；因为这种防浪墙与防渗体严密结合，本身就是防渗体。设置这种防浪墙可降低坝顶高度，在一定条件下，经济上是合理的，可作比较确定。稳定、坚固、不透水的防浪墙，在波浪压力或静水压力作用下应满足以下 7 点要求：

① 墙底与土的接触面的抗滑稳定性；

② 墙的抗倾覆稳定性；

③ 墙连同其底部及下游坝房的局部滑弧稳定性；

④ 墙底与土接触面的渗透稳定性；

⑤ 土心墙和土斜墙沉陷引起防浪墙底脱离土面的缝隙的止水或灌浆措施；

⑥ 墙体本身不漏水；

⑦ 墙的结构强度满足水工混凝土和钢筋混凝土设计规范的要求，在地震区，还应满足抗震稳定要求。

墙底与心墙斜墙顶以及反滤层或坝壳顶的抗滑稳定计算，同水闸底板与闸基土层的抗滑稳定计算一样。墙的抗倾覆稳定，可参考挡土墙的抗倾覆稳定计算。墙连同坝肩与坝坡局部滑弧稳定计算，可把墙底应力作为滑裂土体顶部的超载，然后按圆弧滑裂面计算稳定安全系数。

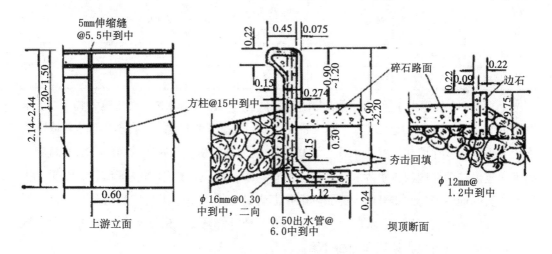

图 4.22　典型的防浪墙和路面布置（单位：m）

墙底与心墙、斜墙顶部接触面的渗透稳定计算，可用莱茵的加权渗径法计算，见图 4.23。加权渗径长度 L_0 为：

$$L_0 = \frac{1}{3}(b_1 + b_2 + b_3) + 2S \tag{4.36}$$

渗径长度应满足下式要求：

$$L_n > K_0 H \tag{4.37}$$

式中：H——墙底接触面承受的水头，m；

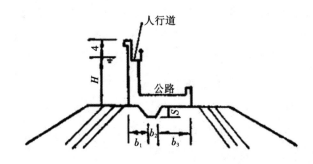

图 4.23 顶底轮廓图

K_0——莱茵经验常数，即容许单位渗径，见表 4.17。

当墙底设有板桩和反滤层或排水孔时，容许单位渗径 K_0 可降低 30%，降低后的容许值 K_0' 亦列于表 4.17 中。当防浪墙底部的接触面有一部分与反滤层或坝壳砂石相接时，在计算加权渗径长度 L_0 时，不计该部分渗径，只计黏性土部位的渗径，但容许单位渗径可采用 K_0'。

表 4.17 莱茵经验常数 K_0

墙基土类	中砂	粗砂	细砾	砾石	粗砾石	大块、中块碎石和砾石混合	软黏土	中等硬度黏土	硬黏土	极硬黏土
K_0	6.0	5.0	4.0	3.5	3.0	2.5	3.0	2.0	1.8	1.6
K_0'	4.2	3.5	2.8	2.5	2.1	1.8	2.1	1.5	1.5	1.5

土心墙、土斜墙由于沉陷而可能与防浪墙底脱开，形成漏水缝；对于这种情况，可采取预埋灌浆管的办法，竣工后每年春天进行灌浆，经过五六年灌浆，直至心墙、斜墙沉陷终了为止。或者在墙底设置止水片。墙体本身应设伸缩缝，间距 14~20m，视气温变化幅度而定。伸缩缝内设止水片和沥青井，沥青井中应埋设电热钢筋或蒸汽管，以便发生不均匀沉降而使沥青井错开时，再加热熔化沥青。墙体水平施工缝应良好处理，以免漏水。防浪墙应按波浪压力、水压力、土压力等荷载计算弯矩，根据水工混凝土和钢筋混凝土设计规范进行应力计算和配筋计算。

根据以上要求设计并保证施工质量的稳定、坚固、不透水的防浪墙，不必怀疑技术上的可靠性。图 4.24 是碧口土石坝的防浪墙，它防御近坝库区两岸滑坡涌浪漫溢过坝，并在校核洪水位时挡水。设计时满足了上述 7 点要求。该坝从河床面至防浪墙顶高105m。钢筋混凝土心墙、钢筋混凝土上游防渗面板以及沥青混凝土上游防渗面板，都与其顶部的稳定、坚硬、不透水的防浪墙相连接，这是成熟的实践经验。

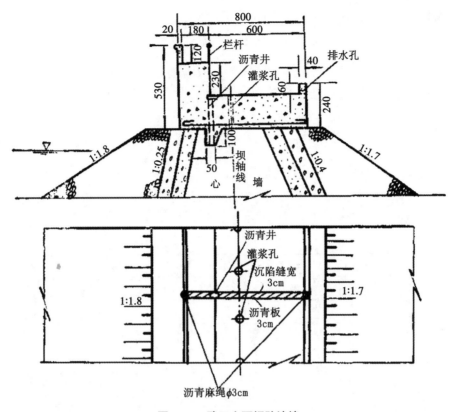

图 4.24　碧口土石坝防浪墙

4.5.2　上游护坡

（1）抛石（堆石）护坡。堆石坝的上游护坡，可在堆石料场挑选适当块径和级配的石料，在堆石坝填筑时逐层抛填在上游坡范围内。在堆石护坡下，不必设置垫层；而在砂卵石坝壳的上游堆石护坡下，应设置垫层。护坡石料的中值块径的质量 Q_{50}（单位：t）用下式计算：

$$2.12Q_{50}^{3/8}(bm)^{3/5} = \frac{2h}{\left(\text{th}\dfrac{2\pi H}{2L}\right)^{\sigma}} \tag{4.38}$$

式中：m——上游坡坡率；

　$2h$，$2L$——设计的波高、波长（波浪要素）；

　　　　H——坝前水库水深，m；

　　　a，b——经验系数，见表 4.18。

表 4.18　a，b 经验系数表

m	2.00	2.25	2.50	3.00	5.00
a	0.20	0.20	0.20	0.20	0.33
b	0.75	0.75	0.75	0.75	1.00

石料块度的级配，应满足下列要求：

$$Q_{max} = 3 \sim 4Q_{50}$$

$$Q_{min} = \frac{1}{4} \sim \frac{1}{5}Q_{50} \qquad (4.39)$$

护坡的厚度，应满足：

$$t = \left(\frac{Q_{max}}{0.75\gamma_k}\right)^+ \qquad (4.40)$$

式中：Q_{max}，Q_{min}——最大、最小石块的质量，t；

　　　γ_k——石块的容重，t/m^3。

公式(4.38)可用图解，见图4.25。

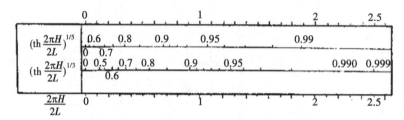

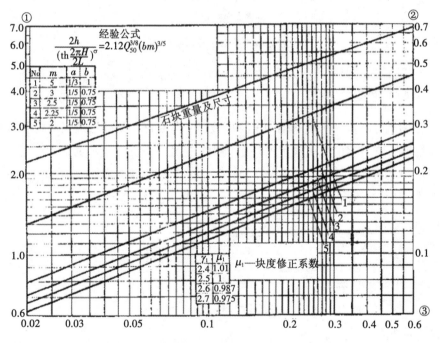

图4.25　式(4.38)的曲线图解

注：①—$\dfrac{2h}{\left(th\dfrac{2\pi h}{2L}\right)^2}$(m)；②—介于正方与球形之间石块直径，m，此图按石块密度2.5绘制，密

度不是此值时，应乘修正系数μ_1；③—$Q_{50}-(t)$。

根据实践经验，堆石护坡的块径、质量和层厚，可参考表4.19确定。

表4.19 堆石护坡的块径、质量和层厚

最大坡高/m	中值块径（D_{50}）/cm	最大石块质量 Q_{max}/kg	堆石护坡层厚/cm
0.00~0.60	25	91	40
0.60~1.20	30	227	45
1.20~1.80	38	680	60
1.80~2.40	45	1130	75
2.40~3.00	52	1810	90

上表适用于坝坡陡于1:5的堆石护坡，如坝坡缓于1:5，护坡层厚可适当减薄。砂卵石坝壳的堆石护坡下面应设垫层。垫层的D_{15}不应大于坝壳砂卵石D_{85}的5倍，堆石护坡的D_{15}不应大于垫层D_{85}的10倍。且垫层的D_{85}不应小于下列规定：最大波高（m）垫层D_{85}不小于下值（cm）：0.00~1.20m，4cm；1.20~3.00m，4cm；垫层的最小厚度，可参考下列经验确定：最大波高（m）垫层、最小厚度（cm）：0.00~1.20m，15cm；1.20~2.40m，22cm；2.40~3.60m，30cm。

当填壳为黏性小的细粒土时，往往需要两层垫层，靠近坝壳的一层垫层最小厚度为15cm。

（2）干砌块石护坡。在最大局部波压力作用下，块石所需计算直径D（换算为球形的直径）为：

$$D = \frac{A P_{max}}{\gamma_k - \gamma_w} \cdot \frac{\sqrt{1+m^2}}{m(m+2)} \tag{4.41}$$

$$P_{max} = 1.59 \gamma_w K(2h) \tag{4.42}$$

式中：P_{max}——最大波压力；

　　　γ_k——块石的容重；

　　　γ_w——水的容重；

　　　m——上游坝坡坡率；

　　　A——系数，对于干砌石护坡，$A=0.64$；对于干砌方块石护坡，$A=0.54$；

　　　K——随坡率变化的系数：$m=2.0$，$K=1.2$；$m=2.5$，$K=1.3$；$m=3.0$，$K=1.4$；

　　　　　$m=4.0$，$K=1.4$~1.3；$m=5.0$，$K=1.2$；

　　　$2h$——设计波高。

采用的不规则的块石平均块径为：

$$D_m = D/0.85 \tag{4.43}$$

干砌块石的平均质量Q（以吨为单位）用下式计算：

$$Q = 0.525 \gamma_k D^3 \tag{4.44}$$

干砌块石护坡的厚度用下式计算：

$$t = 1.36 \sqrt[3]{\frac{Q}{\gamma_k}} \tag{4.45}$$

干砌方块石护坡的厚度用下式计算:

$$t = 1.7 \frac{\gamma_w}{\gamma_k - \gamma_w} \cdot \frac{\sqrt{1+m^2}}{m(m+2)}(2h) \tag{4.46}$$

当波长与波高之比$\frac{2L}{2h} > 15$时,式(4.46)的系数1.7改用1.85。

(3)护坡的上下界限。图4.26表示坝坡上的波压分布,最大波压在静水位以下竖直距离e_0处。波压的分布曲线为:

$$P_\delta = P_{max} e^{-z_b \frac{Z}{Z_b}} \tag{4.47}$$

$$Z_b = (h_B + e_0)\sqrt{1+m^2} \tag{4.48}$$

式中:P_{max}——用式(4.42)计算;

　　　h_B——波浪在坝坡上的爬高。

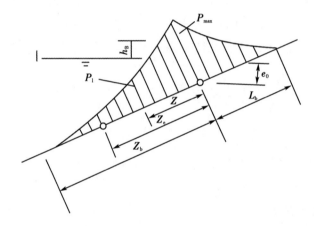

图4.26　波浪压力分布

$$e_0 = (0.35 \sim 0.45)(2h) \tag{4.49}$$

当$\frac{2L}{2h} = 8$时,$e_0 = 0.35(2h)$;当$\frac{2L}{2h} = 15$时,$e_0 = 0.45(2h)$。

坝坡上任意点的护坡石块计算直径用下式计算:

$$D_\delta = D \frac{P_Z}{P_{max}} \tag{4.50}$$

因此,

$$D_\delta = D e^{-z_b \frac{Z}{Z_b}} \tag{4.51}$$

式中:D——用式(4.41)计算。

如果坝壳料的计算粒径为d,则不需要护坡的Z_e的粒径用下式计算:

$$d = D e^{-z_b \frac{Z_e}{Z_b}} \tag{4.52}$$

式中：Z_e——护坡的下界限。

护坡的上界限是波浪爬高 h_B 略加安全高，但一般土石坝护坡都护到坝顶，这是结构的需要。护坡的下界限尚需考虑到冬季最低水位或死水位时冰冻层的厚度。在下界限以下，水库充水时间，有的坝需要修筑临时护坡。通常，护坡的下界限，对于砂石坝壳，可取最低水位或死水位下 1.5 倍波高；对于壤土，则为 2 倍波高。

（4）垫层的粒径和厚度。由于波浪压力产生波压水力梯度，因而在垫层中和垫层底部坝壳表面产生渗透流速。波压水力梯度从垫层表面向内部逐渐变小，当垫层厚度为 t 时，垫层底部的最大波压水力梯度为：

$$I = 1.5(2h) e^{-n\frac{t}{d}} \tag{4.53}$$

式中：n——幕次系数，垫层粒径均匀，$n=0.21$；较不均匀，$n=0.28 \sim 0.35$；

　　　t——热层厚度；

　　　d——垫层材料平均计算粒径。

根据波压产生的渗流速度不冲刷垫层和坝壳土料的原则，垫层的粒径、层厚与上层粒径、层厚同下卧层粒径的关系为：

$$d_{n+1} = 1.87 A_0^{2.5} (2h)^{1.25} \times e^{-0.26 \left(\frac{t_k}{D_k} + \frac{t_1}{D_1} + \frac{t_2}{D_2} + \cdots + \frac{t_n}{D_n} \right)} \tag{4.54}$$

式中：　　　　　　A_0——试验确定的系数，根据上一层的粒径 d_m 按图 4.27 查得；

　　　t_h，D_h——护坡块石的厚度、平均计算块径；

t_1，t_2，$\cdots$，t_n 和 d_1，d_2，$\cdots$，d_n——护坡下面各层垫层的厚度和平均计算粒径；

　　　d_{n+1}——在 n 层垫层下面的垫层平均计算粒径或坝壳土料的平均粒径。

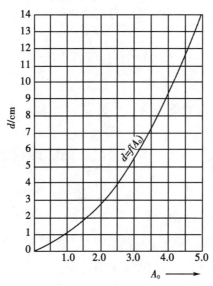

图 4.27　系数 A_0 的曲线（在曲线范围以外，可用 $A_\delta = d^{2/3}$）

上一层与下一层颗粒的平均粒径比即层间系数 α，还应满足下式：

$$\alpha = \frac{d_n}{d_{n+1}} \leqslant 10 \leqslant 4.5 e^{0.26 \frac{t_n}{d_n}} \tag{4.55}$$

设计时先根据 t_k，D_k 用下式计算 d_1：

$$d_1 = 1.87 A_0^{2.5} (2h)^{1.25} e^{-0.26 \frac{t_k}{D_k}}$$

此时，A_0 用 D_k 查曲线图 4.27 或用 $A_0 = D_k^{2/3}$ 计算。然后用下式计算 d_2：

$$d_2 = 1.87 A_0^{2.5} (2h)^{1.25} e^{-0.26 \left(\frac{t_k}{D_k} + \frac{t_1}{D_1}\right)} \tag{4.56}$$

再用式(4.56)计算 t_2。重复上述步骤，顺次计算下一层。一般设计垫层不宜超过两层。最后，将已知坝壳土料的平均粒径 d 作为 d_{n+1} 验算相邻垫层的 t_n/d_n，如不满足式(4.55)，则增大 t_n，直至满足为止。

(5)混凝土和钢筋混凝土板护坡。

①护坡板厚度的估算。有不少估算护坡板厚度的经验公式，现介绍两种：

$$t = K \frac{0.11(2H)}{(\gamma_c - \gamma_w)\sqrt{b}\cos\alpha} \tag{4.57}$$

式中：t——混凝土或钢筋混凝土板厚度，m；

　　K——安全系数，可采用坝坡稳定安全系数；

　　γ_c——钢筋混凝土的容重，t/m³；

　　b——沿坝坡方向板的长度，m；

　　α——坝坡与水平线所成的角；

　　$2h$——波高；

　　其他符号同前。

适用于 $b \leqslant 2.5$m，$m = 2.5$ 左右，板下有连续垫层的混凝土或钢筋混凝土板。

$$t = K(2h) \sqrt{\frac{\gamma_w}{\gamma_c - \gamma_w} \cdot \frac{2L}{mb}} \tag{4.58}$$

式中：$2h$、$2L$——波高、波长；

　　　K——系数，护坡板的接缝为开缝，$K = 0.075$；接缝为闭缝，$K = 0.1$；

　　其他符号同前。

适用于放置在连续垫层上的较大尺寸的混凝土或钢筋混凝土板，坝坡坡率为 $m = 2 \sim 5$，$10 \leqslant \frac{2L}{2h} \leqslant 20$，$1 \leqslant \frac{b}{2h} \leqslant 10$。用经验公式估算厚度后，对较重要的坝，还应该进一步验算护坡板的稳定性和强度，并计算配筋。

②护坡板的尺寸及构造。混凝土及钢筋混凝土板可分为预制和现场浇筑两种。

预制板的尺寸一般采用：方形板为 1.5m×2.5m，2m×2m 或 3m×3m，厚 0.15 ～ 0.20m。六角形板每边尺寸为 0.3～0.4m，厚 0.15～0.20m(见图 4.28)。预制板的底部应设 0.15～0.20m 厚的砾石或碎石垫层，垫层应设若干层，根据计算确定。现场浇筑的板，其尺寸可达 20m×20m，厚度达 0.5m。含筋率为 0.30～0.35%。这种板可直接铺筑在坝坡上，只需在纵横缝的下面设反滤层即可（见图 4.29）。

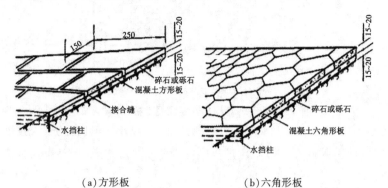

（a）方形板　　　　　　　　　（b）六角形板

图 4.28　预测混凝土护坡板（单位：cm）

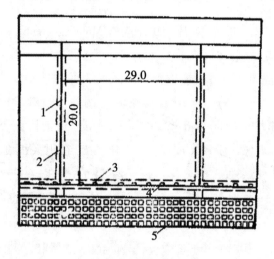

（a）板下反滤层布置平面图

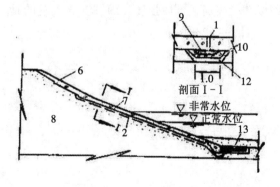

（b）上游坝坡横断面图

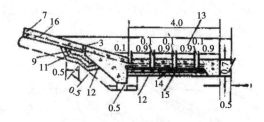

（c）坡角细部图

图 4.29　现场浇筑的钢筋混凝土板（单位：m）

1—横缝；2—滤层；3—15cm×15cm 的排水孔，间距 2m；4—纵缝；5—钢筋混凝土板的柔性支垫；

5—厚 25cm 的钢筋混凝土板；7—厚 40cm 的钢筋混凝土板；8—砂土；9—粗砾层，厚 15cm；

10—细砾层，厚 15cm；11—细砾层，厚 10cm；12—粗砂层，厚 15cm；13—粗砂；

14—厚 35cm 的钢筋混凝土板；15—厚 20cm 的卵石层；16—直径 32mm 的钢筋

（6）混凝土和钢筋混凝土板的计算。混凝土和钢筋混凝土板的厚度，根据重力稳定和强度计算确定。

①重力稳定计算。作用于板上的力有 5 个：板上的波浪压力、板下的上托力、板上静水压力、板下静水压力、板自重（见图 4.30）。

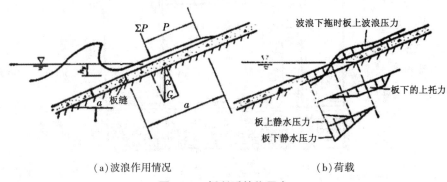

（a）波浪作用情况　　　　　　　　　　　　（b）荷载

图 4.30　板所受的作用力

a. 板上的波浪压力。板上波浪压力用式（4.59）的三个方程式计算，即：

$$
\left.
\begin{array}{l}
P_{\max} = 1.59K(2h) \\[2mm]
h_y = (0.75 - 0.25m + 0.032m^2) \times \left(\dfrac{L}{h}\right)^{0.3} (h) \\[2mm]
P_x = \eta P_{\max}\left[0.022\sqrt{m}\,\mathrm{e}^{-10\frac{n}{L}} - 0.017K_2\mathrm{e}^{\frac{1-1.5x^3}{mL}}\sqrt{L/h}\right]
\end{array}
\right\}
\tag{4.59}
$$

式中：$P_{\max}$——板上的最大压力，t/m^2；

　　K——见式（4.42）；

　　h_y——最大压力点的深度；

　　P_x——板上的压力分布图形；x 是以板的最低点为原点，沿板面计算距离；

　　m——坝坡坡率；

　　η——系数，当 $m=2\sim3.5$ 时，$\eta=1.0$；$m=4$ 时，$\eta=0.8$；$m=5$ 时，$\eta=0.6$；

　　h,L——半波高、半波长；

K_2——$K_2 = 6.11 \sim 2.78m + 0.38m^2$。

b. 板下的上托力(见图4.31)。板下的上托力呈梯形分布,最大压力为$0.85h$,单位:t/m^2。图上各值用式(4.60)计算。

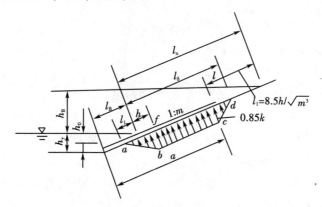

图4.31 板下的上托力

$$\left.\begin{array}{l} l_B = h_B\sqrt{1+m^2} \\[2mm] l_1 = 8.5\dfrac{h}{\sqrt{m^3}} \\[2mm] l_\delta = l_n - l_1 \\[2mm] l = 8.5\dfrac{h}{m^2} \\[2mm] l_y = h_y\sqrt{1+m^2} \end{array}\right\} \qquad (4.60)$$

$$h_2 = 0.25(3.3 - 1.36m + 0.2m^2)h\,; \quad l_2 = h_2\sqrt{1+m^2}$$

式中:h_B——波浪爬高;

h_y——按式(4.59)计算;

其他符号意义同式(4.59)。

c. 板上和板下的静水压力。板上最大静水压力为$h_y\gamma_w$,板下最大静水压力为$(h_y+t)\gamma_w$,其中t为板厚。压力分布如图4.32所示。

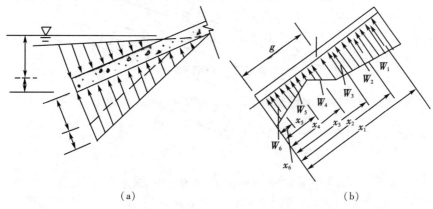

(a)   (b)

图4.32 静水压力分布和力的组合

d. 板的厚度。把这些静水压力和上托力累加组合(见图 4.31),这些力对板最低点的力矩累加起来为 $\sum Wx$,则板的厚度 t 用下式计算(见图 4.31):

$$t = \frac{\sum W}{a\gamma_c g\cos\alpha} \tag{4.61}$$

式中:a——板的长度,见图 4.31;

γ_c——板的容重;

g——板的重心至板最低点的距离(沿板面斜距离);

α——坡角。

②强度计算。作用在板上的力亦有 5 种,但因板按弹性地基上的梁计算,故波浪压力及板下上托力与上述考虑不同。

a. 波浪打击力。设波浪打击在板的中心,上半部波浪压力按式(4.62)计算,下半部波浪压力按式(4.63)计算(见图 4.33),即:

$$P_x = 0.97\eta P_{\max}\left[e^{-26\frac{x}{Lm}} - 0.11\frac{x}{L\sqrt{m}} + 0.33\right] \tag{4.62}$$

$$P_x = \eta P_{\max}\left[e^{17\frac{x}{Lm}} + 0.33\frac{mx}{L}\right] \tag{4.63}$$

P_x,x,m,L 的意义与式(4.59)中的相同。但 $P_{\max}$ 是波浪最大打击力,可按下列步骤计算。

图 4.34 为在斜坡上的波浪打击图,浪峰点 A 的波速 v_A 为:

$$v_A = n\sqrt{\frac{gL}{x}\text{th}\frac{\pi H}{L}} + h\sqrt{\frac{\pi g}{L}\text{cth}\frac{\pi H}{L}} \tag{4.64}$$

式中:n——实验系数,当 $m = 2.5\sim4$ 时,$n = 0.75$;

H——坝前水深,m;

g——重力加速度,m/s^2;

其他符号意义同式(4.59)。

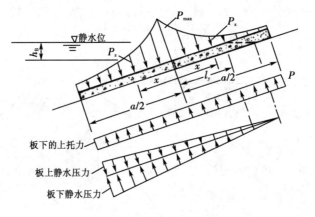

图 4.33 板上的波浪打击力及其他压力

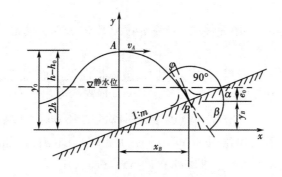

图 4.34 在斜坡上波浪打击图

斜坡上的波峰高 y_0 为：

$$y_0 = 3h + \frac{\pi h^2}{2L} \text{cth} \frac{\pi H}{L} \tag{4.65}$$

$$x_B = \frac{-v_A^2 \tan\alpha \pm v_A \sqrt{v_A^2 \tan^2\alpha + 2gy_0}}{g} \tag{4.66}$$

$$y_B = x_B \tan\alpha$$

波浪打击在 B 点的波速为：

$$v_B = \sqrt{v_A^2 + \left(\frac{gx_B}{v_A}\right)^2} \tag{4.67}$$

$$\tan\beta = \tan\alpha \pm \sqrt{\tan^2\alpha + \frac{2gy_0}{v_A^2}} ; \quad \varphi = 90° - (\alpha + \beta) \tag{4.68}$$

在 B 点的波浪打击力为：

$$P_{\max} = K\gamma_w \frac{v_B^2}{2g} \cos^2\varphi \tag{4.69}$$

式中：K——实验系数，取 1.7；

γ_w——水的容重，t/m^3。

b. 波浪产生的板下的上托力。波浪的半波高为 h。则板下的上托力为均匀分布，用下式计算（见图 4.31）：

$$P = n\frac{h}{m} \tag{4.70}$$

式中：m——坝坡坡率；

n——系数，其值如下：

$\dfrac{L}{a} = 0.5, 1.0, 1.5, 2.0, 2.5, 3.0, 3.5, 4.0, 4.5$；$n = 1.0, 1.4, 1.8, 2.1, 2.4,$ 2.7, 2.8, 2.9, 2.9

其中，a 为板的长度，L 为半波长。

c. 板上及板下的静水压力。板上及板下的静水压力分布与板的稳定计算相同（图

4.32(a))。

将以上各力组合起来，用弹性地基上梁或板的计算方法，确定板的厚度、应力和配筋。

③冰对护坡板的作用。寒冷地区，护坡板被冰推向坡上而拥起、拉向坡下而滑落等破坏常有发生，故应加以验算。

a. 冰的膨胀推力。图4.35表示气温渐升时冰的膨胀力对护坡板的推挤作用。稳定安全系数为：

$$K = \frac{W'\sin\alpha + (T\sin\alpha + \omega'\cos\alpha)f}{T\cos\alpha} \tag{4.71}$$

式中：W'——混凝土板的重量 $ta\gamma_c$，加 bef 块冰重，减去 $ghbcdg$ 块浮力；cd 为冰淹没在水中的淹没线，冰淹没在水中的深度为 $S = \frac{\gamma_b}{\gamma_w}\delta$，即 cd 线高出冰底的距离；γ_b 为冰容重，γ_w 为水容重；δ 为冰厚；γ_c 为混凝土板容重；

f——混凝土板与垫层间的摩擦系数；

α——坡面与水平线的交角；

T——冰的膨胀推力，对于坚固不变形的建筑物，冰盖长度小于50m时，$T = 15 \sim 20\text{t/m}^2$；冰盖长度为 $50 \sim 100\text{m}$ 时，$T = 9 \sim 18\text{t/m}^2$；冰盖长度大于100m时，$T = 9 \sim 12\text{t/m}^2$；坝坡面受推力变形，则 T 值可稍减小。

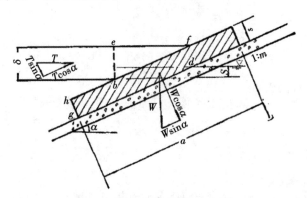

图4.35　护坡板受冰的推力

b. 水位上升时冰对护坡板的拔力。最不利的情况是冰黏结在板的上部（见图4.36）。冰盖下水位升高，冰在 ab 断面不至于断裂时，最大承受力矩 M 可用断面 ab 在塑性阶段的应力状况算得，即

$$M = \frac{\delta^2}{2} \cdot \frac{\sigma_p\sigma_c}{\sigma_p + \sigma_c} \tag{4.72}$$

式中：σ_c，σ_p——冰的极限抗压和抗拉强度，均可采用 8kg/cm^2。

黏结的冰盖长度为：

$$l = \sqrt{\frac{2M}{\gamma_w h}} \tag{4.73}$$

式中：h——水位升高时高出冰底的距离；

　　　γ_w——水容重。

冰对混凝土板铅直向上的拔力为：

$$P = \gamma_w h l$$

板的自重加冰的重量减去浮力，应大于拔力 P，并有 $1.2 \sim 1.3$ 的安全系数。此外，还应核算对混凝土板上端的力矩平衡，勿使板的下端抬起。

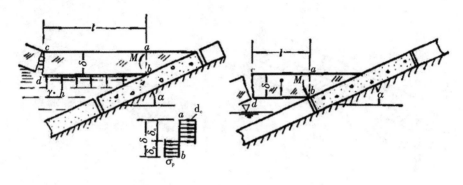

（a）水位上升　　　　　　　　　（b）水位下降

图 4.36　水位升降时冰对护坡板的拔力

c. 水位下降时冰对护坡板的下拉力。最不利的情况是冰与混凝土板下部黏结。冰能承受的最大力矩仍用式（4.72）计算。冰盖能保持的最大长度为（见图 4.36（b））：

$$l = \sqrt{\frac{2M}{\gamma_b \delta}} \tag{4.74}$$

式中：γ_b——冰的容重。

如按断面 ab 的抗剪力计算，则 l 应为：

$$l = \sqrt{\frac{\sigma_\tau}{\gamma_b}} \tag{4.75}$$

式中：σ_τ——冰的抗剪强度，可取 5kg/cm^2。

根据混凝土板自重和冰盖重量不使板向下滑动以及不会产生对板下端的转动，验算板的稳定。

（7）渣油沥青混凝土护坡。

①渣油混凝土护坡。不作防渗用的渣油沥青混凝土护坡，所要求的物理力学性能指标与沥青混凝土防渗间板基本一致，但柔性指标可降低一些。作护坡用的渣油沥青混凝土，主要成分是渣油，少掺沥青，以降低造价。

a. 有混凝土面板的渣油混凝土护坡。在坝面上先铺第一层厚 3cm 的渣油混凝土（夯实后的厚度），上铺 10cm 的卵石作排水层（不夯），第三层铺 $8 \sim 10$cm 厚的渣油混凝土，夯实后在第三层表面倾倒温度为 $130 \sim 140$℃ 的渣油砂浆，并立即将 $0.50\text{m} \times 1.00\text{m} \times 0.15\text{m}$ 混凝土板平铺其上，板缝间也用渣油砂浆灌满，这种护坡在冰冻区试用成功，如

图 4.37(a)所示。

b. 无混凝土面板的渣油混凝土护坡。底层浇厚 5~6cm 的渣油混凝土，夯实后当天浇第二层，厚 10cm，用平板振捣器振实，随即铺第三层密实的渣油混凝土，厚 5cm，表面再涂一层厚 0.2~0.3cm 的沥青砂胶，以减少冰的推力，如图 4.37(b)所示。这种护坡只能在非冰冻地区应用。因为在冰的黏结和推力作用下，这种护坡破坏较多。如果在冰冻地区采用，需备破冰机，在护坡前冰面经常打出冰槽，以消除冰推力。

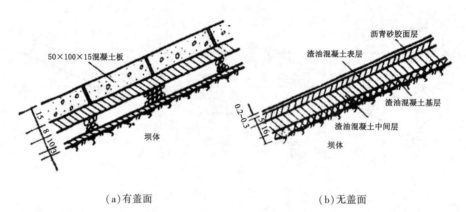

（a）有盖面　　　　　　　　　　　　　　（b）无盖面

图 4.37　渣油混凝土护坡（单位：cm）

渣油混凝土的配合比见表 4.20。渣油混凝土的填料最好用石灰石粉、石灰粉等碱性岩粉，也可用页岩灰、水泥粉尘等。无盖面的渣油混凝土护坡，表层直接受外力、温度等影响，变形大，宜用含油量 6%~7% 的细粒渣油混凝土，骨料粒径小于 15mm。渣油与沥青的比值为 2:1~1:1。底层渣油混凝土温度低，不易流动，含油量可达 7%~8%，用纯渣油或掺少量沥青均可，骨料最大粒径可小于 25mm。中间层为含油量 6%~7% 的粗粒渣油混凝土，最大粒径为 40mm，可全用渣油或掺少量沥青。

表 4.20　渣油混凝土和沥青砂胶配合比

名　称	配合比（质量比）							用　途
	大庆减压渣油	兰州 10 号沥青	石灰石粉	6 号石棉	石灰粉	粗砂	卵石	
① 渣油混凝土	4.75%	2.65%	11.1%			39.9%	41.6%	用于上层
② 渣油混凝土	4.75%	2.65%	9.26%	1.85%		39.9%	41.6%	
③ 渣油混凝土	4%	2%	12%			32%	50%	
④ 渣油混凝土	4%	2%			12%	32%	50%	
⑤ 渣油混凝土	6%		12%			37%	45%	用于下层
⑥ 沥青砂胶	20%	20%	55%	5%				用于面层

注：（1）大庆渣油针入度 34mm（25℃），延伸度 3cm（25℃），软化点 39℃；（2）兰州 10 号沥青针入度 2.5mm（25℃），延伸度 3.6cm（25℃），软化点 100℃；（3）1~4 号配比中，骨料最大粒径 15mm；5 号配比中，骨料最大粒径 40mm；（4）粗砂细度模数为 3.1。

②沥青砂浆胶结块石护坡。在坝面上浇一层厚8cm的渣油混凝土，接着浇沥青砂浆厚5cm的第二层。随即在第二层上摆上块石，长径为25～30cm，石块间留有2cm左右缝隙，再用沥青砂浆填满。在冰冻范围内，表面抹平；非冰冻范围，表面露出石头，对消浪有利。如图4.38所示。

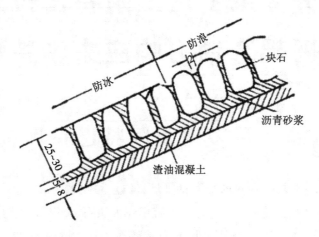

图4.38 沥青砂浆胶结块石护坡(单位：cm)

(8)土壤水泥护坡。将粗砂、中砂、细砂掺上7%～12%的水泥(重量比)，分层填筑于坝面作为护坡，称为土壤水泥护坡。经几个土坝实际应用，在最大浪高1.8m，并经十余年的冻融的情况下，只有少量裂缝，护坡没有损坏。土壤水泥护坡是随着土坝的填筑逐层填筑压实的，每层压实后厚度不超过15cm。土壤水泥拌和方法最好在拌和机内按含水量加水拌和(扣除土的含水量)，在坝面就地拌和也可。拌和后在一小时内填筑压实。压实后表面用湿土保护。这种护坡厚度为0.6～0.8m(相应水平宽度2～3m)。图4.39所示是土壤水泥护坡的构造。

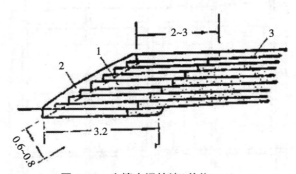

图4.39 土壤水泥护坡(单位：m)

1—土壤水泥护坡；2—潮湿土壤保护层；3—压实的透水土料

所用土壤，以砂土和砾质土较好，土中不能含有机质。土的级配是最大粒径50mm，小于5mm的占55%～60%，小于0.074mm的占10%～25%。水泥用量通常为干土重的7%～12%，掺水泥7%的粗、中砂或砾质粗砂的土壤水泥，7d龄期抗压强度为70kg/cm²，一年后抗压强度为150kg/cm²。

表 4.21 为 3 种典型的土壤水泥的级配和配比。水泥含量以 5%~9.5% 为宜,水下部分,水泥含量可减少 1%~2%。寒冷地区,护坡在水库冰冻范围内,水泥含量应增加一些,通常为 8%~14%。

表 4.21 土壤水泥护坡的级配和水泥用量

标准干容重/$(t \cdot m^{-3})$	最优含水量	液限	塑性指数	颗粒组成						水泥含量(质量比)
				<0.005	<0.05	<0.25	<2.00	d_{10}	d_{40}	
1.99	10.5%	19%	4	11	20	41	79	0.004	0.50	6%
2.22	7.8%	无塑性	0	5	10	19	55	0.05	3.0	5%
1.83	13.2%	无塑性	0	11	44	94	100	0.004	0.06	9.5%

4.5.3 下游护坡

为了防止雨水冲刷坝坡和风吹散砂性坝坡,防止黏性坝坡的冻胀干缩以及鼠、蛇、土白蚁等破坏,一般下游坡应设护坡。但下游坝壳为块石、卵石筑成时,则不必设下游护坡。若下游坝壳为砂卵石,则可采用卵石或碎石护坡,块径为 20~100mm,厚度为 40cm 左右。下游坝壳为黏性土,也可采用卵石或碎石护坡,块径用 5~100mm 级配料较好;如用 20~100mm 块径,则需加砂砾垫层。下游坝壳为黏性土,在温暖湿润地区,可用草皮护坡,草皮应选择爬地矮草。也可采用植草护坡,在黏性土坝坡上先铺腐殖土,加肥料后再撒草籽,草籽用湿砂和锯末混拌,以便撒播均匀。寒冷和干旱地区,不宜采用草皮和植草护坡。护坡应防止牛羊放牧践踏破坏。碾压式堆石坝壳,一般含细粒较多,坝坡又较陡,也需护坡。在 1:1.7~1:1.8 的坝坡上,卵石护坡不稳定,常用混凝土方格中填卵石的护坡,见图 4.40。碧口土石坝堆石坝壳下游坡,就是用的这种护坡。

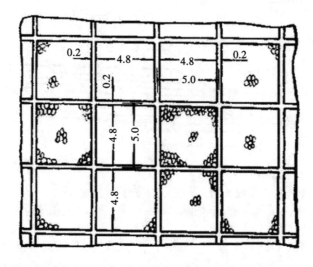

图 4.40 混凝土方格填卵石护坡(单位:m)

4.5.4　排水沟

为了防止下游坝坡雨水集中冲刷而形成雨淋沟，应设置纵横排水沟，汇集径流，排到滤水坝趾或坝脚。纵向排水沟都设在坝台内侧，并采用明沟，以利清淤。顺着坝坡的横向排水沟，每隔 50~150m 设置一条，与纵向排水沟连接。沿着坝坡与岸坡的连接线，必须设置排水沟，其集水面积应包括岸坡的集水面积在内。下游坡为块石或砌石护坡时，则不必设置排水沟。上游坡不需设置排水沟，但正常高水位以上，坝坡与岸坡的连接线，也应设置排水沟。

排水沟的断面设计，应以能通过表 4.22 中所列设计频率情况下，一小时暴雨所产生的径流面不致漫溢为准。

表 4.22　排水沟的设计暴雨频率

坝的等级	Ⅰ	Ⅱ	Ⅲ	Ⅳ、Ⅴ
设计频率	1%	2%	5%	10%

排水沟用混凝土或浆砌石建成。若采用预制混凝土构件，则必须使接缝牢固，拼装成一个整体。

沟的最小宽度不应小于 30cm，以利清淤。图 4.41 所示可作参考。

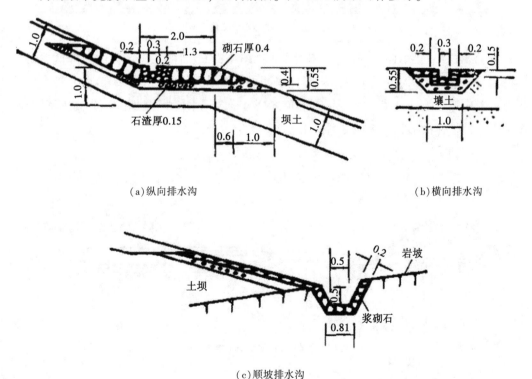

（a）纵向排水沟　　　　　　　　　　　　（b）横向排水沟

（c）顺坡排水沟

图 4.41　下游坡排水沟参考图（单位：m）

4.5.5 坝趾排水体

为了有效地排出坝体和坝岩的渗透水，降低坝体的浸润线和坝基的渗透压力，汇集排走坝坡排水沟的雨水，防止下游尾水冲刷坝脚，并对坝坡起一定支撑作用，应在坝趾附近设置排水体。排水体与坝体土砂接触面应设反滤层；排水体外坡的块石大小，应根据尾水波浪设计。

（1）表面式排水体。当坝体中浸润线不高（如心墙和斜墙土石坝），没有必要降低下游坝体中的浸润线时，常采用这种排水体，如图4.42所示。在寒冷地区，对于黏性土坝坡，排水体的厚度应大于冻层深度。排水体的顶部高程，应高出最高尾水位1.5~2.0m，并高出浸润线出逃点1m以上。

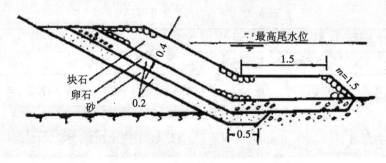

图4.42 表面式排水体（单位：m）

（2）棱柱体式排水体。棱柱体式排水体[见图4.43(a)]能在一定程度上降低下游坝体浸润线。如将排水带伸入坝体，则降低浸润线的效果更好[见图4.43(b)]。排水体的顶宽一般应宽于1m，以利于行走检查。顶部高出最高尾水位1.5~2.0m，并高出浸润线 i 米以上。棱柱体的形状和边坡见图4.43。

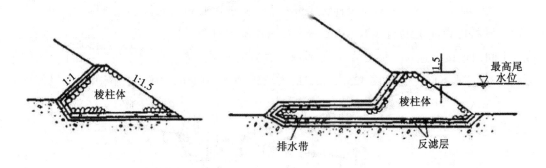

（a）棱柱体式排水体 　　　　　　　（b）排水带伸入坝体排水

图4.43 棱柱体式排水体（单位：m）

（3）上昂式排水体。这种排水体有坝趾排水体[见图4.44(a)]和坝内竖直排水带[见图4.44(b)]等形式，对降低坝体浸润线最为有效。后者常用于均质坝坝体内，或用于心墙下游坝体土料混杂、透水性不好的土坝。其上昂部既可倾向上游，也可倾向下游，也可直立。

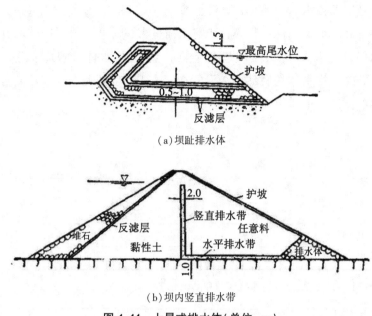

(a)坝趾排水体

(b)坝内竖直排水带

图 4.44　上昂式排水体(单位：m)

(4)暗管式排水体。在纵向设置堆石棱柱体式排水体，每隔 100m 左右设横向排水管，汇集纵向排水体的渗水，排出坝外见图 4.45(a)。横向排水管用混凝土管，也可用堆石棱柱体式排水体。这种形式的排水体检修不便，故很少采用。但当坝的下游填筑压重平台时，或有变电站设备平台时，必须用暗管将纵向排水体的渗水引到下游河道或尾水渠，此时才采用暗管式排水体。见图 4.44(b)。暗管应能进入检修，其直径在 0.8m 以上。

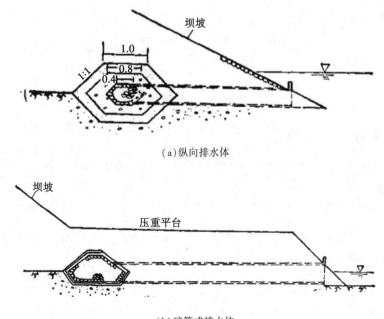

(a)纵向排水体

(b)暗管式排水体

图 4.45　暗管式排水体(单位：m)

所有这些排水体，除只起引水作用的横向暗管外，其底部都应设置在透水地基上，以利于排出坝基内的渗水。当地基有黏性土覆盖时，应将黏性土挖除，达到砂卵石地层，作为排水体的基础。如果黏性土很厚，开挖工程量大，则可采用减压排水井，穿过黏性土层深入透水层或直达基岩，搜集坝基渗流，向上引至排水体或坝址下游。如果坝基覆盖层不厚，则最好把排水体的底部直接设置在基岩上，以便完全搜集坝基渗流，并有利于防止坝基砂的渗透变形。

第5章 岩土固结非饱和渗流特性与本构关系

尼罗河 Upper Atbara 坝构筑及其流固耦合动力响应力学特性研究结果表明,尼罗河围堰导流堤、重力坝工程相关岩土必须要有足够的强度、承载力和稳定性,保证尼罗河 Upper Atbara 坝长期安全使用。可见,研究尼罗河围堰导流堤、重力坝工程相关岩土的固结非饱和渗流特性与本构关系非常重要。

◆◇ 5.1 固结非饱和渗流特性理论分析方法

5.1.1 稳态流的基本方程

多孔介质中的渗流可以用达西定律来描述。考虑在竖向 x-y 平面内的渗流:

$$\left.\begin{array}{l} q_x = -k_x \dfrac{\partial \varphi}{\partial x} \\[2mm] q_y = -k_y \dfrac{\partial \varphi}{\partial y} \end{array}\right\} \tag{5.1}$$

式中:q——比流量,由渗透系数 k 和地下水头梯度计算得到。水头 φ 定义为:

$$\varphi = y - \frac{P}{\gamma_w} \tag{5.2}$$

式中:y——竖直位置;

p——孔隙水压力(压力为负);

γ_w——水的重度。

对于稳态流而言,其应用的连续条件:

$$\frac{\partial q_x}{\partial x} + \frac{\partial q_y}{\partial y} = 0 \tag{5.3}$$

等式(5.3)表示单位时间内流入单元体的总水量等于流出的总水量,如图5.1所示。

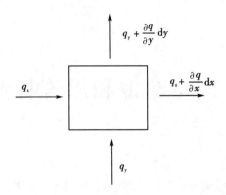

图 5.1　连续性条件示意图

5.1.2　界面单元中的渗流

在地下水渗流计算中界面单元需要特殊处理，可以被冻结或者激活。当单元被冻结时，所有的孔压自由度是完全耦合的；当界面单元激活时，它是不透水的(隔水帷幕)。

5.1.3　固结的基本方程

固结基本方程采用 Biot 理论，渗流问题采用达西定律，假设土层骨架弹性变形，而且基于小应变理论。根据 Terzaghi 原理，土层中的应力分为有效应力和孔隙压力：

$$\boldsymbol{\sigma} = \boldsymbol{\sigma}' + \boldsymbol{m}(p_{\text{steady}} + p_{\text{excess}}) \tag{5.4}$$

其中：

$$\boldsymbol{\sigma} = (\sigma_{xx} \quad \sigma_{yy} \quad \sigma_{zz} \quad \sigma_{xy} \quad \sigma_{yz} \quad \sigma_{zx})^{\text{T}}; \boldsymbol{m} = (1 \quad 1 \quad 1 \quad 0 \quad 0 \quad 0)^{\text{T}} \tag{5.5}$$

式中：$\boldsymbol{\sigma}$——总应力矢量；

σ'——有效应力；

p_{excess}——超孔隙水压力；

$\boldsymbol{m}$——包含单位正应力分量和零剪应力分量的矢量。

固结过程最终的稳态解表示为 p_{steady}，p_{steady} 定义为：

$$p_{\text{steady}} = \Sigma \boldsymbol{M}_{\text{weight}} \cdot p_{\text{input}} \tag{5.6}$$

式中：p_{input}——孔隙压力，在输入程序里基于浸润线或者地下水流计算得到；

$\boldsymbol{M}_{\text{weight}}$——材料刚度矩阵。

5.1.4　弹塑性固结

一般说来，在使用非线性材料模型时，需要多次迭代以求得正确的结果。由于材料的塑性或刚度与应力相关，应用中平衡方程不一定都满足。因此，这里需要检查平衡方程。

将总应力分为孔隙压力和有效应力，引入本构关系可以得到有限元节点平衡方程：

$$Kdv + Ldp_n = df_n \tag{5.7}$$

式中：K——刚度矩阵；

　　　L——耦合矩阵；

　　df_n——荷载增量矢量。

平衡方程(5.7)写成子增量的形式为：

$$K\delta v + L\delta p_a = r_n \tag{5.8}$$

式中：r_n——全局残余应力矢量。总位移增量 Δv 是在当前步所有迭代的子增量 δv 的总和。

$$r_n = \int N^T f dV + \int N^T t dS - \int B^T \sigma dV \tag{5.9}$$

其中：

$$f = f_0 + \Delta f; \quad t = t_0 + \Delta t \tag{5.10}$$

在第一个迭代中考虑 $\sigma = \sigma_0$，即起始步的应力。在由本构模型求解当前应力时使用连续迭代的方法。

5.1.5　非饱和渗流材料模型

非饱和渗流的模拟基于 Van Genuchten 材料模型。根据该模型，饱和度与有效压力水头关系如下：

$$S(\phi_p) = S_{residu} + (S_{sat} - S_{residu}) \left[1 + (g_a | \phi_p |)^{g_n} \right]^{\left(\frac{1 - g_n}{g_n} \right)} \tag{5.11}$$

Van Genuchten 假定了参数剩余体积含水量 S_{residu}，该参数用来描述在吸力水头下保留在孔隙中的部分流体。一般情况下，在饱和条件下孔隙不会完全充满水，由于空气滞留在孔隙中，此时饱和度 S_{sat} 小于 1。其他参数 g_a、g_n 需要对特定的材料进行测定。有效饱和度 S_e 表述为：

$$S_e = \frac{S - S_{residu}}{S_{sat} - S_{residu}} \tag{5.12}$$

根据 Van Genuchten 模型，相对渗透率表述为：

$$k_{rel}(S) = (S_e)^{g_n} \left\{ 1 - \left[1 - S_e^{\left(\frac{g_n}{g_n - 1} \right)} \right]^{\left(\frac{g_n - 1}{g_n} \right)} \right\}^2 \tag{5.13}$$

使用该表达式计算饱和度时，相对渗透率可以直接用有效压力来表示。

"近似 Van Genuchten 模型"的参数从经典 Van Genuchten 模型的参数转化而来，以满足线性模型的计算需要。对于 Φ_{ps}，转化方式如下：

$$\Phi_{ps} = \frac{1}{S_{\phi_p = -1, 0m} - S_{sat}} \tag{5.14}$$

参数 Φ_{ps} 等于压力水头，根据 Van Genuchten 模型，相对渗透率为 0.01，最低限值为 -0.5m。

◆ 5.2 岩土本构关系模型

5.2.1 岩土模型参数的选择和判断

线弹性模型 LE(Linear Elastic model)、摩尔-库仑模型 MC(Mohr-Coulomb model)、软土硬化模型 HS(Hardening Soil model)不能区分小应变情况下具有的较大刚度和工程应变水平下减小的刚度,因此在实际使用过程中需要根据主要应变水平来选择刚度参数,此时选择应用小应变土体硬化模型 HSS(Hardening Soil Small strain model)。

5.2.2 界面/弱面

界面单元通常用双线性的摩尔-库仑模型 MC(Mohr-Coulomb model)模拟。当在相应的材料数据库中选用高级模型时,界面单元仅选择那些与摩尔-库仑模型相关的数据(c,φ,ψ,E,v)。在这种情况下,界面刚度值取的就是土的弹性刚度值。因此,$E = E_{ur}$,其中 E_{ur} 是应力水平相关的,即 E_{ur} 与 σ_m 成幂指数比例关系。对于软土模型 SS(Soft Soil model)、软土蠕变模型 SSC(Soft Soil Creep model)和修正剑桥黏土模型 MCC(Modified Cambridge Clay model)来说,幂指数 m 等于 1,并且 E_{ur} 在很大程度上由膨胀指数 K^* 确定。

5.2.3 摩尔-库仑模型参数及其确定方法

摩尔-库仑模型中共有 5 个基本参数(c,φ,ψ,E,v/黏聚力、内摩擦角、剪胀角、杨氏模量、泊松比),这些参数都可以从基本的土工试验中获得。如图 5.2 中摩尔-应力圆所示,内摩擦角在很大程度上决定了抗剪强度。而图 5.3 表示的是一种更为一般的屈服准则。摩尔-库仑破坏准则被证明比 Drucker-Prager 近似更好地描述了岩土体,因为后者的破坏面在轴对称情况下往往是很不准确的。

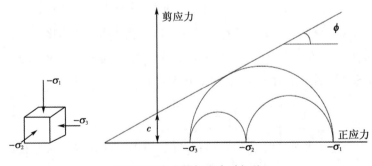

图 5.2 应力圆与库仑破坏线

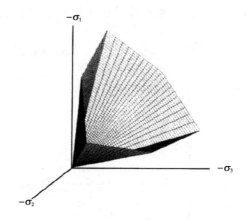

图 5.3　应力空间 ($c=0$) 中摩尔–库仑屈服面

5.2.4　软土硬化模型参数及其确定方法

软土硬化模型基本参数中的强度参数与摩尔–库仑模型一致,即两种模型的破坏准则均采用摩尔–库仑准则。软土硬化模型中土体刚度参数主要包括:标准三轴排水试验中的割线模量 E_{50}^{ref}、主固结仪加载模量 E_{oed}^{ref}、卸载/重加载刚度 E_{ocd}^{ref},以及刚度应力水平相关参数 m。

另外,还有些高级参数,如卸载/重加载泊松比 v_r(缺省值为 0.2);刚度的参考围压 P_{ref}(默认为 100);正常固结状态下的 K_0 值(缺省 $K_0=1-\sin\varphi$);破坏比 Rf(缺省值为 0.9,如图 5.4 所示)。

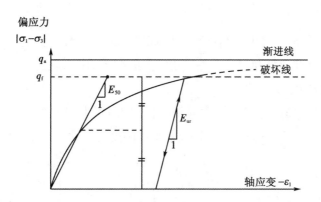

图 5.4　标准排水三轴试验主加载下双曲型应力–应变关系

抗拉强度 $\sigma_{mtention}$(缺省值为 0),黏聚力随深度递增值 cincrementent(同摩尔–库仑模型,缺省值为 0)。同时,刚度参数的力学意义如下:

割线模量 E_{50}^{ref}、卸载/重加载刚度 E_{oed}^{ref} 根据三轴排水试验确定。其中,E_{50}^{ref} 为围压 100kPa 时对应的割线模量(同摩尔–库化模型中定义方法),E_{oed}^{ref} 为卸载曲线近似斜率,一般卸载模量按弹性计算。E_{oed}^{ref} 为侧限压缩模量,根据固结仪试验得到,该参数的力学意义为，压缩应力为 100kPa 时应力–应变曲线的切线斜率，如图 5.5 所示。

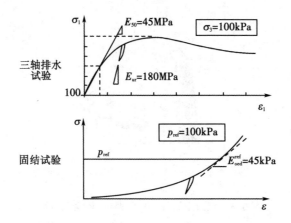

图 5.5　软土硬化模型中刚度参数的力学意义

5.2.5　软土蠕变模型参数及其确定方法

与摩尔–库仑模型中一样的强度破坏参数（c，φ，ψ/黏聚力、内摩擦角、剪胀角）。基本刚度参数（变形参数）：修正的压缩指标 λ^*，修正的膨胀指标 κ^*，以及修正蠕变指标 μ^*。

◆◇ 5.3　软土/软弱夹层的本构模型讨论

一般情况下，考虑的软土是指接近正常固结的黏土、粉质黏土、泥炭和软弱夹层。黏土、粉质黏土、泥炭这些材料的特性在于它们的高压缩性，黏土、粉质黏土、泥炭和软弱夹层又具有典型的流变特性。

Janbu 在固结仪试验中发现，正常固结的黏土比正常固结的砂土软 10 倍，这说明软土极度的可压缩性。软土的另外一个特征是土体刚度的线性应力相关性。根据软土硬化模型得到：

$$E_{oed} = E_{oed}^{ref}(\sigma/p_{ref})^m \tag{5.15}$$

这至少对 $c=0$ 是成立的。当 $m=1$ 时可以得到一个线性关系。实际上，当指数等于 1 时，上面的刚度退化公式为：

$$E_{oed} = \sigma/\lambda^*, \ \lambda^* = p_{ref}/E_{oed}^{ref} \tag{5.16}$$

在 $m=1$ 的特殊情况下，软土硬化模型得到公式并积分可以得到主固结仪加载下著名的对数压缩法则：

$$\dot{\varepsilon} = \lambda^* \dot{\sigma}/\sigma, \ \varepsilon = \lambda^3 \ln\sigma \tag{5.17}$$

在许多实际的软土研究中，修正的压缩指数 λ^* 是已知的，可以从下列关系式中算得固结仪模量：

$$E_{\text{oed}}^{\text{ref}} = p_{\text{ref}} / \lambda^{*}$$

（5.18）

◆◇ 5.4　有限元强度折减法

强度折减法（Finite element strength reduction method）是指在外荷载保持不变的情况下，边坡内岩土体所发挥的最大抗剪强度与外荷载在边坡内所产生的实际剪应力之比。这里定义的抗剪强度折减系数，与极限平衡分析中所定义的土坡稳定安全系数在本质上是一致的。

所谓抗剪强度折减系数，就是将岩土体的抗剪强度指标 c 和 φ 用一个折减系数 F_{s}，如式（5.19）所示的形式进行折减，然后用折减后的虚拟抗剪强度指标 c_{F} 和 φ_{F}，取代原来的抗剪强度指标 c 和 φ，如式（5.20）所示。

$$c_{\text{F}} = c / F_{\text{s}}; \quad \varphi_{\text{F}} = \arctan(\tan(\varphi) / F_{\text{s}})$$

（5.19）

$$\tau_{\text{fF}} = c_{\text{F}} + \sigma \tan \varphi_{\text{F}}$$

（5.20）

式中：c_{F}——折减后岩土体虚拟的黏聚力；

　　　φ_{F}——折减后岩土体虚拟的内摩擦角；

　　　τ_{fF}——折减后的抗剪强度。

折减系数 F_{s} 的初始值取得足够小，以保证开始时是一个近乎弹性的问题。然后不断增加 F_{s} 的值，折减后的抗剪强度指标逐渐减小，直到某一个折减抗剪强度下整个边坡发生失稳，那么在发生整体失稳之前的那个折减系数值，即岩土体的实际抗剪强度指标与发生虚拟破坏时折减强度指标的比值，就是这个边坡的稳定安全系数。

基于有限元数值模拟理论，针对排土场特征边坡开展强度折减计算时，混合排弃土、基岩等岩土体均采用式（5.21）所示的摩尔-库仑屈服准则：

$$f_{\text{s}} = \sigma_1 - \sigma_3 \frac{1 + \sin\varphi}{1 - \sin\varphi} - 2c \sqrt{\frac{1 + \sin\varphi}{1 - \sin\varphi}}$$

（5.21）

式中：σ_1，σ_3——最大和最小主应力；

　　　c，φ——黏聚力和内摩擦角。

当 $f_{\text{s}} > 0$ 时，材料将发生剪切破坏。在通常应力状态下，岩体的抗拉强度很低。因此，可根据抗拉强度准则（$\sigma_3 \geqslant \sigma_{\text{T}}$）判断岩体是否产生张拉破坏。强度折减计算时，不考虑地震及爆破振动效应的影响，对排土场边坡稳定性只进行静力分析。

◆◇ 5.5 地震响应分析原理与方法

地震动力对围堰导流堤、重力坝影响主要有：地震期间出现的位移、变形和惯性力；产生的超孔隙水压力；土的剪切强度的衰减；惯性力、超孔隙水压力和剪切应力降低对稳定的影响；超孔隙水压力的重分布和地震后的应变软化；永久变形及大面积液化引起的破坏。

研究结果表明，地震停止之后出现的围堰导流堤、重力坝变形经常超过标准永久大变形。震后变形不是惯性力和位移引起的，是超孔隙水压力和土强度降低二者的耦合，尤其出现在人造工程中。地震震源以地震波的形式释放的应变能，地震波使地震具有巨大的破坏力，包括两种在介质内部传播的体波和两种限于界面附近传播的面波。

（1）体波。纵波（P 波）能通过任何物质传播，而横波（S 波）是切变波，只能通过固体物质传播。纵波在任何固体物质中的传播速度都比横波快，在近地表一般岩石中，V_p = 5 ~ 6km/s，V_S = 3 ~ 4km/s。在多数情况下，物质的密度越大，地震波速度越快。根据弹性理论，纵波传播速度 V_P 和横波传播速度 V_S 计算公式见式（5.22）、式（5.23）。

$$V_P = \sqrt{\frac{E(1-\mu)}{\rho(1+\mu)(1-2\mu)}} \tag{5.22}$$

$$V_S = \sqrt{\frac{E}{2\rho(1+\mu)}} = \sqrt{\frac{G}{\rho}} \tag{5.23}$$

式中：E，μ，ρ，G——介质的弹性模量、泊松比、密度和剪切模量。

（2）面波。面波（L 波）是体波达到界面后激发的次生波，沿着地球表面或地球内的边界传播。

（3）震级与烈度。表 5.1 是中国制定并采用的《中国地震烈度表》（GB/T 17742—2020）。

表 5.1　中国地震烈度表（节选）

地震烈度	房屋震害		器物反应	合成地震动最大值	
	震害程度	平均震害指数		加速度/（m·s⁻²）	速度/（m·s⁻¹）
I	—	—		1.80×10^{-2} （<2.57×10^{-2}）	1.21×10^{-3} （<1.77×10^{-3}）
II	—	—		3.69×10^{-2} （2.58×10^{-2} ~ 5.28×10^{-2}）	2.59×10^{-3} （1.78×10^{-3} ~ 3.81×10^{-3}）

表5.1(续)

地震烈度	房屋震害		器物反应	合成地震动最大值	
	震害程度	平均震害指数		加速度/ $(\text{m}\cdot\text{s}^{-2})$	速度/ $(\text{m}\cdot\text{s}^{-1})$
Ⅲ	门、窗轻微作响	—	悬挂物微动	7.57×10^{-2} $(5.29\times10^{-2}\sim$ $1.08\times10^{-1})$	5.58×10^{-3} $(3.82\times10^{-3}\sim$ $8.19\times10^{-3})$
Ⅳ	门、窗作响		悬挂物明显摆动,器皿作响	1.55×10^{-1} $(1.09\times10^{-1}\sim$ $2.22\times10^{-1})$	1.20×10^{-2} $(8.20\times10^{-3}\sim$ $1.76\times10^{-2})$
Ⅴ	门窗、屋顶、屋架振动作响,灰土掉落,抹灰出现微细裂缝,有檐瓦掉落,个别屋顶烟囱掉砖		不稳定器物摇动或反倒	3.19×10^{-1} $(2.23\times10^{-1}\sim$ $4.56\times10^{-1})$	2.59×10^{-2} $(1.77\times10^{-2}\sim$ $3.80\times10^{-2})$
Ⅵ	损坏—墙体出现裂缝,檐瓦掉落,少数屋顶烟囱裂缝、掉落	0~0.10	河岸和松软土出现裂缝,饱和砂层出现喷砂冒水;有的独立砖烟囱轻度裂缝	6.53×10^{-1} $(4.57\times10^{-1}\sim$ $9.36\times10^{-1})$	5.57×10^{-2} $(3.81\times10^{-2}\sim$ $8.17\times10^{-2})$
Ⅶ	轻度破坏—局部破坏,开裂,小修或不需要修理可继续使用	0.11~0.30	河岸出现坍方;饱和砂层常见喷砂冒水,松软土地上的裂缝较多;大多数独立砖烟囱中等破坏	1.35 $(9.37\times$ $10^{-1}\sim$ $1.94)$	1.20×10^{-1} $(8.18\times10^{-2}\sim$ $1.76\times10^{-1})$
Ⅷ	中度破坏—结构破坏,需要修复才能使用	0.31~0.50	干硬土上亦出现裂缝;大多数独立砖烟囱严重破坏;树梢折断;房屋破坏导致人畜伤亡	2.79 $(1.95$ $\sim4.01)$	2.58×10^{-1} $(1.77\times10^{-1}\sim$ $3.78\times10^{-1})$
Ⅸ	严重破坏—结构严重破坏,局部倒塌,修复困难	0.51~0.70	干硬土上出现裂缝;基岩可能出现裂缝、错动;滑坡塌方常见;独立砖烟囱倒塌	5.77 $(4.02$ $\sim8.30)$	5.55×10^{-1} $(3.79\times10^{-1}\sim$ $8.14\times10^{-1})$
Ⅹ	大多数倒塌	0.71~0.90	山崩和地震断裂出现,基岩上拱桥破坏;大多数独立砖烟囱从根部破坏或倒塌	1.19×10^{1} $(8.31\sim$ $1.72\times10^{1})$	1.19 $(8.15\times$ $10^{-1}\sim1.75)$
Ⅺ	普遍倒塌	0.91~1.00	地震断裂延续很长;大量山崩滑坡	2.47×10^{1} $(1.73\times10^{1}\sim$ $3.55\times10^{1})$	2.57 $(1.76$ $\sim3.77)$
Ⅻ			地面剧烈变化,山河改观	$>3.55\times10^{1}$	>3.77

注:表中的数量词,"个别"为10%以下,"少数"为10%~45%,"多数"为40%~70%,"大多数"为60%~90%,"绝大多数"为80%以上。

（4）地震动力模型。地震动力模型中最简单的模型是线弹性模型。计算时泊松比（v）最大值不应大于 0.49。

$$\begin{Bmatrix} \sigma_x \\ \sigma_y \\ \sigma_z \\ \tau_{xy} \end{Bmatrix} = \frac{E}{(1+v)(1-2v)} \begin{bmatrix} 1-v & v & v & 0 \\ v & 1-v & v & 0 \\ v & v & 1-v & 0 \\ 0 & 0 & 0 & \frac{1-2v}{2} \end{bmatrix} \begin{Bmatrix} \varepsilon_x \\ \varepsilon_y \\ \varepsilon_z \\ \gamma_{xy} \end{Bmatrix} \tag{5.24}$$

建立等效线性模型时，需确定等效线性剪切模量 G 和相应的阻尼比。在一次动力载荷分析中，计算最大位移标准值和连续两次最大位移标准值之差。最大位移标准值为：

$$A_{max}^i = \max\left[\sqrt{\sum_{n=1}^{n_p} (\alpha_n^i)^2 / n_p} \right] \tag{5.25}$$

式中：α_n^i——结点 n 在对 i 步迭代的动态结点位移。

停止计算的依据是位移最大标准值变化小于指定的容许值或者迭代达到了指定最大迭代步。位移收敛准则如下：

$$\delta A_{max} = \frac{ABS(A_{max}^{i+1} - A_{max}^i)}{A_{max}^i} < [A_{max}] \tag{5.26}$$

式中：ABS——绝对值。

（5）有限元地震荷载产生的应力。地震荷载的表达式：

$$\{F_g\} = [M]\{\ddot{a}_g\} \tag{5.27}$$

式中：$[M]$——质量矩阵；

$\{\ddot{a}_g\}$——应用结点的加速度。

（6）时程分析。时程分析采用的动力平衡方程如下：

$$[M]\{\ddot{a}_g\} + [D]\{\dot{a}\} + [K]\{a\} = p(t) \tag{5.28}$$

式中：$[M]$——质量矩阵；

$[D]$——阻尼矩阵；

$[K]$——刚度矩阵；

$p(t)$——动力荷载；

$\{\ddot{a}_g\}$，$\{\dot{a}\}$，$\{a\}$——相对加速度、速度和位移。

通过岩土固结非饱和渗流特性与本构关系的研究，得到如下主要结论：

① 尼罗河 Upper Atbara 坝构筑及其流固耦合动力响应力学特性研究，围堰导流堤、重力坝工程相关岩土必须要有足够的强度、承载力和稳定性，研究尼罗河围堰导流堤、重力坝工程相关岩土的固结非饱和渗流特性与本构关系和选择，为准确评价保证尼罗河 Upper Atbara 坝长期安全使用奠定基础。

② 固结非饱和渗流特性理论分析方法研究，首先基于稳态流的基本方程、界面单元中的渗流、固结的基本方程，然后进行弹塑性固结、非饱和渗流材料模型分析，最终选择

基于 Van Genuchten 模型进行非饱和渗流的模拟方法。

　　③ 岩土本构关系模型研究，首先进行岩土模型参数的选择和判断，对比线弹性模型、摩尔-库仑模型、软土硬化模型、小应变土体硬化模型、软土模型、软土蠕变模型和修正剑桥黏土模型，合理选择并应用于尼罗河 Upper Atbara 围堰导流堤、重力坝工程。

　　④ 通过有限元强度折减法和地震响应原理方法分析，为尼罗河 Upper Atbara 坝构筑及其流固耦合动力响应力学特性研究奠定基础。

第3部分 尼罗河上阿特巴拉土石坝构筑流固耦合动力响应力学特性研究

第6章 尼罗河上阿特巴拉坝构筑及其方案演化分析

苏丹是一个典型的以河流为中心的国家,水利灌溉在其农业发展中起着重要的作用。基于尼罗河自然灌溉和水利灌溉发展重力坝构筑建设,实现更广泛的水力发电、灌溉工程及饮用水源,对苏丹经济社会发展产生一系列重大影响。

◆◇ 6.1 尼罗河灌溉工程与国家文明

古努比亚(今苏丹和埃塞尔比亚)、古埃及位于非洲东北部,全年干燥少雨,气候干热。随着农业、园艺业的发展,提升了物质文明程度,有效地维护了中央集权政府的统治。如今,加快苏丹第一座尼罗河上阿特巴拉水坝建设、积极发展水利能源和农业灌溉是保障国家能源和粮食安全的迫切需要。随着苏丹国民经济建设的快速发展,能源与农业灌溉需求迅速增长,发展清洁环保的水利能源和农业灌溉,可以极大地促进喀土穆大首都地区产业结构的升级,增强苏丹综合国力(见图6.1)。

广袤的非洲大地闪烁着的熠熠光辉,历经千锤百炼,成就了尼罗河上璀璨的明珠——苏丹共和国。苏丹地处非洲东北部,红海沿岸,撒哈拉沙漠以东,终年炎热,主要属于热带草原和热带沙漠气候。在这片炙热的土地上,一支来自中国的建设队伍在这里安营扎寨,他们以自己的技术成就与青春激情,建成了首个充满活力的苏丹上阿特巴拉水利枢纽工程项目。苏丹上阿特巴拉水利枢纽工程项目位于苏丹东部的卡萨拉州与加达里夫州交界处,距首都喀土穆公路约480km,包括C1-A和C1-B两个标段,由中国公司组成联营体负责承建。

图 6.1　尼罗河上阿特巴拉土石水坝开工和截流现场

◆◇ 6.2　尼罗河上阿特巴拉河大坝枢纽工程

苏丹上阿特巴拉大坝枢纽工程位于苏丹、埃塞俄比亚和厄立特里亚三国交界处，主要由上阿特巴拉河上的鲁美拉（Rumela）大坝及塞提特河上的波大那（Burdana）大坝组成，中间由连接渠连接，最终在上游形成一个连通的大水库。鲁美拉大坝设计全长约6348.28m，河床心墙坝坝长425.28m，最大填筑高度50.80m。施工区位于半干旱气候区。雨季从6月开始持续到10月，7月和8月雨量最大。全年高温，5月、6月和10月气温最高，最低气温自11月起至次年4月。苏丹上阿特巴拉水利枢纽项目由埃及出资、英国进行方案设计，其中关键部分河床心墙坝填筑过程中，涉及11种物料的填筑，必然要根据不同的料物特性选择不同的填筑顺序，方可保证大坝整体有序地上升。根据项目计划安排，河床心墙坝分3期进行填筑。

英国设计方案河床大坝施工内容包括：上下游二期围堰、减压井、基础开挖、基础振冲处理、帷幕灌浆、主坝防渗墙施工、坝体填筑等。河床大坝原设计方案的典型剖面如图6.2所示。

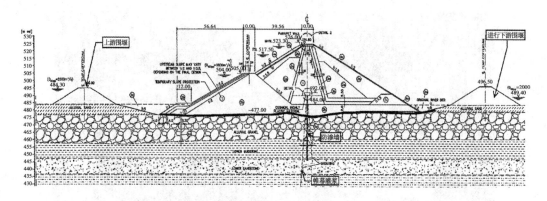

图 6.2　英国设计方案河床大坝典型剖面图

英国设计方案施工程序如下。

(1)一期施工。一期施工为上游组合围堰填筑,主河床截流后(上下游临时围堰施工),进行基坑的开挖,其中由于基坑范围较大,需分段分块进行施工,每块开挖完成后马上进行基础振冲处理。

(2)二期施工。苏丹上阿特巴拉项目河床心墙坝为典型的黏土心墙坝,中间为黏土心墙,两侧为坝壳料。

(3)三期施工。黏土区域帷幕灌浆施工完成后,进行黏土心墙的填筑,填筑到一定高程(486m)后,进行防渗墙的施工,防渗墙施工完成后,大面继续上升,达到高程502m后,大面与二期填筑顶部高程齐平,之后保持大面整体上升,直到填筑到坝顶。

(4)填筑分区分段。河床心墙坝填筑采用分期分段填筑,平起法施工,如图 6.3 所示。其中一期施工为上游组合围堰填筑施工,长度为 335.94m,二期施工为大坝下游侧施工,长度为 283.22m,三期施工为主坝体填筑施工,长度为 425.28m,见图 6.4。

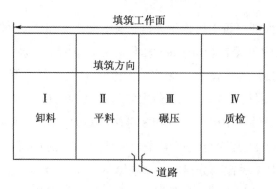

图 6.3　河床心墙坝分段施工示意图

综上所述,上游围堰防渗工程设计需要加强,大坝地基只有防渗墙,需要进行地基注浆防渗处理,可以戗坝施工设计替换。

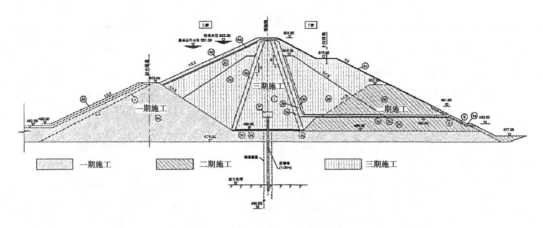

图 6.4 河床心墙坝分期施工图

◆ 6.3 英国设计方案施工与填筑优化

6.3.1 施工布置

坝体设计断面内布置的临时道路在使用完毕后由于填筑料物种类多，料场布置比较分散，因此土石坝施工道路繁多，拟定在上下游侧布置6条临时上坝道路，其中上游布置3条临时上坝道路，下游布置3条临时上坝道路和1条永久上坝道路。临时上坝道路宽8m。

6.3.2 各区料填筑参数

通过现场碾压试验并参考经验数据，确定各区料物填筑施工参数见表6.1。各区料物填筑程序见图6.5。

表 6.1 河床心墙坝各区料物施工参数表

序号	分区坝料		平均密度（最小）	含水量	层厚	碾压机械	碾压遍数/遍
1	1	特殊碾压区	≥98%（≥96%）	OMC-0%~OMC+4%	15	手扶式振动碾	6
		标准区	≥99%（≥97%）	OMC-1%~OMC+2%	30	19t 凸块碾	4
		高塑性黏土	90%~95%	>OMC%	30	19t 振动平碾	6
2	2a	特殊碾压区	≥95%（≥92%）		30	手扶式振动碾	6
	2b	标准区	≥95%（≥92%）		60	19t 振动平碾	6

表6.1(续)

序号	分区坝料		平均密度 （最小）	含水量	层厚	碾压机械	碾压遍 数/遍
3	3a	特殊碾压区	60%~85% （50%~90%）		30	手扶式振动碾	6
		标准区	60%~85% （50%~90%）		60	12t 振动平碾	6
4	3b	特殊碾压区	60%~85% （50%~90%）		30	手扶式振动碾	4
		标准区	60%~85% （50%~90%）		60	12t 振动平碾	4
5	4a、4d、4b、4c				150	不碾压	
6	5 区料				100	不碾压	

注：特殊碾压区为与混凝土结构连接区域和基础灌浆盖重周围区域

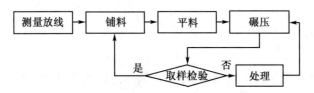

图6.5　料物填筑程序图

6.3.3　填筑过程中遇到的问题

（1）上游组合围堰填筑顺序如图6.6所示。

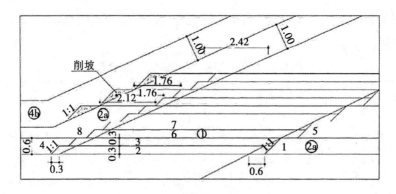

图6.6　组合围堰填筑顺序图（单位：m）

在实际施工过程中，详细填筑顺序如图6.7所示。

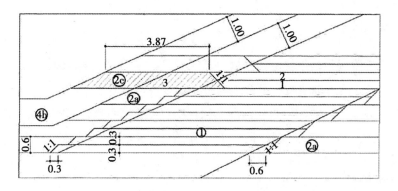

图6.7 改进后组合围堰填筑顺序图(单位：m)

(2)坝顶部位填筑。

◆◇ 6.4 英国设计方案截流模型试验

6.4.1 模型制作

采用局部动床正态模型，模型按重力相似准则设计，模型与原型保持几何相似、水流运动相似和动力相似，模型长度比尺 $\lambda_L = 60$。截流模型总长 40.8m，模型最大宽度 12.0m，地形最大高程 503.0m。模型采用等高线法用水泥砂浆塑制岸边及水下地形。河道上游 0~300m 至坝轴线 0+000m 为动床。模型布置如图 6.8 所示。

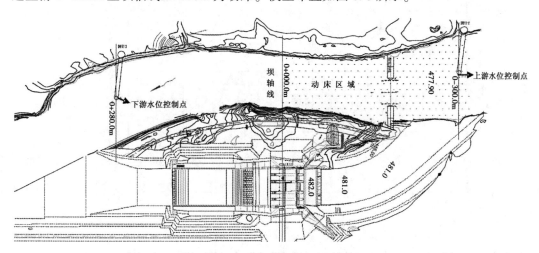

图6.8 模型布置示意图

6.4.2 试验设计

试验对设计院提供的戗堤轴线位置进行了验证。综合考虑河床地形条件、围堰结构等因素，认为设计戗堤轴线位置是合理的。龙口设在河床中部，截流前河水能较顺畅地由龙口下泄。截流采用的抛投材料的种类和规格：石渣（原型粒径 0.1~0.3m）、中石（原型粒径 0.3~0.7m）、大石（原型粒径 0.7~1.0m）、特大石（原型粒径 1.0~1.2m）。

6.4.3 试验结果

截流试验各流量主要截流水力参数参见表6.2。

表6.2 各流量主要截流水力参数

流量/(m³·s⁻¹)	分流点最高水位/m	最大龙口落差/m	最大龙口平均流速/(m·s⁻¹)	最大龙口单宽流速/(m³·s⁻¹·m⁻¹)	最大龙口单宽功率/(t·m·m⁻¹·s⁻¹)	最大抛投料/m	最大点流速位置	最大点流速/(m·s⁻¹)	困难区段龙口宽/m	抛投料流失量/m³
268（无护底）	484.41	3.92	4.57	28.82	71.75	1.2	右岸戗堤堤头下游角坡顶	6.43	20~15	898
268（护底）	484.53	3.94	4.45	20.80	63.61	1.2	右岸戗堤堤头下游角坡顶	6.82	20~15	528
385（设计）	485.07	3.96	4.34	32.68	79.47	1.2	右岸戗堤堤头下游角坡顶	6.82	20~15	2880
385（比较）	485.05	3.94	4.50	28.60	63.84	1.2	左岸戗堤堤头下游角坡顶	6.89	20~15	2184
600	485.73	3.95	5.17	43.20	86.60	1.2	左岸戗堤堤头下游角坡顶	7.82	20~15	3016
901	487.23	3.96	5.43	49.67	163.9	1.2	左岸戗堤堤头下游角坡顶	7.59	25~20	3380

可见，该工程截流特点是龙口落差、平均流速等水力学指标高。试验预进占中所用到的截流块体粒径为 0.2、0.4、0.6m，并用 1.2m 块石做裹头。龙口段块体尺寸为 0.6、0.8、1.2m。困难区段基本为龙口 20~15m。该区段各工况普遍有大量抛投料的流失现象。抛投料流失情况如图 6.9 所示。

图 6.9 截流过程中抛投料流失情况（工况 268m³/s，无护底）

试验过程中采用上挑脚抛投进占方式，抛投强度为 300m³/h，在困难区段将抛投强度提高至 350m³/h 左右。600m³/s 工况，左戗堤头部出现了一次小规模的坍塌，901m³/s 工况，试验过程中左戗堤裹头被冲刷，并出现一次大规模坍塌，如图 6.10 所示。

图 6.10 试验截流过程中左戗堤出现严重坍塌（工况 901m³/s）

经分析，坍塌的主要原因为水流作用，即水流对左岸戗堤下游角坡脚上的裹头抛料产生冲刷，个别造成上陡下缓，引发推动式冲刷，并且由于冲刷太深，裹头内部的小块石被水流带走。上部推体失去支撑，引发牵引式坍塌。

采用伊兹巴什公式：

$$v = k\sqrt{2gD\frac{\gamma_1-\gamma}{\gamma}} \tag{6.1}$$

可以计算该特大石截流材料抵抗水流冲动的流速为 7.58m/s。但此时 901m³/s 和 600m³/s 工况最大点流速分别为 7.59m/s 和 7.82m/s。可见，在水流作用下，石块启动是正常的。因此坍塌现象并不是偶然的。但 600m³/s 工况整体水力参数要低于 901m³/s，因此坍塌程度比 901m³/s 要轻。设坍塌前，堤头前沿的边坡角为 α_1，坍塌后前沿的边坡

角为 α_2，在水流的淘刷作用下，堤头的坡脚形成的冲刷深为 ΔH，堤高为 H，堤宽为 B，建立截流戗堤坍塌计算模型，计算坍塌长度 L 和高度 h：

$$L = Hctan\alpha_2 - Hctans\alpha_1 \tag{6.2}$$

$$h = \frac{1}{2}(H+\Delta)\left[\frac{1+\frac{1}{3}(H+\Delta H)ctan\alpha_2}{B+(H-\Delta H)ctan\alpha_2}\right] \tag{6.3}$$

经计算，600m³/s 工况，L 为 4.0m，h 为 6.2m。这和实际坍塌长度基本一致。针对坍塌的现象，试验发现延长裹头长度或提高裹头材料的粒径可以控制坍塌。试验结果表明，当裹头长度为 7m 左右或将裹头粒径提高到 1.5m 时坍塌可以得到有效控制（见图 6.11）。

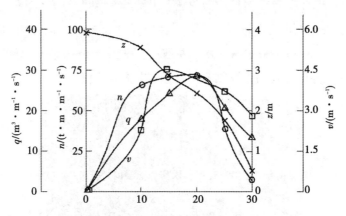

图 6.11　截流试验方案水力参数曲线（工况 268m³/s，无护底）

6.4.4　试验建议截流流量及截流方案

截流流量建议为 268m³/s。268m³/s（无护底）和 268m³/s（护底）的水力学指标接近。但 268m³/s（护底）的护底施工难度较大并需要综合考虑龙口水力条件、龙口冲刷情况等因素，建议按流量 268m³/s（无护底）做准备。该方案预进占和合龙各区段备料情况见表 6.3 和表 6.4。

表 6.3　截流戗堤预进占各区段备料

预进占分区	左戗堤	右戗堤 I	右戗堤 II
预进占长度/m	0~30(安全起见 7.0m 裹头)	0~20	20~43
抛投料类型	石渣(特大石)	石渣	石渣
抛投料最大粒径/m	0.4(1.2)	0.2	0.4
分区戗堤体积/m³	4781(1594)	3188	3661
备料系数	1.3(2.0)	1.3	1.3
分区备料量/m³	6216(3188)	4144	4766

注：流量为 268m³/s，无护底。

表6.4　合龙各区段备料

龙口分区	I	II	III
龙口宽度/m	30~25	25~10	10~0
抛投料类型	石渣	特大石	石渣
抛投料最大粒径/m	0.6	1.2	0.6
分区戗堤体积/m³	1163	2035.8	775
备料系数	1.3	2.0	1.3
分区备料量/m³	1511.9	4071.6	1007.5

6.4.5　相关分析

试验表明鲁美拉截流困难，其根本原因在于分流条件是决定截流落差和截流难度的控制因素之一。该工程的截流方法难度也在于此。该工程溢洪道进口底板高程为182.00m，截流戗堤轴线主河床底高程为177.00m（比溢洪道进口底板低5m），造成溢洪道分流能力差。在截流困难期龙口宽20m时，溢洪道分流比见表6.5。对于268m³/s工况，此时分流比为0。可见分流作用很差。

表6.5　不同工况下的溢洪道分流比

流量/(m³·s⁻¹)	268	268（护底）	385（设计）	385（比较）	600	901
分流比	0	29.80%	38.96%	37.70%	41.70%	54.90%

针对试验结果，可以做出分流建筑物 Z（截流落差）-Q（分流流量）曲线如图6.12所示。

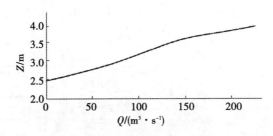

图6.12　分流建筑物 Z-Q 曲线（工况268m³/s，无护底）

由分流特性指标计算公式：

$$S = \frac{F}{Q_0 Z_{\max}} \tag{6.4}$$

式中：Q——总来流量；

F——图5中阴影部分面积；

Z——截流最大落差。可求得鲁美拉工程 S 值为0.17。根据截流实测资料统计，S 值一般在0.4~0.7，亦说明该工程的溢洪道分流能力很差。

由水量平衡和能量平衡公式，可以计算当龙口宽 20m 时的分流建筑分流比为 50% 时，此时的龙口平均流速为 2.6m/s、单宽流量为 9.8m³/s。

可见，截流风险已经大大降低。因为溢洪道作为永久建筑物，其在截流中分流能力不足。所以如果想彻底降低截流风险，亦可以专门修建截流分水闸或其他形式泄水道帮助分流，待截流完成后，借助于闸门封堵泄水闸，最后完成截流任务。

◆◇ 6.5　中国设计方案技术措施

为了在原设计方案基础上加快苏丹上阿特巴拉水利枢纽工程进度，中国设计方案通过研究及时提出，苏丹上阿特巴拉水利枢纽 B 标工程主要由左右岸土堤、左岸土石坝、河床黏土心墙坝、溢流坝组成，枢纽总长 6615m。河床黏土心墙坝坝高为 44m，基础高程为 481m，坝顶高程为 525m。工程分两期施工，一期利用原河床过流进行溢流坝及左右岸土石坝施工，二期利用已建溢流坝过流进行河床黏土心墙坝施工。建立了 B 标河床黏土心墙坝施工的技术措施。优化围堰结构和度汛方式，提前进行上游防渗墙施工和减压井施工，抬高坝体基础面高程 4m 和降低帷幕灌浆平台 3m，优化心墙土料制备方法和调整反滤料级配指标等，减少了工程量，加快了施工进度，将拖后近一年的工期抢回。

（1）围堰及度汛方式。调整后的二期围堰及坝体度汛剖面见图 6.13。

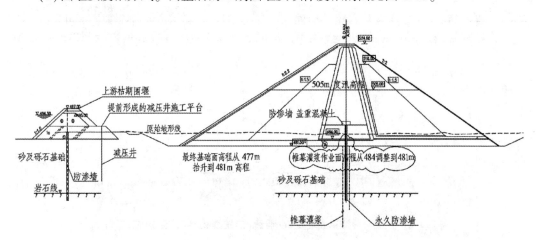

图 6.13　调整后的围堰及坝体典型剖面图

（2）减压井的施工。由于坝体粉砂层基础需进行振冲处理，因此要求将地下水位必须降到粉砂层以下 1m，即 476m 高程。经计算，坝体上下游各需布设 5 个减压井。

（3）坝体基础面的提升。河床的天然基础情况为泥岩上覆盖约 20m 厚的砂砾石，上部另有 7m 厚的粉细砂层。原设计方案为将上部 7m 厚的粉砂层全部挖除，挖至高程 477m 的砂砾石层，然后进行基础处理及坝体填筑。

（4）帷幕灌浆施工高程的调整。在实际实施过程中，将帷幕灌浆作业高程调整到高程 481m，即区域基础振冲结束后立即开始帷幕灌浆工作。提前进行帷幕灌浆施工，从而加大了基础振冲与帷幕灌浆间平行施工的时间，为关键线路施工压缩了 15d 的施工时间（见图 6.14）。

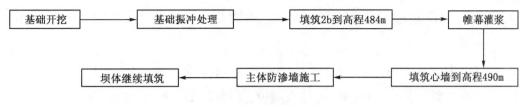

图 6.14　原河床坝的施工程序图

（5）心墙料的制备。

（6）反滤料级配曲线的调整。原料级配及设计要求见图 6.15。

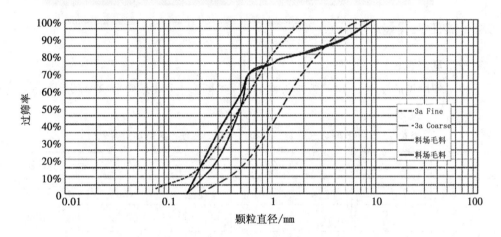

图 6.15　原反滤料控制指标和料场原料级配指标对比图

在苏丹上阿特巴拉项目生产过程中对反滤料的控制指标进行了调整，具体控制要求及原料对比情况见图 6.16。

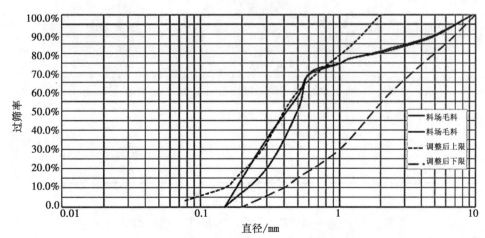

图 6.16　调整后的反滤料控制指标和料场原料级配指标对比图

调整的效果主要体现在两个方面：①弃料量从原来毛料的30%左右降到10%以内；②反滤料系统的生产能力由原来的1.4万 m³/月提高到2万 m³/月。

◆◇ 6.6 中国设计方案河床心墙坝填筑

中国设计方案大坝设计全长约6348.8m。从左到右依次分布有：左岸土堤、左岸心墙坝、左岸灌溉取水口、溢流坝、河床心墙坝、进水口及厂房、右岸心墙坝、右岸土堤。其中河床心墙坝位于上阿特巴拉河河床，左侧与溢流坝混凝土结构相接，右侧与进水口混凝土结构相接。河床心墙坝坝长425.28m，最大填筑高度50.8m，桩号范围为 CH Rl+367.94-CH Rl+793.22。

6.6.1 施工工程量

工程量见表6.6。

①施工程序见施工图6.14；②二期施工；③三期施工；④填筑分区分段如图6.17所示。

表6.6 苏丹上阿特巴拉 C1-A 项目河床心墙坝各区料填筑方量表

编号	类别	名称	单位	方量
1	1	黏土	m³	258752
2	1	高塑性黏土	m³	1913
3	2a	不分级配砂砾石	m³	877345
4	2b	分级配砂砾石	m³	403187
5	3a	反滤料	m³	82046
6	3b	排水料	m³	51551
7	4a	护坡料	m³	2995
8	4d	护坡料(块石)	m³	32375
9	4b	上游过渡料	m³	20449
10	4c	下游过渡料	m³	15428
11	5	坝脚排水料	m³	3254
12	总计		m³	1749295

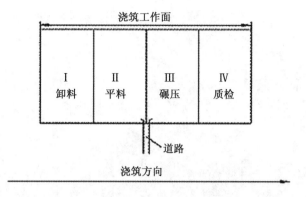

图 6.17　河床心墙坝分段施工示意图

6.6.2　施工道路布置

（1）一期施工道路布置如图 6.18 所示。

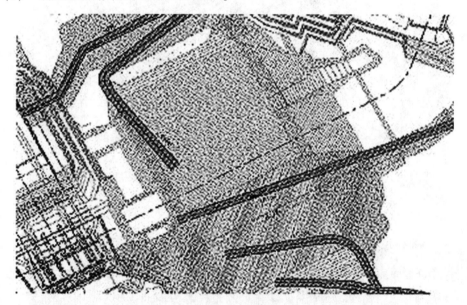

图 6.18　苏丹上阿特巴拉项目 C1-A 项目河床心墙坝一期施工道路布置图

（2）二期施工为大坝下游侧施工，如图 6.19 所示。

（3）三期施工为黏土心墙段施工，如图 6.20 所示。

综上所述，本章进行的尼罗河上阿特巴拉大坝构筑及其方案演化分析，结合中国土石围堰、重力坝设计施工的相关经验和方案比较，对围堰导流堤及防渗墙、重力坝构筑的设计方案进行研究；确定了围堰导流堤工程布置和结构形式、上阿特巴拉大坝工程构筑，其中上阿特巴拉大坝中国设计方案优于英国设计方案。具体研究结论如下。

（1）尼罗河上阿特巴拉河大坝枢纽工程河床坝段施工英国设计方案包括：上下游二期围堰、减压井、基础开挖、基础振冲处理、帷幕灌浆、主坝防渗墙施工、坝体填筑等。

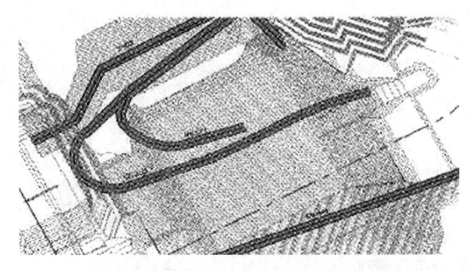

图 6.19　苏丹上阿特巴拉项目 C1-A 项目河床心墙坝二期施工道路布置图

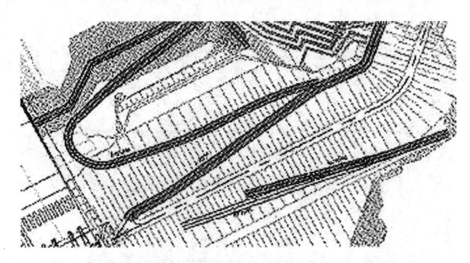

图 6.20　苏丹上阿特巴拉项目 C1-A 项目河床心墙坝三期施工道路布置图

（2）针对尼罗河上阿特巴拉河大坝枢纽工程，作为施工方的中国在深入研究英国设计方案的基础上，进行了英国设计方案施工与填筑等方面的优化，特别是通过英国设计方案截流模型试验和建议，提出了中国设计方案及其河床心墙坝填筑技术措施。

（3）通过英国设计方案截流模型试验存在的问题，为优化调整形成中国设计方案奠定基础。如对英国设计方案施工与填筑优化，确保了水利枢纽工程的截流成功；通过水工模型试验，得到了相关各项水力参数指标，提出降低截流风险的建议以及工程的截流推荐方案，为截流施工方案的决策和施工组织的实施提供了科学依据。

（4）中国设计方案优化及主要技术措施有：围堰及度汛方式、减压井的施工、坝体基础面的提升、帷幕灌浆施工高程的调整、心墙料的制备、反滤料级配曲线的调整。针对上游围堰防渗工程设计需要加强，大坝地基只有防渗墙，需要进行地基注浆防渗处理，可以替换戗坝施工设计，同时加强河床心墙坝填筑。

(5)中国设计方案河床心墙坝填筑技术有：施工程序、施工道路布置、填筑方法。因此针对施工工序进行了合理规划，分为三期施工；根据施工设计要求，制定了适合现场的特殊填筑流程，填筑施工分段分区分料进行；优化了道路布置；详细阐述炎热气候条件下对黏土填筑面的要求，以及在多雨季节黏土面填筑的注意事项，尤其是对烟囱排水体的保护方法和雨后修复措施。

第7章 英国设计方案流固耦合动力响应分析

本章针对尼罗河上阿特巴拉水坝英国设计方案，进行有限元模型施工过程阶段划分、施工阶段弹塑性有限元数值模拟分析、施工阶段弹塑性固结流变有限元数值模拟分析、施工阶段渗流场有限元数值模拟分析、施工阶段弹塑性固结流变有限元强度折减数值模拟分析、蓄水坝体渗流场有限元数值模拟分析、蓄水坝体流固耦合有限元数值模拟分析、蓄水坝体流固耦合有限元强度折减数值模拟分析和蓄水坝体有限元地震动力响应模拟分析，发现英国设计方案流固耦合动力响应中的问题，为中国设计方案流固耦合动力响应分析奠定基础。

◆◇ 7.1 建模与相关参数选择

7.1.1 有限元单元和界面

研究土体结构单元选用三角单元：6 节点三角单元和 15 节点三角单元。单元和界面单元类型自动和土单元类型相匹配(见表 7.1 和图 7.1)。

表 7.1 有限元单元类型

型	位移差值	高斯应力点	精度
6 节点三角单元	2 阶	12 个	差
15 节点三角单元	4 阶	3 个	非常精确

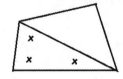 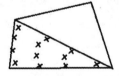 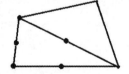 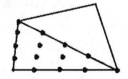

(a)6 节点三角单元应力点　(b)15 节点三角单元应力点　(c)6 节点三角单元 6 节点　(d)15 节点三角单元 15 节点

图 7.1 节点位置和土体单元的应力点

为了模拟土与土工格栅、状、面板之间的相互作用，采用界面进行处理，图 7.2 表示界面单元与土单元的连接。用 15 节点三角单元时，界面单元用 5 组节点定义；用 6 节点单元时，用 3 组节点定义。刚度矩阵通过 Newton-Cotes 积分得出。

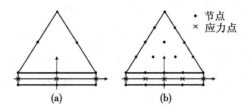

图 7.2　界面单元与土单元的连接

7.1.2　有限元数值模拟分析建模

根据尼罗河上阿特巴拉水坝英国设计方案建立有限元数值模拟几何模型和有限元网格模型,见图 7.3 和图 7.4。

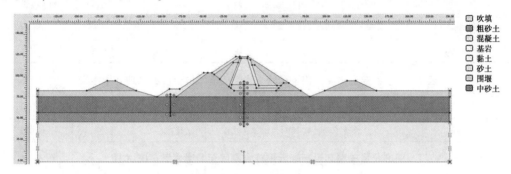

图 7.3　英国设计方案有限元数值模拟几何模型

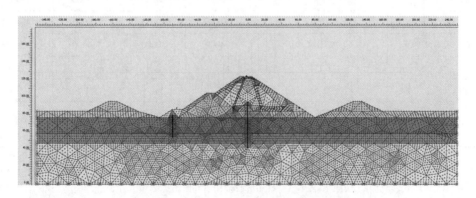

图 7.4　英国设计方案有限元网格模型

7.1.3　有限元本构关系选择

尼罗河流域岩土体和重力坝材料与大多数结构材料相比,土体材料表现出较强的非线性特性,随着荷载的增加,土体的塑性表现得很明显,甚至固结流变。室内试验与现场观测都表明土体材料具有明显的各向异性,土体的应力-应变关系十分复杂,土体的非线性应力-应变表现出非线性、滞后性和变形积累三方面特性。主要开展弹塑性、固结、非饱和渗流和流固耦合分析,选择基于 Van Genuchten 模型进行非饱和渗流的模拟方法。合理选择线弹性模型、摩尔-库仑模型、小应变土体硬化模型和软土蠕变模型,考虑应用有限元强度折减法和地震响应原理方法进行分析,并应用于尼罗河围堰导流堤、重力坝工程,揭示尼罗河上阿特巴拉坝构筑及其流固耦合动力响应力学特性。

7.1.4 物理力学指标

尼罗河流域岩土体和重力坝材料的物理力学指标见表 7.2 和表 7.3。

表 7.2 摩尔-库仑模型土层的物理力学指标

材料类型	$c/(kN \cdot m^{-2})$	$\varphi/(°)$	$\gamma_{unsat}/(kN \cdot m^{-3})$	$\gamma_{sat}/(kN \cdot m^{-3})$	μ	$E/(kN \cdot m^{-2})$
坝堤面板①	1500	53	25	25	0.18	21200000
混凝土②	1500	43	25	25	0.18	21200000
坝堤(吹填)③	500	33	25	25	0.18	21200000
复合地基④	30	30	18	20	0.33	150000

表 7.3 小应变土体硬化模型和软土蠕变模型本构土层的物理力学指标

参 数	粉质黏土(围堰)⑤	中砂土⑥	黏土⑦	粗砂土⑧	基岩⑨
排水类型	排水	排水	排水	排水	排水
$\gamma_{unsat}/(kN \cdot m^{-3})$	15	16.5	16	17	20
$\gamma_{sat}/(kN \cdot m^{-3})$	18	20	18.5	21	20
$E_{50}/(kN \cdot m^{-2})$	9700	98000	10000	120000	420000
$E_{oed}/(kN \cdot m^{-2})$	9700	98000	10000	120000	420000
$E_{ur}/(kN/m^{-2})$	29100	294000	30000	560000	1260000
m	1	0.5	0.9	0.5	0.5
$c/(kN \cdot m^{-2})$	5.5	1	4	1	100
$\varphi/(°)$	24	31	25	33	43
ψ	0	1	0	3	13
R_{inter}	0.65	0.65	0.8	0.8	0.9

注:对比方案计算时将相应 E_{50},E_{oed},E_{ur} 值提高 10 倍进行假设。

◆◇ 7.2 有限元模型施工过程阶段划分

根据前面介绍的尼罗河上阿特巴拉水坝英国设计方案施工过程,其有限元模型施工过程阶段划分为如下:

①施工阶段弹塑性有限元数值模拟分析,见图 7.5;

②施工阶段弹塑性固结流变有限元数值模拟分析,见图 7.6;

③施工阶段弹塑性固结流变有限元强度折减数值模拟分析；

④蓄水坝体流固耦合有限元数值模拟分析，见图 7.7。

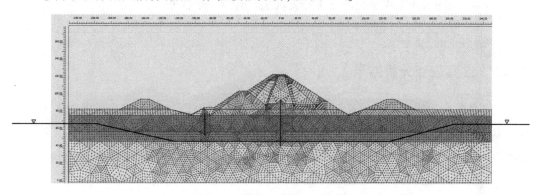

图 7.5 弹塑性有限元分析阶段

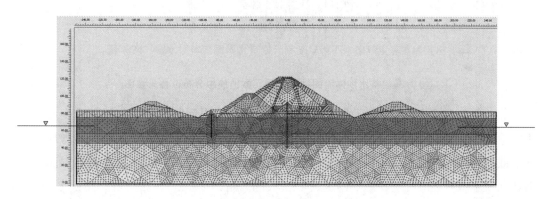

图 7.6 弹塑性固结流变有限元分析阶段

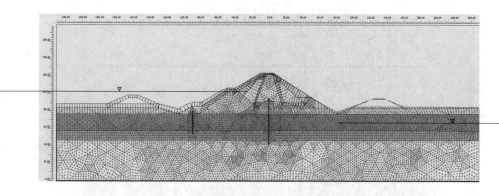

图 7.7 蓄水坝体流固耦合有限元分析阶段

⑤蓄水坝体流固耦合有限元强度折减数值模拟分析。

⑥蓄水坝体流固耦合动力响应有限元数值模拟分析。

◆◇ 7.3　施工阶段弹塑性有限元数值模拟分析

7.3.1　位移应变分析结果

（1）上游围堰堤顶沉降位移 0.280m，下游围堰堤顶沉降位移 0.240m；重力坝顶沉降位移 0.680m，戗坝顶沉降位移 0.440m，坝基底 A-A* 剖面沉降曲线中最大位移 0.204m；弹塑性有限元数值模拟分析位移等值线云图和矢量分布图见图 7.8 和图 7.9。

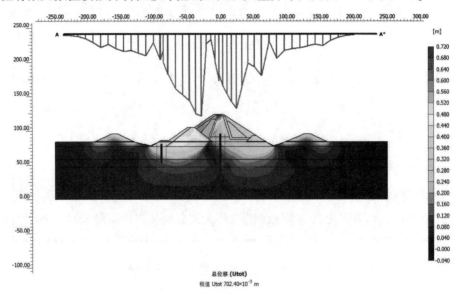

图 7.8　弹塑性有限元数值模拟分析位移等值线云图

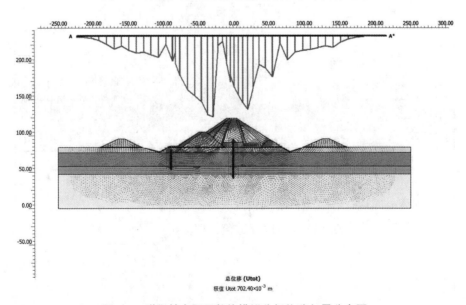

图 7.9　弹塑性有限元数值模拟分析位移矢量分布图

（2）弹塑性有限元数值模拟分析总应变矢量分布图、体积应变等值线云图和剪应变等值线云图见图 7.10 至图 7.12 所示，可以看出：上、下游围堰堤无明显剪应变出现，重力坝临近戗坝贯通剪应变出现、戗坝与重力坝接触斜面贯通剪应变出现，剪应变贯通戗坝进入坝基。

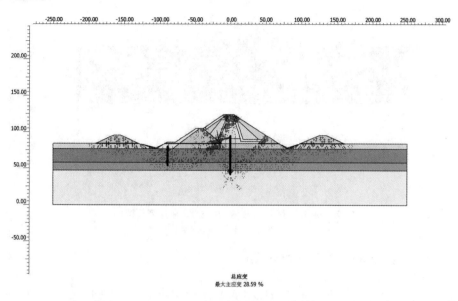

图 7.10 弹塑性有限元数值模拟分析总应变矢量分布图

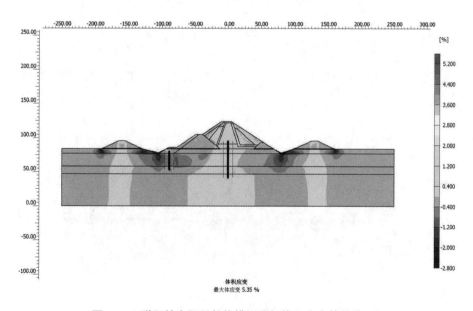

图 7.11 弹塑性有限元数值模拟分析体积应变等值线云图

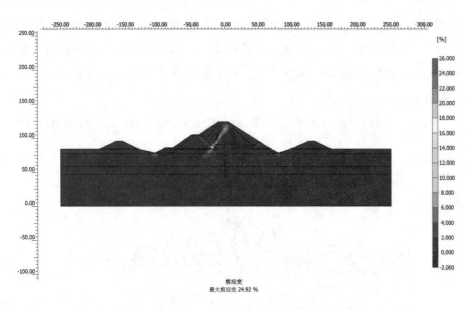

剪应变
最大剪应变 24.92 %

图 7.12　弹塑性有限元数值模拟分析剪应变等值线云图

7.3.2　有效应力与塑性区分析结果

（1）图 7.13 为弹塑性有限元数值模拟分析有效应力矢量分布图，上、下游围堰堤有效应力矢量略有偏转；重力坝、戗坝偏转明显，坝基底 A-A* 剖面有效应力曲线上最大有效应力为 759.60kPa；特别是戗坝有效应力矢量偏转增大尤为明显、重力坝黏土心墙两侧坝壳料有效应力矢量偏转增大尤为明显。

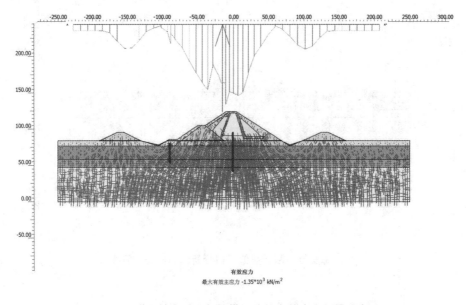

有效应力
最大有效主应力 -1.35*10³ kN/m²

图 7.13　弹塑性有限元数值模拟分析有效应力矢量分布图

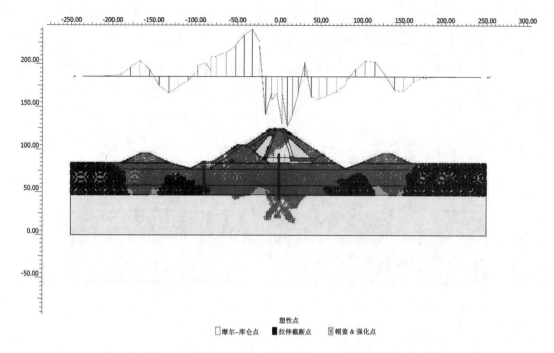

塑性点

□ 摩尔-库仑点　■ 拉伸截断点　▨ 帽盖 & 强化点

图 7.14　弹塑性有限元数值模拟分析塑性区分布图

（2）弹塑性有限元数值模拟分析塑性区分布见图 7.14 由图可知：坝基底 A-A* 剖面有效剪应力曲线上最大有效剪应力为 104.90kPa，出现剪切破坏；重力坝、戗坝坝面坝壳料出现剪切破坏，坝基防渗墙底部出现剪切破坏。重力坝、戗坝剪切破坏有出现不稳定的趋势，重力坝左侧坝面坝壳料也有出现不稳定的趋势。

（3）图 7.14 还可以看出，上、下游围堰堤剪切破坏出现在堤顶，未向围堰堤底发展，上、下游围堰堤稳定。

◆◇ 7.4　施工阶段弹塑性固结流变有限元数值模拟分析

7.4.1　渗流分析结果

（1）从图 7.15 弹塑性固结流变有限元渗流场流速矢量分布和图 7.16 弹塑性固结流变有限元渗流场流速等值线云可以看出：上、下游围堰堤内侧渗流场流速较大，容易形成出水积水，坝基 A-A* 剖面地下水流速值分布最大为 0.104m/d，尽管主坝基布置有防渗墙，但主坝坡脚积水坑不利于堤坝的稳定，尤其影响上、下游围堰堤的稳定。

（2）从图 7.17 弹塑性固结流变有限元渗流场地下水水位等值线云图和图 7.18 弹塑性固结流变有限元渗流场地下水水头等值线云图可以看出：上、下游围堰堤水头等值线变化剧烈，如坝基 A-A* 剖面地下水水头压值分布，特别是上游围堰堤防渗需要加强。

图 7.19 所示弹塑性固结流变有限元渗流场地下水饱和度等值线云图也表明：上游围堰堤渗流场更为复杂，更易扰动影响其稳定性。

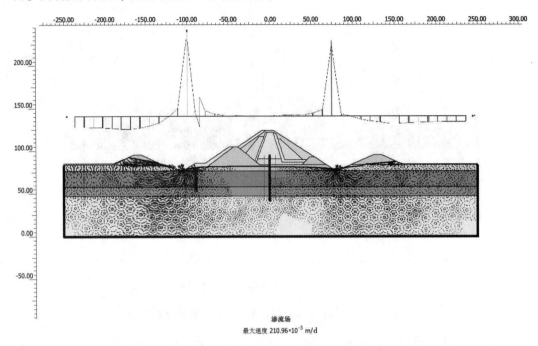

渗流场
最大速度 $210.96×10^{-3}$ m/d

图 7.15　弹塑性固结流变有限元渗流场流速矢量分布图

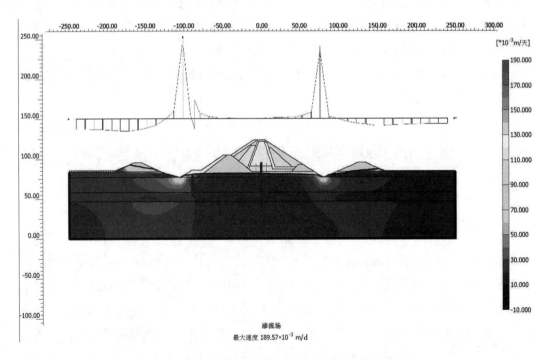

渗流场
最大速度 $189.57×10^{-3}$ m/d

图 7.16　弹塑性固结流变有限元渗流场流速等值线云图

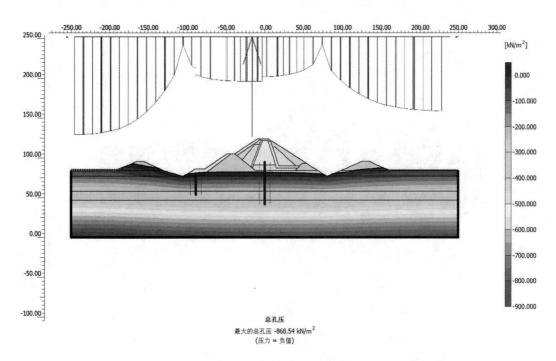

图 7.17 弹塑性固结流变有限元渗流场地下水水位等值线云图

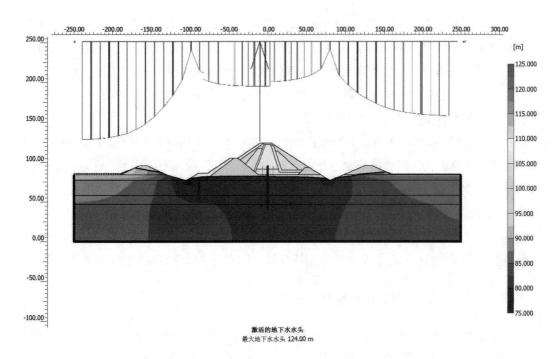

图 7.18 弹塑性固结流变有限元渗流场地下水水头等值线云图

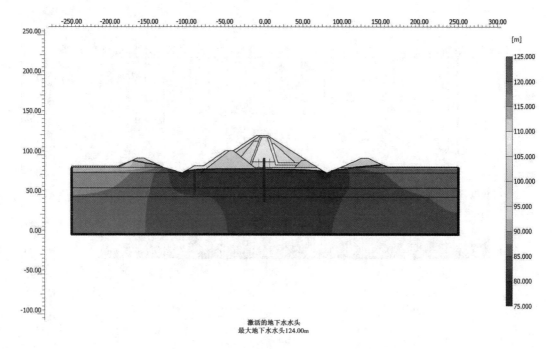

激活的地下水水头
最大地下水水头124.00m

图7.19　弹塑性固结流变有限元渗流场地下水饱和度等值线云图

7.4.2　位移应变分析结果

（1）上游围堰堤顶沉降位移0.400m，下游围堰堤顶沉降位移0.320m；重力坝顶沉降位移0.720m，戗坝顶沉降位移0.440m，坝基底A-A*剖面沉降曲线中最大位移0.214m；弹塑性固结流变有限元数值模拟分析位移等值线云图和位移矢量图见图7.20和图7.21。

（2）上游围堰堤内侧坡脚沉降位移隆起，表明上游围堰堤有变形破坏，甚至失稳可能，上游围堰堤需要采取防水、排水相关措施。

（3）图7.22至图7.24所示为弹塑性固结流变有限元数值模拟分析总应变矢量分布图、体积应变等值线云图和剪应变等值线云图，上、下游围堰堤有向内侧、重力坝临近戗坝贯通剪应变出现、戗坝与重力坝接触斜面贯通剪应变出现，有剪应变贯通戗坝进入坝基发生大变形破坏的可能。

（4）根据尼罗河上阿特巴拉坝区域实际土层物理力学指标和本构关系选用，弹塑性固结流变有限元数值模拟分析结果比弹塑性有限元数值模拟分析结果更加符合实际情况。

7.4.3　有效应力与塑性区分析结果

（1）图7.25为弹塑性固结流变有限元分析有效应力矢量分布图，上、下游围堰堤有效应力矢量略有偏转；重力坝、戗坝偏转明显，坝基底A-A*剖面有效应力曲线上最大有效应力为764.72kPa；特别是重力坝、戗坝有效应力矢量偏转增大尤为明显，重力坝黏土心墙两侧坝壳料有效应力矢量偏转增大尤为明显。

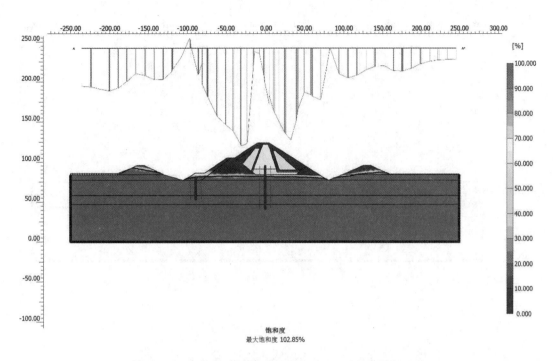

饱和度
最大饱和度 102.85%

图 7.20　弹塑性固结流变有限元数值模拟分析位移等值线云图

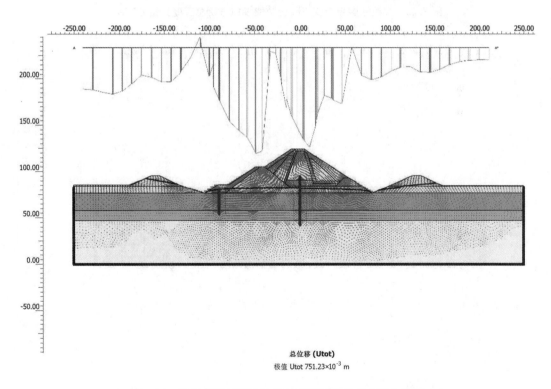

总位移 (Utot)
极值 Utot 751.23×10^{-3} m

图 7.21　弹塑性固结流变有限元数值模拟分析位移矢量图

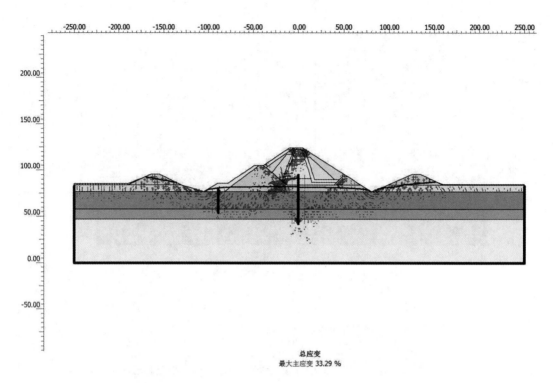

图 7. 22　弹塑性固结流变有限元数值模拟分析总应变矢量分布图

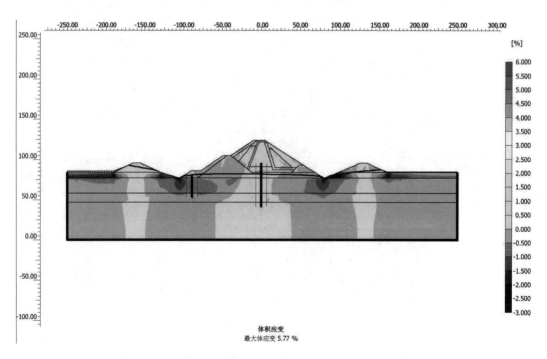

图 7. 23　弹塑性固结流变有限元数值模拟分析体积应变等值线云图

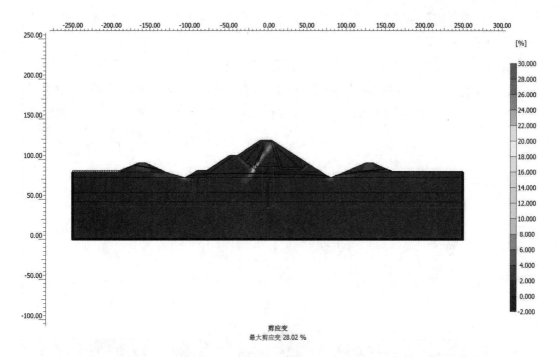

剪应变
最大剪应变 28.02 %

图 7.24　弹塑性固结流变有限元数值模拟分析剪应变等值线云图

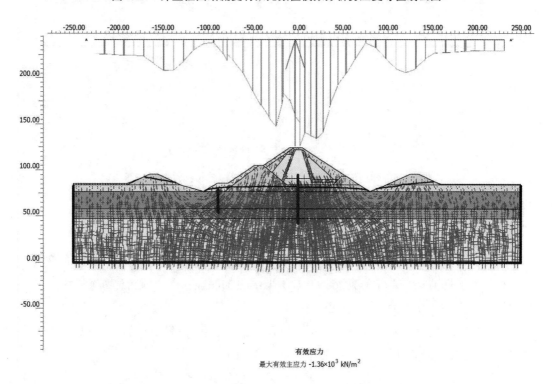

有效应力
最大有效主应力 -1.36×10³ kN/m²

图 7.25　弹塑性固结流变有限元数值模拟分析有效应力矢量分布图

（2）由图 7.26 弹塑性固结流变有限元数值模拟分析塑性区分布图可知：坝基底 A-A* 剖面有效剪应力曲线上最大有效剪应力为 161.96kPa，重力坝、戗坝坝面坝壳料出现剪切破坏，坝基防渗墙底部出现剪切破坏，且出现不稳定趋势，重力坝左侧坝面坝壳料也有不稳定趋势。

（3）图7.26还可以看出，上、下游围堰堤出现剪切破坏，上游围堰堤明显不稳定。

（4）根据尼罗河上阿特巴拉坝区域实际土层物理力学指标和本构关系选用，弹塑性固结流变有限元数值模拟分析结果比弹塑性有限元数值模拟分析结果更加符合实际情况。

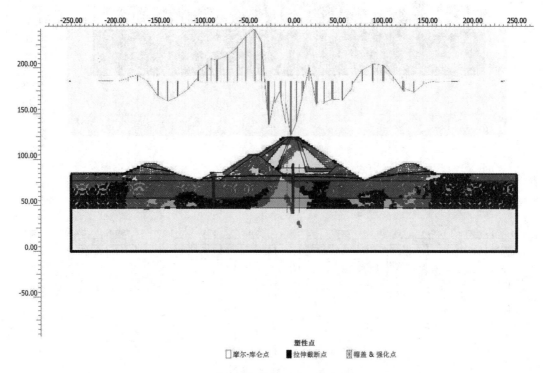

图 7.26　弹塑性固结流变有限元数值模拟分析塑性区分布图

7.4.4　有限元分析强度折减分析结果

（1）图7.27为弹塑性固结流变有限元强度折减分析位移矢量分布图，上、下游围堰堤位移矢量表明有向内侧滑移趋势，上游围堰堤更加明显；重力坝、戗坝侧位移矢量比重力坝右侧小，重力坝、戗坝坝基稳定性好。

（2）图7.28为弹塑性固结流变有限元强度折减分析位移等值线云图，上游围堰堤位移矢量向内侧滑移趋势明显，重力坝右侧滑移趋势明显。

（3）图7.29为弹塑性固结流变有限元强度折减分析塑性区分布图，上、下游围堰堤塑性区分布表明有向内侧滑移趋势，重力坝、戗坝侧和重力坝右侧塑性区分布表明有滑移趋势，重力坝、戗坝坝基稳定性好。

（4）根据尼罗河上阿特巴拉坝区域实际土层物理力学指标和本构关系选用，弹塑性固结流变有限元数值模拟分析结果比弹塑性有限元数值模拟分析结果更加符合实际情况。

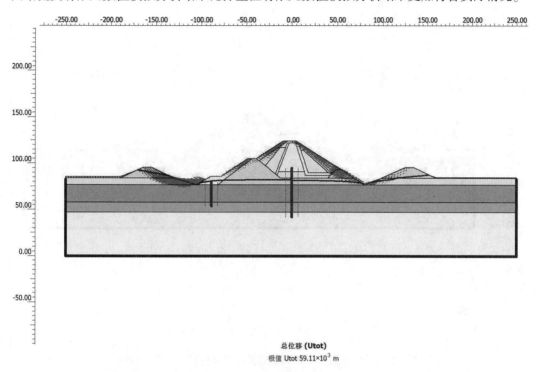

图 7.27 弹塑性固结流变有限元强度折减分析位移矢量分布图

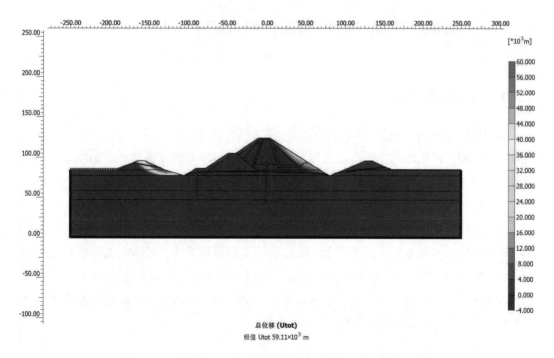

图 7.28 弹塑性固结流变有限元强度折减分析位移等值线云图

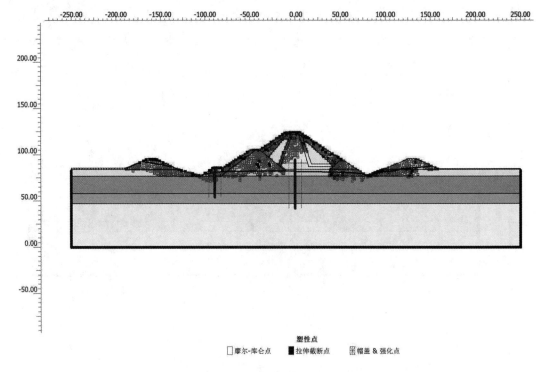

塑性点
□ 摩尔-库仑点　■ 拉伸截断点　▨ 帽盖 & 强化点

图 7.29　弹塑性固结流变有限元强度折减分析塑性区分布图

◆◇ 7.5　蓄水坝体流固耦合有限元数值模拟分析

7.5.1　渗流分析结果

（1）从图 7.30 蓄水坝体流固耦合有限元渗流场流速矢量分布图和图 7.31 蓄水坝体流固耦合有限元渗流场流速等值线云图可以看出：戗坝渗流场流速较大，如坝基 A-A* 剖面地下水流速值分布最大为 0.061m/d，主坝基布置有防渗墙，比降 26 远，小于 80。

（2）坝基主防渗墙效果明显，戗坝防渗墙效果不佳，坝地基需要考虑注浆防渗。

（3）从图 7.32 蓄水坝体流固耦合有限元渗流场地下水水位等值线云图和图 7.33 蓄水坝体流固耦合有限元渗流场地下水水头等值线云图可以看出：坝体水头等值线变化剧烈，如坝基 A-A* 剖面地下水水头压值分布，特别是坝地基防渗需要加强考虑。图 7.34 蓄水坝体流固耦合有限元渗流场地下水饱和度等值线云图也表明：戗坝及防渗墙渗流场更为复杂，更易扰动影响其稳定性。

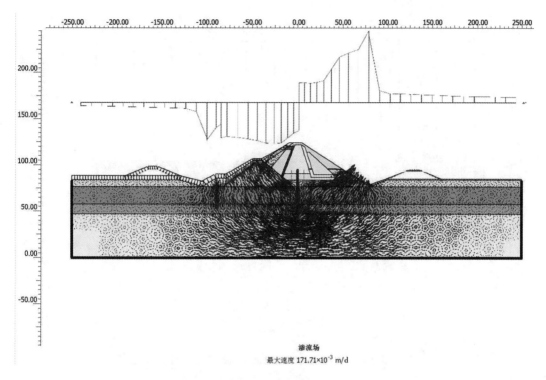

渗流场

最大速度 171.71×10^{-3} m/d

图 7.30　蓄水坝体流固耦合有限元渗流场流速矢量分布图

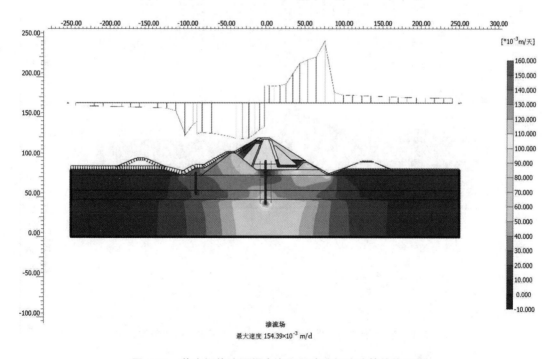

渗流场

最大速度 154.39×10^{-3} m/d

图 7.31　蓄水坝体流固耦合有限元渗流场流速等值线云图

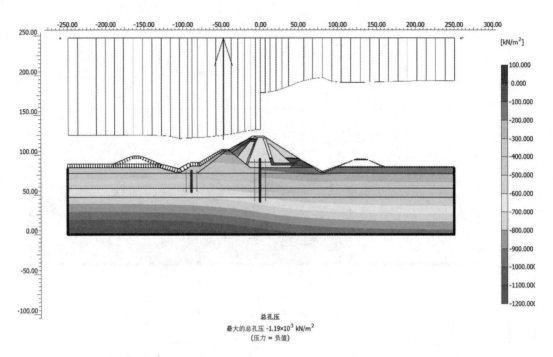

图 7.32　蓄水坝体流固耦合有限元渗流场地下水水位等值线云图

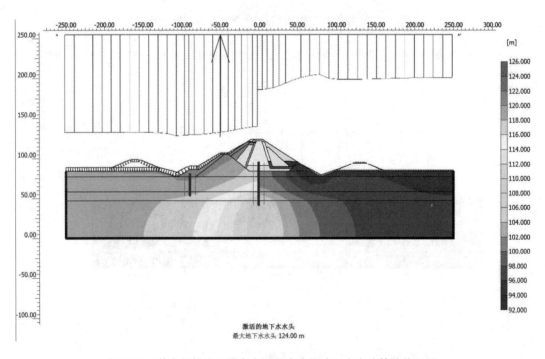

图 7.33　蓄水坝体流固耦合有限元渗流场地下水水头等值线云图

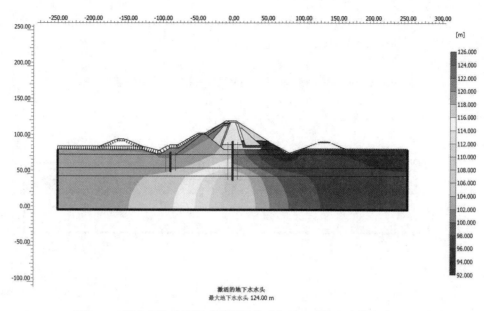

图 7.34　蓄水坝体流固耦合有限元渗流场地下水饱和度等值线云图

7.5.2　位移应变分析结果

（1）图 7.35 和图 7.36 所示的蓄水坝体流固耦合有限元数值模拟分析位移等值线云图和位移矢量图、表明：重力坝顶沉降位移 0.100m，戗坝顶沉降位移 0.500m，坝基底 A−A* 剖面沉降曲线中最大位移 0.272m。

（2）图 7.35 和图 7.36 还可以看出，主坝体基本沿着戗坝体位移，主坝体有明显变形破坏，甚至失稳可能，可见需要采取防水、排水相关措施。

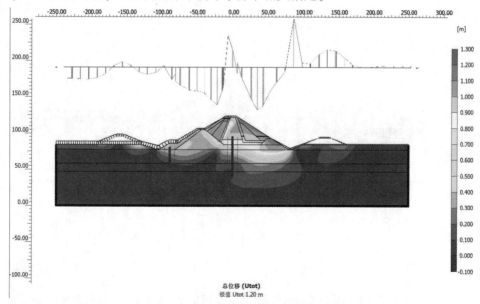

图 7.35　蓄水坝体流固耦合有限元数值模拟分析位移等值线云图

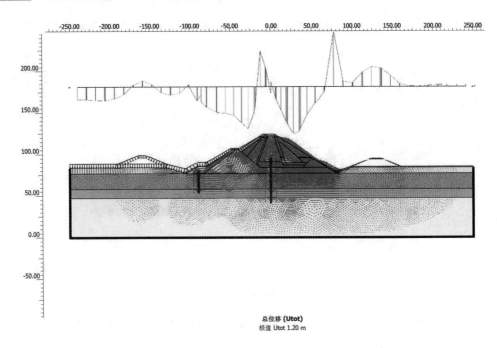

总位移 (Utot)
极值 Utot 1.20 m

图 7.36　蓄水坝体流固耦合有限元数值模拟分析位移矢量图

(3) 图 7.37 至图 7.39 所示为蓄水坝体流固耦合有限元数值模拟分析总应变矢量分布图、体积应变等值线云图和剪应变等值线云图，表明：重力坝临近戗坝贯通剪应变出现、戗坝与重力坝接触斜面贯通剪应变出现，剪应变贯通戗坝进入坝基有发生大变形破坏的可能。

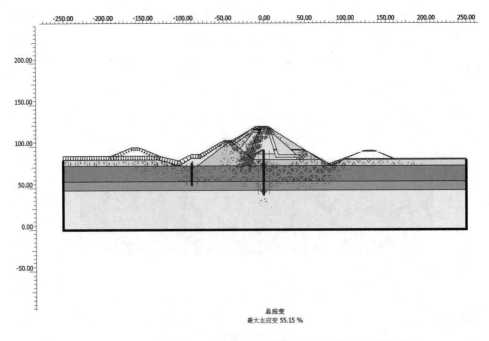

总应变
最大主应变 55.15 %

图 7.37　蓄水坝体流固耦合有限元数值模拟分析总应变矢量分布图

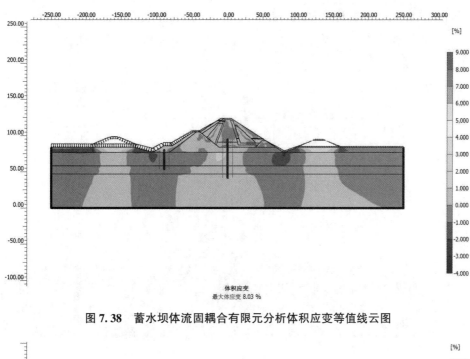

图 7.38　蓄水坝体流固耦合有限元分析体积应变等值线云图

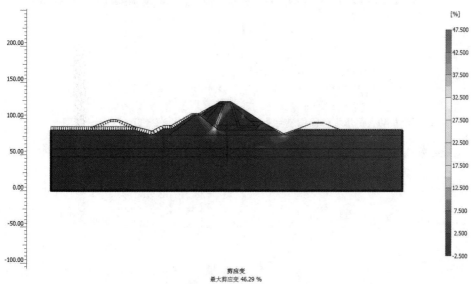

图 7.39　蓄水坝体流固耦合有限元分析剪应变等值线云图

7.5.3　有效应力与塑性区分析结果

（1）图 7.40 所示为蓄水坝体流固耦合有限元数值模拟分析有效应力矢量分布图，重力坝、戗坝临近坡体有效应力矢量偏转明显，坝基底 A-A* 剖面有效应力曲线上最大有效应力为 541.43kPa；特别是戗坝有效应力矢量偏转增大尤为明显、重力坝黏土心墙两侧坝壳料有效应力矢量偏转增大尤为明显。

（2）由图 7.41 蓄水坝体流固耦合有限元数值模拟分析塑性区分布图可知：坝基底 A

$-A^*$剖面有效剪应力曲线上最大有效剪应力为 215.99kPa，重力坝、戗坝坝面坝壳料出现剪切破坏，坝基防渗墙底部出现剪切破坏区，有不稳定趋势，重力坝左侧坝面坝壳料也有不稳定趋势。

(3)图 7.41 还可以看出，重力坝地基出现剪切破坏，有整体不稳定趋势。

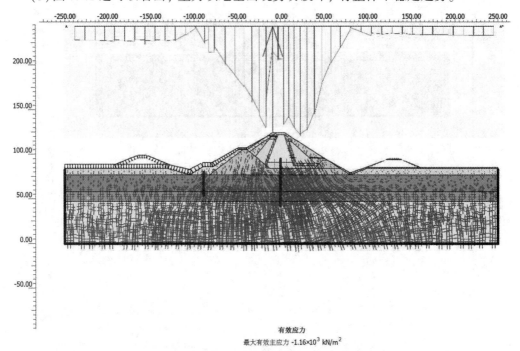

有效应力
最大有效主应力 -1.16×10³ kN/m²

图 7.40 蓄水坝体流固耦合有限元数值模拟分析有效应力矢量分布图

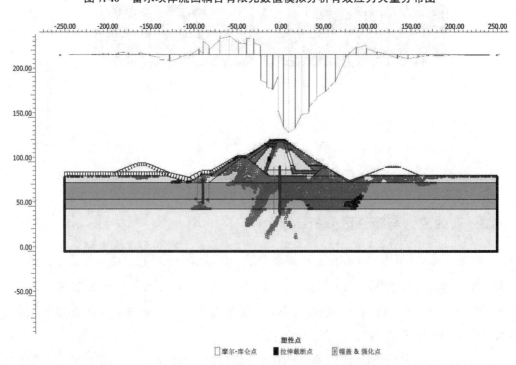

塑性点
□摩尔-库仑点 ■拉伸截断点 ▨帽盖 & 强化点

图 7.41 蓄水坝体流固耦合有限元数值模拟分析塑性区分布图

7.5.4　有限元分析强度折减分析结果

（1）图 7.42 为蓄水坝体流固耦合有限元强度折减分析位移矢量分布图，重力坝右侧位移矢量明显，有滑移趋势。

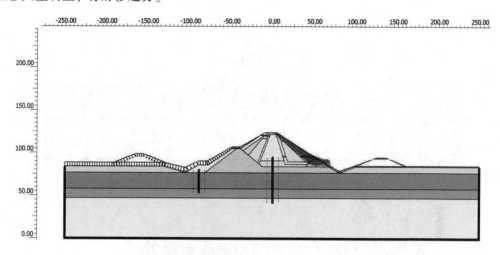

图 7.42　蓄水坝体流固耦合有限元强度折减分析位移矢量分布图

（2）图 7.43 为蓄水坝体流固耦合有限元强度折减分析位移等值线云图，重力坝右侧滑移趋势明显。

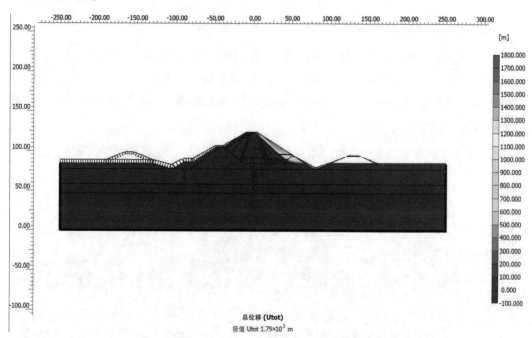

图 7.43　蓄水坝体流固耦合有限元强度折减分析位移等值线云图

（3）图 7.44 为蓄水坝体流固耦合有限元强度折减分析塑性区分布图，戗坝出现区域塑性区，重力坝有沿着戗坝滑移趋势。

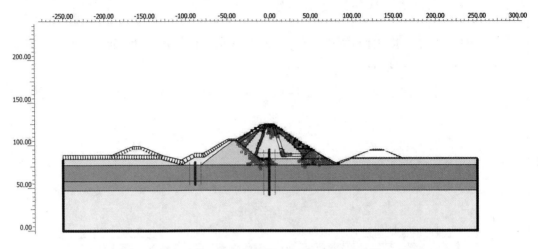

图 7.44　蓄水坝体流固耦合有限元强度折减分析塑性区分布图

◆◇ 7.6　蓄水坝体有限元地震动力响应模拟分析

7.6.1　有限元数值模拟动力模块分析方法

7.6.1.1　建立模型

依托英国设计方案要求满足抵抗地震作用，地震力发生在工程建造完成之后运营期间。模型参数还要考虑材料的阻尼黏性作用，所以要输入雷利阻尼系数 α 和 β；模型边界条件选取标准地震边界如图 7.45 所示，地震波谱选用 UPLAND 记录的真实地震加速度数据分析，如图 7.46 所示。

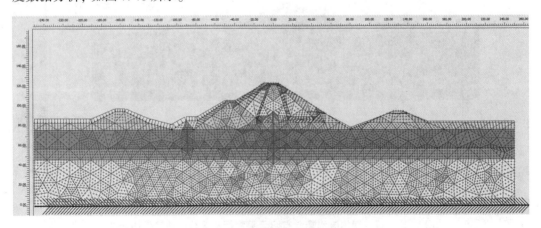

图 7.45　有限元模型及地震边界

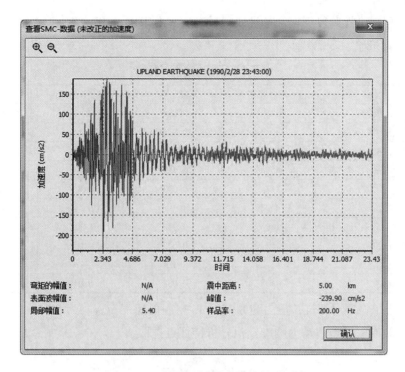

图 7.46　地震波谱-加速度-时间曲线

7.6.1.2　边界条件与阻尼

有限元数值模拟分析地震动力计算过程中，为了防止应力波的反射，并且不允许模型中的某些能量发散，边界条件应抵消反射，即地震分析中的吸收边界。吸收边界用于吸收动力荷载在边界上引起的应力增量，否则动力荷载将在土体内部发生反射。

吸收边界中的阻尼器来替代某个方向的固定约束，阻尼器要确保边界上的应力增加被吸收不反弹，之后边界移动。在 x 方向上被阻尼器吸收的垂直和剪切应力分量为：

$$\sigma_n = -C_1\rho V_p \dot{u}_x; \quad \tau = -C_2\rho V_s \dot{u}_y \tag{7.1}$$

式中：ρ——材料密度；

$\quad V_p$——压缩波速；

$\quad V_s$——剪切波速；

C_1，C_2——促进吸收效果的松弛系数。

取 $C_1 = 1$，$C_2 = 0.25$ 可以使波在边界上得到合理吸收。材料阻尼由摩擦角的不可逆变形（如塑性变形或黏性变形）引起，故土体材料越具黏性或者塑性，地震震动能量越易消散。有限元数值计算中，C 是质量和刚度矩阵的函数，如下所示：

$$C = \alpha_R M + \beta_R K \tag{7.2}$$

7.6.1.3　材料的本构模型与物理力学参数

由于土体在加载过程中变形复杂，很难用数学模型模拟出真实的土体动态变形特性，多数有限元土体本构模型的建立都在工程实验和模型简化基础上进行。但是，由于土体变形过程中弹性阶段不能和塑性阶段分开，本书采用设定高级模型参数添加阻尼系数，如表7.4所列。

表7.4　地层土体阻尼参数

模型土体	固有频率	阻尼比	α	β
坝堤面板①	18.34	0.031	0.41	0.002
混凝土②	18.34	0.031	0.41	0.002
坝堤(吹填)③	10.53	0.014	0.16	0.001
复合地基④	45.29	0.03	0.74	0.004
粉质黏土(围堰)⑤	187.3	0.033	0.001	0.001
中砂土⑥	45.29	0.03	0.74	0.004
黏土⑦	160.9	0.033	0.001	0.001
粗砂土⑧	152.0	0.037	4.05	0.0001
坝堤(吹填)③	45.29	0.03	0.74	0.004
基岩⑨	193	0.038	0.01	0.01

另外，土工格栅材料抗拉能力为80kN/m，材料的阻尼布置均为0.01。

蓄水坝体有限元地震动力响应模拟分析特征点选取A、B、C、D如图7.47所示。

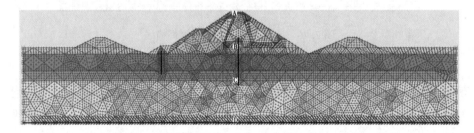

图7.47　有限元地震动力响应模拟分析特征点选取

7.6.2　地震作用后坝体结构变形的网格特征

蓄水坝体有限元静力分析后，其模型进行地震动力响应模拟分析，在模型底部给定地震波的计算分析，得出典型2.5、5.0、7.5、10.0、12.5s的变形网格图如图7.48所示，模型中坝体最大总位移分别为218.04、363.35、457.66、529.46、602.27mm，表明随着地震动力影响时间的持续，主坝体沿着戗坝发生大变形的网格滑移特征。

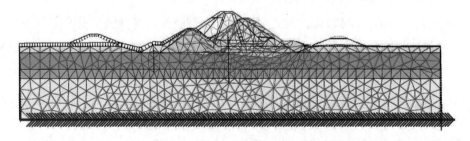

(a)2.5s地震变形的网格

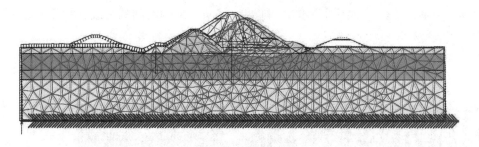

（b）5.0s 地震变形的网格

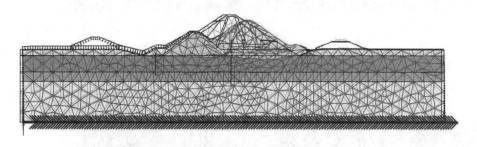

（c）7.5s 地震变形的网格

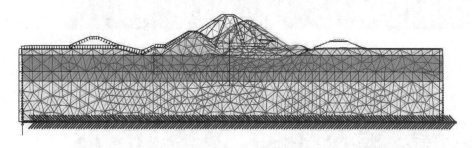

（d）10.0s 地震变形的网格

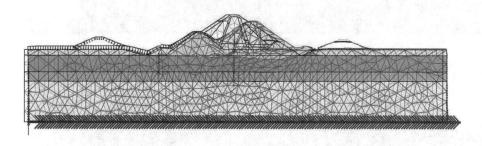

（e）12.5s 地震变形的网格

图 7.48　英国设计方案地震作用后坝体结构变形的网格图

7.6.3　地震作用后坝体结构总位移云图特征

蓄水坝体有限元静力分析后，其模型进行地震动力响应模拟分析，在模型底部给定地震波的计算分析，得出典型 2.5、5.0、7.5、10.0、12.5s 的总位移云图如图 7.49 所示，通过模型中坝体总位移云图可以看出，随着地震动力影响时间的持续，主坝体出现沿着戗坝发生大变形滑移失稳特征。

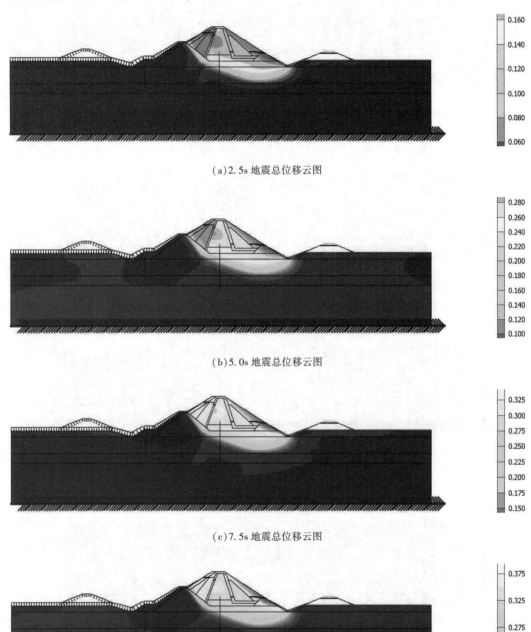

(a)2.5s地震总位移云图

(b)5.0s地震总位移云图

(c)7.5s地震总位移云图

(d)10.0s地震总位移云图

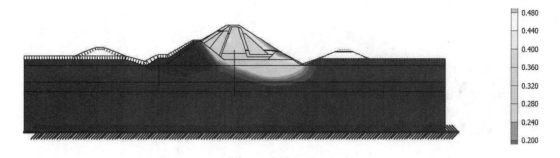

（e）12.5s 地震总位移云图

图 7.49　英国设计方案地震作用后坝体结构总位移云图

7.6.4　地震作用后坝体结构总应变云图特征

蓄水坝体有限元静力分析后，其模型进行地震动力响应模拟分析，在模型底部给定地震波的计算分析，得出典型 2.5s、5.0s、7.5s、10.0s、12.5s 的总应变云图如图 7.50 所示，模型中坝体最大总应变分别为 6.35%、9.72%、12.04%、13.66%、14.19%。通过模型中坝体总应变云图可以看出，随着地震动力影响时间的持续，主坝体将沿着戗坝发生总剪应变滑移失稳。

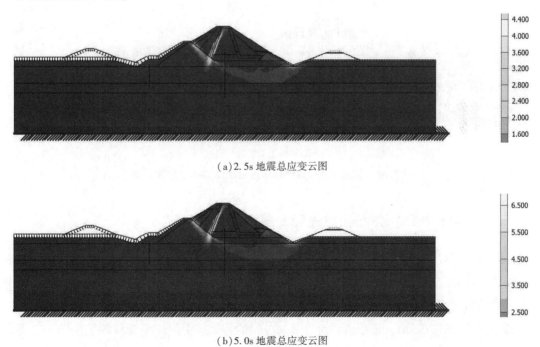

（a）2.5s 地震总应变云图

（b）5.0s 地震总应变云图

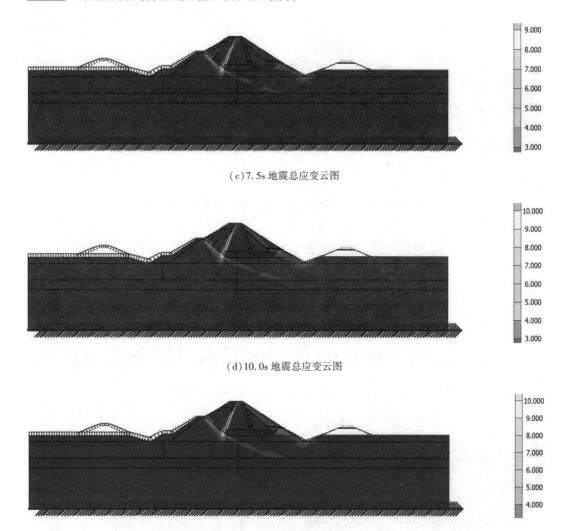

（c）7.5s地震总应变云图

（d）10.0s地震总应变云图

（e）12.5s地震总应变云图

图 7.50 英国设计方案地震作用后坝体结构总应变云图

7.6.5 地震作用后坝体结构总速度云图特征

蓄水坝体有限元静力分析后，其模型进行地震动力响应模拟分析，在模型底部给定地震波的计算分析，得出典型 2.5、5.0、7.5、10.0、12.5s 的总速度云图如图 7.51 所示，模型中坝体最大总速度分别为 83.58、53.04、33.01、36.46、28.19mm/d。通过模型中坝体总速度云图可以看出，随着地震动力影响时间的持续，主坝体沿着戗坝发生剪切变形速度在减弱，可以明显看出滑移失稳模式。

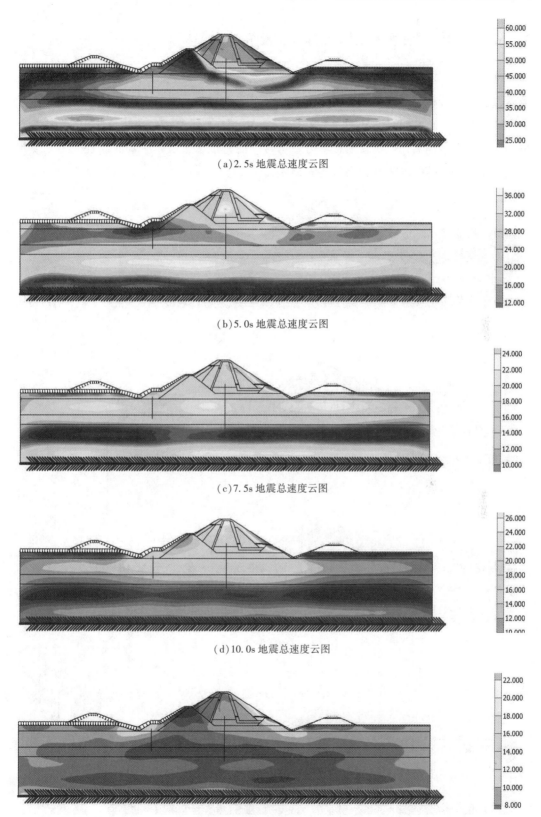

（a）2.5s 地震总速度云图

（b）5.0s 地震总速度云图

（c）7.5s 地震总速度云图

（d）10.0s 地震总速度云图

（e）12.5s 地震总速度云图

图 7.51　英国设计方案地震作用后坝体结构总速度云图

7.6.6　地震作用后坝体结构总加速度云图特征

蓄水坝体有限元静力分析后，其模型进行地震动力响应模拟分析，在模型底部给定地震波的计算分析，得出典型 2.5、5.0、7.5、10.0、12.5s 的总加速度云图如图 7.52 所示，模型中坝体最大加速度分别为 1.34、0.52、0.24、0.18、0.18m/d^2。通过模型中坝体总加速度云图可以看出，随着地震动力影响时间的持续，主坝体沿着戗坝发生剪切变形加速度在减弱，仍可以明显看出滑移失稳模式。

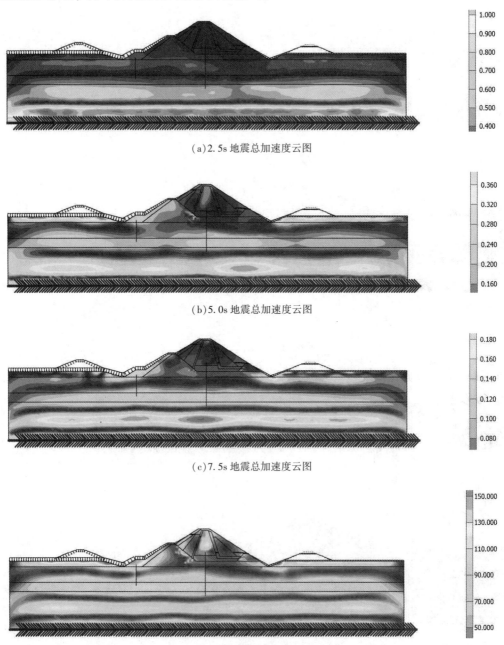

（a）2.5s 地震总加速度云图

（b）5.0s 地震总加速度云图

（c）7.5s 地震总加速度云图

（d）10.0s 地震总加速度云图

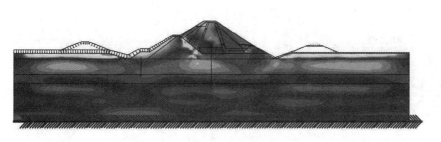

(e)12.5s 地震总加速度云图

图 7.52　英国设计方案地震作用后坝体结构总加速度云图

7.6.7　地震作用后坝体结构有效应力矢量特征

蓄水坝体有限元静力分析后,其模型进行地震动力响应模拟分析,在模型底部给定地震波的计算分析,得出典型 2.5、5.0、7.5、10.0、12.5s 的有效应力矢量图如图 7.53 所示,模型中坝体最大有效应力分别为 1240、1230、1230、1230、1861kPa。通过模型中坝体有效应力矢量分布图可以看出,随着地震动力影响时间的持续,主坝体沿着戗坝发生有效应力矢量偏转明显增大。

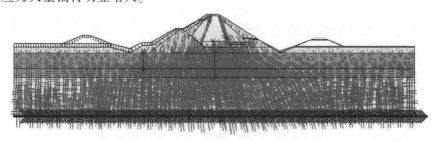

(a)2.5s 地震有效应力矢量图

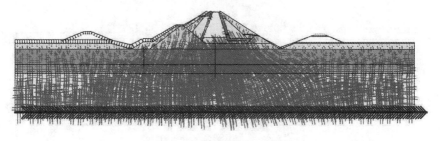

(b)5.0s 地震有效应力矢量图

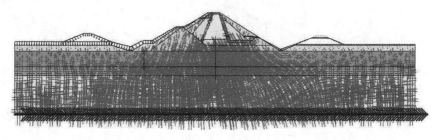

(c)7.5s 地震有效应力矢量图

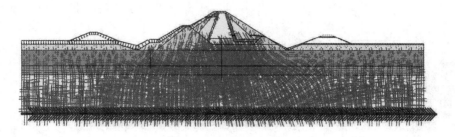

（d）10.0s 地震有效应力矢量图

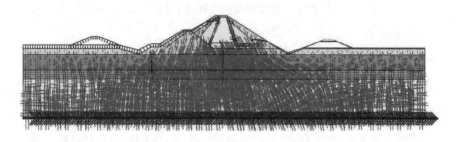

（e）12.5s 地震有效应力矢量图

图 7.53　英国设计方案地震作用后坝体结构有效应力矢量图

7.6.8　地震作用后坝体结构破坏区分布特征

蓄水坝体有限元静力分析后，其模型进行地震动力响应模拟分析，在模型底部给定地震波的计算分析，得出典型 2.5、5.0、7.5、10.0、12.5s 的破坏区分布图如图 7.54 所示，通过模型中坝体破坏区分布图可以看出，随着地震动力影响时间的持续，主坝体沿着戗坝发生剪切变形破坏区在减弱，仍可以明显看出滑移失稳模式。

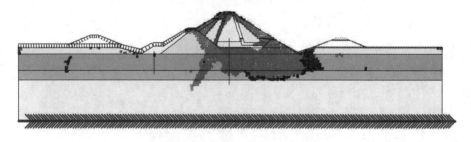

（a）2.5s 地震破坏区分布图

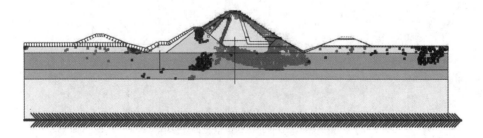

（b）5.0s 地震破坏区分布图

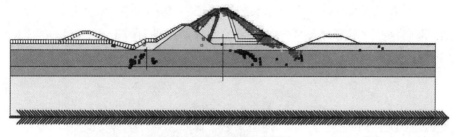

(c)7.5s 地震破坏区分布图

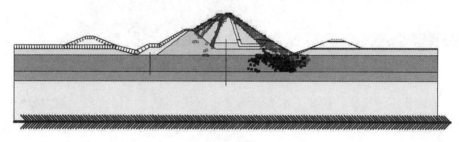

(d)10.0s 地震破坏区分布图

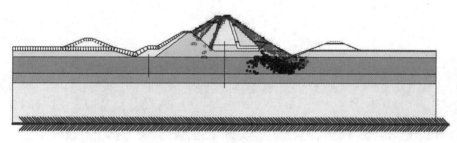

(e)12.5s 地震破坏区分布图

图 7.54　英国设计方案地震作用后坝体结构破坏区分布图

7.6.9　地震作用后坝体结构地下水特征

（1）地震作用后坝体结构地下水等水位分布特征。蓄水坝体有限元静力分析后，其模型进行地震动力响应模拟分析，在模型底部给定地震波的计算分析，得出典型的地下水等水位分布图如图 7.55 所示，模型中坝体最大地下水等水位为 1170kPa。

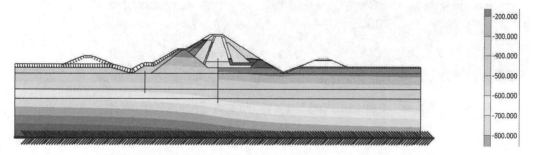

图 7.55　英国设计方案地震作用后坝体结构地下水等水位分布图

（2）地震作用后坝体结构地下水水头分布特征。蓄水坝体有限元静力分析后，其模型进行地震动力响应模拟分析，在模型底部给定地震波的计算分析，典型地下水水头分布图如图7.56所示，最大地下水水头为124m。

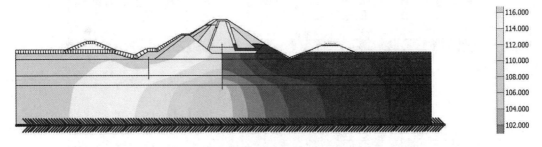

图7.56 英国设计方案地震作用后坝体结构地下水水头分布图

（3）地震作用后坝体结构地下水渗流场分布特征。蓄水坝体有限元静力分析后，其模型进行地震动力响应模拟分析，在模型底部给定地震波的计算分析，典型地下水渗流场分布图如图7.57所示，最大地下水渗流为0.139m/d。

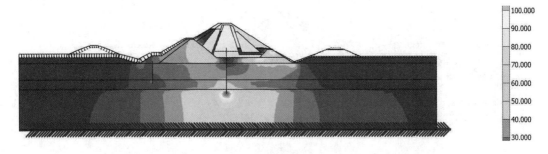

图7.57 中国设计方案地震作用后坝体结构地下水渗流场分布图

（4）地震作用后坝体结构地下水饱和度分布特征。蓄水坝体有限元静力分析后，其模型进行地震动力响应模拟分析，在模型底部给定地震波的计算分析，得出典型地下水饱和度分布图如图7.58所示，最大地下水饱和度为100.87%。

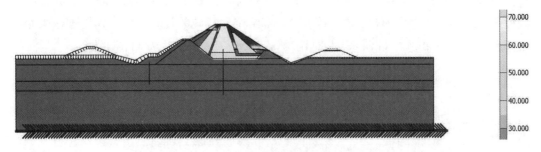

图7.58 英国设计方案地震作用后坝体结构地下水饱和度分布图

7.6.10 地震作用 A、B、C、D 特征点曲线变化特征

（1）地震波谱加速度–时间曲线水平作用力变化特征。地震作用地震波谱加速度–时间曲线水平作用力变化曲线如图 7.59 所示。

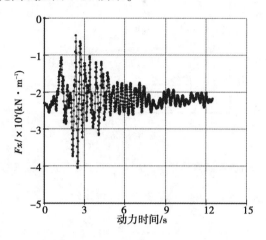

图 7.59 地震波谱加速度–时间曲线水平作用力变化曲线

（2）地震作用 A、B、C 特征点总位移–时间变化特征。

①地震作用 A、B、C 特征点总位移–时间变化（见图 7.60）可以看出：2.5s 初震、5.0s 主震时程阶段总位移增加显著，主坝、戗坝总位移比坝基急剧增加，戗坝最大。

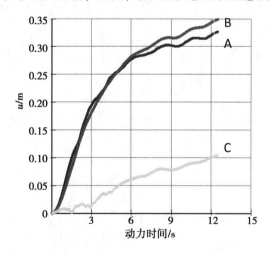

图 7.60 英国设计方案地震作用 A、B、C 特征点总位移–时间变化曲线

②地震作用 A、B、C 特征点水平沉降位移–时间变化（见图 7.61）可以看出：2.5s 初震、5.0s 主震时程阶段水平沉降位移显著增加，主坝、戗坝水平沉降位移比坝基急剧增加，戗坝最大，之后时程阶段随着震级急剧下降，水平沉降位移趋缓。

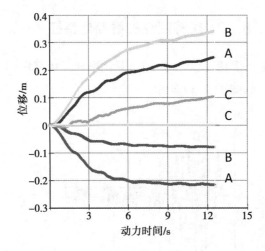

图 7.61　英国设计方案地震作用 A、B、C 特征点水平沉降位移-时间变化曲线

（3）地震作用 A、B、C、D 特征点速度-时间变化特征。

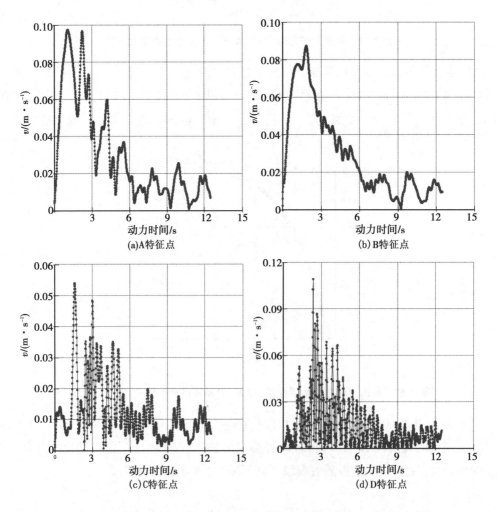

(a)A特征点　　　(b) B特征点

(c)C特征点　　　(d)D特征点

图 7.62　英国设计方案地震作用 A、B、C、D 特征点速度-时间变化曲线

①地震作用 A、B、C、D 特征点速度-时间变化(见图 7.62)可以看出:2.5s 初震、5.0s 主震时程阶段速度增加显著,然后急剧衰减并趋缓,主坝、戗坝速度比坝基急剧增加,主坝最大。

②地震作用 A、B、C、D 特征点水平沉降速度-时间变化(见图 7.63)可以看出:2.5s 初震、5.0s 主震时程阶段水平沉降速度显著增加,主坝、戗坝水平沉降速度比坝基急剧增加,戗坝水平沉降速度最大,之后时程阶段随着震级急剧下降趋缓。

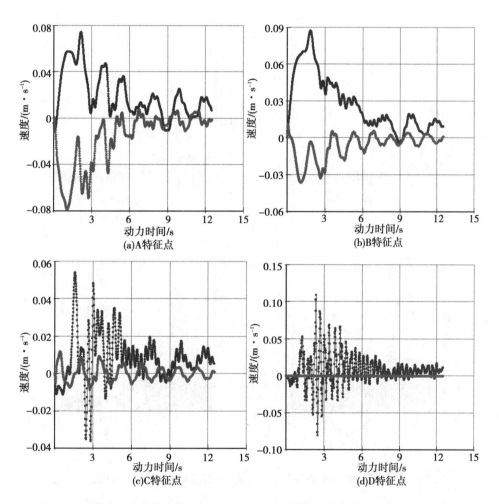

图 7.63　英国设计方案地震作用 A、B、C、D 特征点水平沉降速度-时间变化曲线

(4)地震作用 A、B、C、D 特征点加速度-时间变化特征。

①地震作用 A、B、C、D 特征点总加速度-时间变化(见图 7.64)可以看出:2.5s 初震、5.0s 主震时程阶段总加速度增加显著,主坝、戗坝衰减趋缓,主坝、戗坝总加速度比坝基小。

②地震作用 A、B、C、D 特征点水平沉降加速度-时间变化(见图 7.65)可以看出：2.5s 初震、5.0s 主震时程阶段水平沉降加速度显著增加，主坝、戗坝水平沉降加速度比坝基急剧增加，主坝水平加速度最大，之后时程阶段随着震级下降趋缓。

③地震作用 A、B、C、D 特征点位移、速度、加速度-时间变化可以看出：戗坝地震作用不利于稳定，与主坝产生谐振；主坝、戗坝水平沉降位移、速度、加速度谐振产生明显，并且一直持续，特别是加速度更为明显。

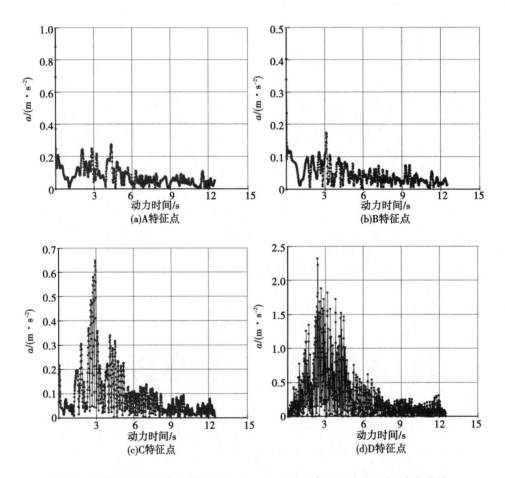

图 7.64　英国设计方案地震作用 A、B、C、D 特征点总加速度-时间变化曲线

7.6.11　地震作用坝体防渗墙力学特征

(1)地震作用主坝体防渗墙总位移分布(见图 7.66)A-A*，对比戗坝 B-B*、防渗低脚堤坝 C-C* 可知，坝体、坝基防渗墙起到了抑制总位移的有效作用。

(2)地震作用主坝体防渗墙总地下水头压力分布(见图 7.67)A-A*，对比戗坝 B-B*、防渗低脚堤坝 C-C* 可知，戗坝体防渗起到了抑制的有效作用。

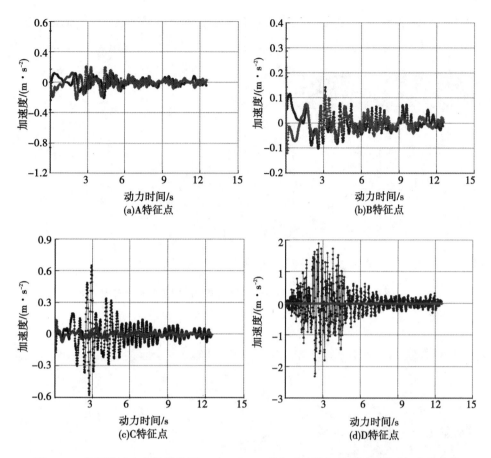

图 7.65　英国设计方案地震作用 A、B、C、D 特征点水平沉降加速度–时间变化曲线

（3）地震作用主坝体防渗墙总地下水渗流流速分布（见图 7.68）A–A*，对比戗坝 B–B*、防渗低脚堤坝 C–C* 可知，戗坝体、防渗墙起到了抑制的有效作用。

（4）地震作用主坝体防渗墙超固结系数分布（见图 7.69）A–A*，对比戗坝 B–B*、防渗低脚堤坝 C–C* 可知，防渗墙、戗坝体、防渗低脚堤坝超固结系数分布起到了抑制变形和渗流的有效作用。

（5）地震作用主坝体防渗墙剪应力分布（见图 7.70）A–A*，对比戗坝 B–B*、防渗低脚堤坝 C–C* 可知，防渗墙剪应力无剪应变发生，有利于防渗墙体的稳定和防渗作用功能；戗坝体出现少量剪应变破坏出现、防渗低脚堤坝也有剪应变破坏出现，不利于主坝的稳定。

（6）地震作用主坝体防渗墙有效应力分布（见图 7.71）A–A*，对比戗坝 B–B*、防渗低脚堤坝 C–C* 可知，地震、地下水作用有效应力分布基本呈线性，有利于坝体稳定。

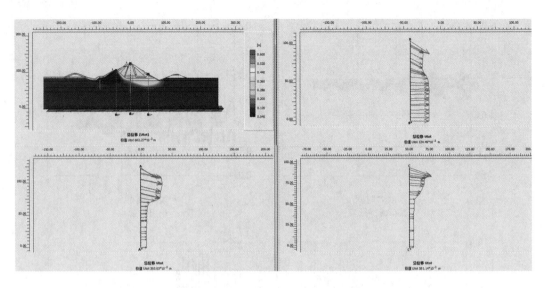

图 7.66　英国设计方案地震作用坝体防渗墙总位移分布图

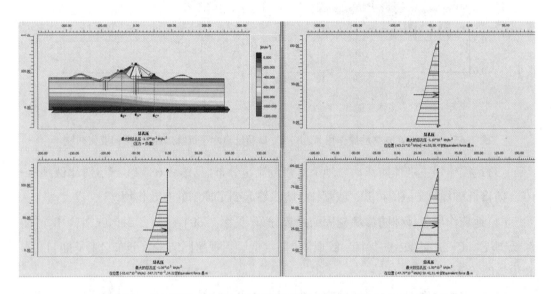

图 7.67　英国设计方案地震作用主坝体防渗墙总地下水头压力分布图

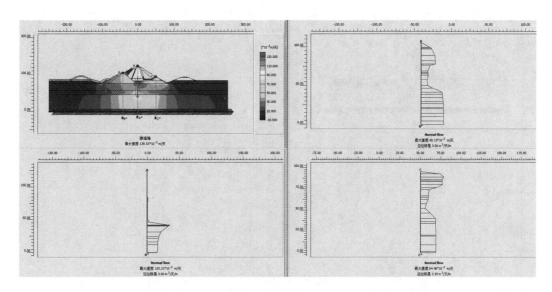

图 7.68　英国设计方案地震作用主坝体防渗墙总地下水流渗流流速分布图

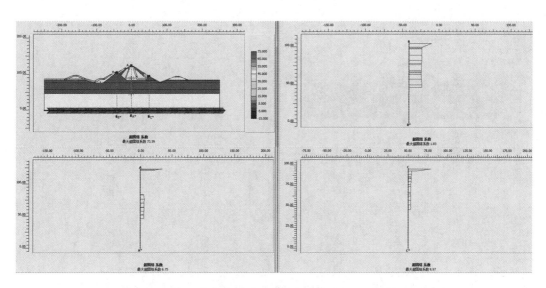

图 7.69　英国设计方案地震作用主坝体防渗墙超固结系数分布图

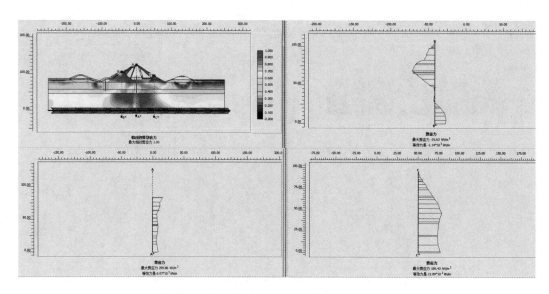

图 7.70　英国设计方案地震作用主坝体防渗墙剪应力分布图

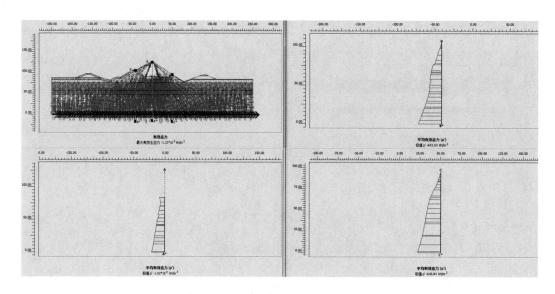

图 7.71　英国设计方案地震作用主坝体防渗墙有效应力分布图

◆◇ 7.7　本章小结

通过对英国设计方案进行数值模拟分析可得出如下结论。

(1)施工阶段弹塑性有限元数值模拟分析中位移应变、有效应力与塑性区分析结果，明显比施工阶段弹塑性固结流变有限元数值模拟分析的小，这是由于前者基于弹塑性摩尔-库仑本构,后者基于尼罗河流域的土砂岩石弹塑性固结流变小应变硬化土本构、弹塑性摩尔-库仑本构等的实际情况。

(2)蓄水坝体流固耦合有限元数值模拟分析中戗坝渗流场流速较大,地下水流速值最大为 0.061m/d,主坝基布置有防渗墙,比降远小于 80,满足中国规范要求。分析表明上游围堰稳定性差,堤坝防渗效果差,戗坝及防渗墙渗流复杂,更易扰动影响其稳定性,对主坝体的稳定性不利,需要改进主坝体的防渗、结构形式和参数,并进行调整。

(3)蓄水坝体有限元地震动力响应模拟分析,进一步揭示戗坝及防渗墙渗流复杂,布局需要调整,更易扰动影响其稳定性,对主坝体的稳定性不利,需要改进主坝体的防渗、结构形式和参数。

(4)上述分析表明,在英国设计方案(见图 6.2)基础上,进行英国设计方案优化(见图 6.4),可以防止主坝产生大变形或失稳的可能,或者选择中国设计方案(见图 6.13)。

第8章　中国设计方案流固耦合动力响应分析

本章是在尼罗河上阿特巴拉水坝英国设计方案基础上优化改进的中国设计方案，进行有限元模型施工过程阶段划分、施工阶段弹塑性有限元数值模拟分析、施工阶段弹塑性固结流变有限元强度折减数值模拟分析、施工阶段渗流场有限元数值模拟分析、蓄水坝体渗流场有限元数值模拟分析、蓄水坝体流固耦合有限元数值模拟分析、蓄水坝体流固耦合有限元强度折减数值模拟分析和蓄水坝体有限元地震动力响应模拟分析。在英国设计方案的基础上改进的中国设计方案流固耦合动力响应分析的可靠性。

◆ 8.1　建模与相关参数选择

有限元单元和界面参见第7章。根据第6章介绍的尼罗河上阿特巴拉水坝中国设计方案建立有限元数值模拟几何模型和有限元网格模型，见图8.1和图8.2。

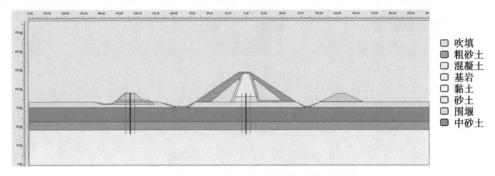

图8.1　中国设计方案有限元几何模型

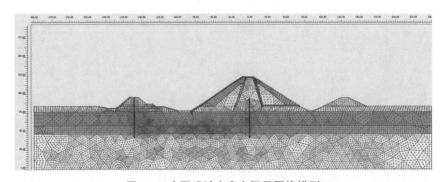

图8.2　中国设计方案有限元网格模型

有限元本构关系选择、物理力学指标参见第 7 章。

◆◇ 8.2　有限元模型施工过程阶段划分

根据前面介绍的尼罗河上阿特巴拉水坝在英国设计方案优化基础上，即对上游（导流堤）围堰增加防渗墙（将原戗坝防渗墙移设至此），并对上游围堰堤内侧增加反压护坡，同时取消戗坝，对地基帷幕灌浆形成 3m 防渗层，上坝心为重混凝土防渗墙，基本对称构筑重力坝体，形成中国设计方案。

尼罗河上阿特巴拉水坝中国设计方案有限元模型施工过程大阶段划分如下各阶段：

①施工阶段弹塑性固结流变有限元数值模拟分析，如图 8.3 所示。

②施工阶段弹塑性固结流变有限元强度折减数值模拟分析。

③蓄水坝体流固耦合有限元数值模拟分析，如图 8.4 所示。

④蓄水坝体流固耦合有限元强度折减数值模拟分析。

⑤蓄水坝体有限元地震、动力响应模拟分析。

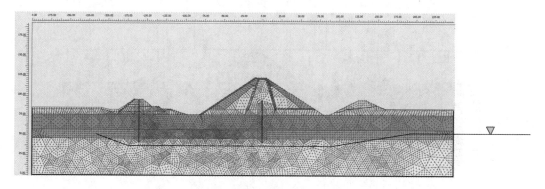

图 8.3　弹塑性固结流变有限元数值模拟分析阶段

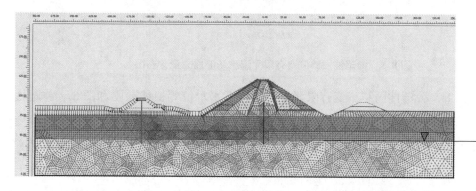

图 8.4　蓄水坝体流固耦合有限元数值模拟分析阶段

◆◇ 8.3 施工阶段弹塑性固结流变有限元数值模拟分析

8.3.1 渗流分析结果

（1）从图8.5弹塑性固结流变有限元渗流场流速矢量分布图和图8.6弹塑性固结流变有限元渗流场流速等值线云图可以看出：上、下游围堰堤内侧渗流场流速较大，容易形成出水积水，坝基A-A*剖面地下水流速值分布为最大0.087m/d，上游围堰堤布置有防渗墙，基井有效降水有利于堤坝的稳定，明显优于英国设计方案。

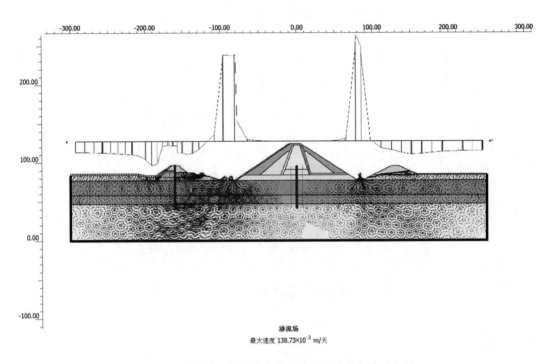

渗流场
最大速度 138.73×10^{-3} m/天

图8.5 弹塑性固结流变有限元渗流场流速矢量分布图

（2）从图8.7弹塑性固结流变有限元渗流场地下水水位等值线云图和图8.8弹塑性固结流变有限元渗流场地下水水头等值线云图可以看出：上、下游围堰堤水头等值线变化剧烈，如坝基A-A*剖面地下水水头压值分布，特别是上游围堰堤防渗加强、基井有效降水考虑。图8.9弹塑性固结流变有限元渗流场地下水饱和度等值线云图也表明：上游围堰堤渗流场更为复杂，但不易扰动影响其稳定性，明显优于英国设计方案。

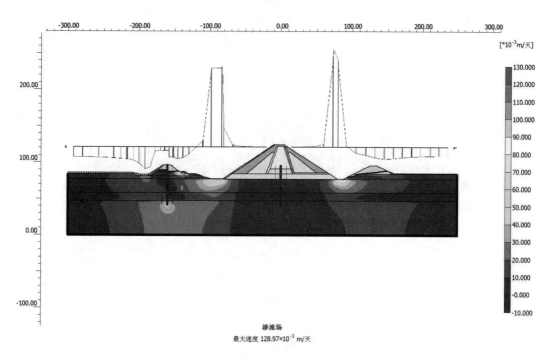

图 8.6　弹塑性固结流变有限元渗流场流速等值线云图

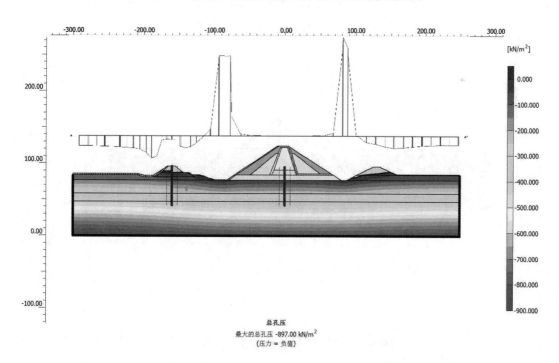

图 8.7　弹塑性固结流变有限元渗流场地下水水位等值线云图

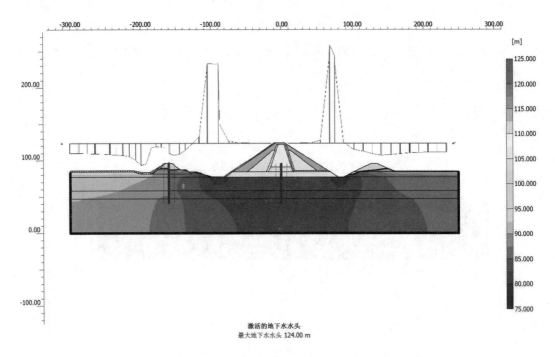

激活的地下水水头
最大地下水水头 124.00 m

图 8.8　弹塑性固结流变有限元渗流场地下水水头等值线云图

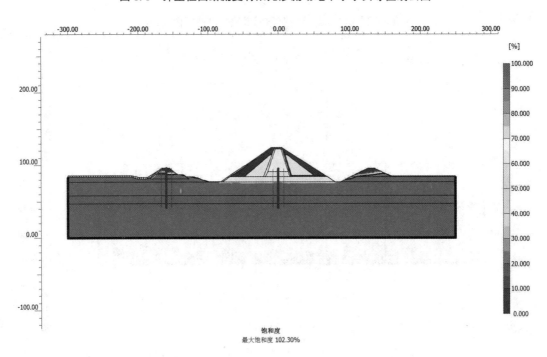

饱和度
最大饱和度 102.30%

图 8.9　弹塑性固结流变有限元渗流场地下水饱和度等值线云图

8.3.2　位移应变分析结果

（1）上游围堰堤顶沉降位移0.600m，下游围堰堤顶沉降位移0.680m；重力坝顶沉降位移 0.120m，坝基底 A-A* 剖面沉降曲线中最大位移 0.151m，比英国设计方案小很多；弹塑性固结流变有限元分析位移等值线云图和矢量图见图 8.10 和图 8.11 所示。

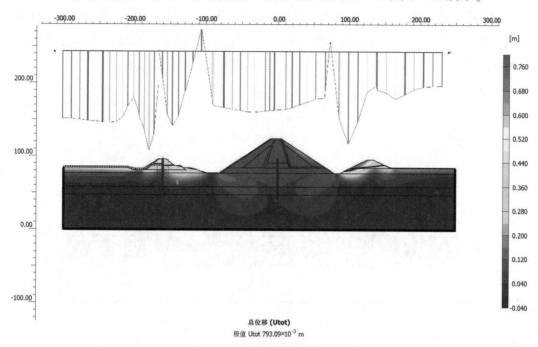

图 8.10　弹塑性固结流变有限元分析位移等值线云图

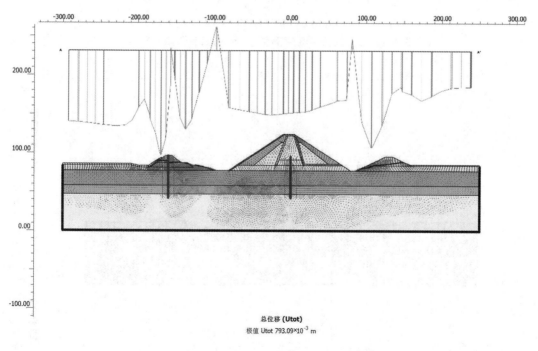

图 8.11　弹塑性固结流变有限元分析位移矢量图

（2）图 8.10 和图 8.11 还可以看出，上、下游围堰堤内侧坡脚沉降位移略微隆起，表明上游围堰堤有变形，但比英国设计方案小，表明上游围堰堤采取防渗墙防水、基井排水相关措施效果显著，但引起了较大的上游围堰堤沉降。

（3）图 8.12 至图 8.14 所示的弹塑性固结流变有限元分析总应变矢量分布图、体积应变等值线云图和剪应变等值线云图表明：上、下游围堰堤有向内侧非贯通剪应变出现，重力坝右侧有非贯通剪应变出现，坝脚至坝基防渗墙底有剪应变贯过。

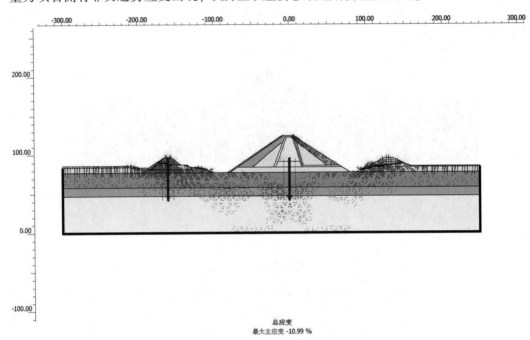

图 8.12　弹塑性固结流变有限元分析总应变矢量分布图

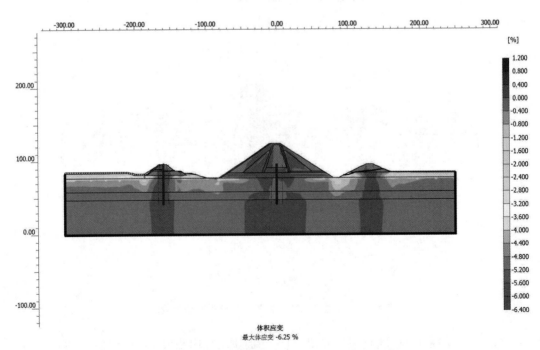

图 8.13　弹塑性固结流变有限元分析体积应变等值线云图

（4）上述分析表明，尼罗河上阿特巴拉坝与地基区域位移应变量小，中国设计方案明显优于英国设计方案。

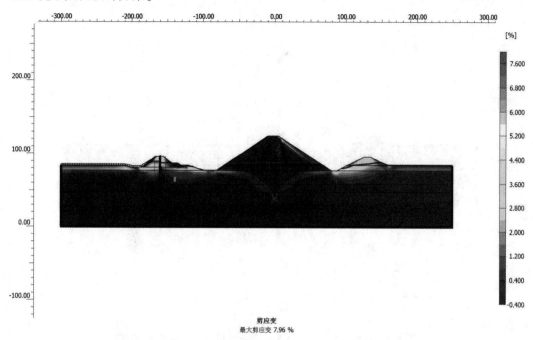

剪应变
最大剪应变 7.96 %

图 8.14 弹塑性固结流变有限元分析剪应变等值线云图

8.3.3 有效应力与塑性区分析结果

（1）图 8.15 为弹塑性固结流变有限元分析有效应力矢量分布图，上、下游围堰堤有效应力矢量略有偏转；重力坝右侧坡体偏转明显，坝基底 $A-A^*$ 剖面有效应力曲线上最大有效应力为 815.84kPa。

（2）由图 8.16 弹塑性固结流变有限元分析塑性区分布图可知：坝基底 $A-A^*$ 剖面有效剪应力曲线上最大有效剪应力为 94.66kPa，重力坝坝面坝壳料出现部分剪切破坏，坝基防渗墙基本无剪切破坏，坝基稳定，重力坝左侧坝面坝壳料有不稳定趋势。

（3）从图 8.16 还可以看出，上、下游围堰堤出现局部剪切破坏，上游围堰堤稳定性明显优于英国设计方案。

（4）上述分析表明，尼罗河上阿特巴拉坝与地基区域有效应力量值小、塑性区小，中国设计方案明显优于英国设计方案。

8.3.4 有限元分析强度折减分析结果

（1）图 8.17 为弹塑性固结流变有限元强度折减分析位移矢量分布图，上、下游围堰堤位移矢量表明有向内侧滑移趋势，上游围堰堤局部明显，重力坝位移矢量不明显，表明上、下游围堰堤和重力坝稳定性好。

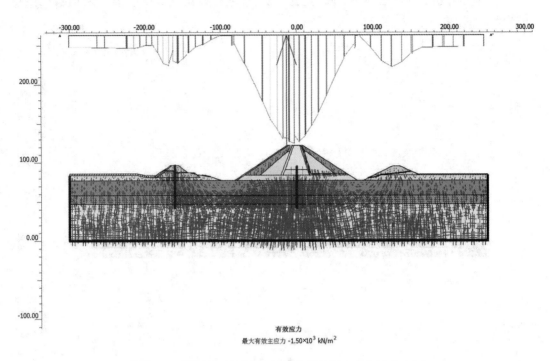

有效应力

最大有效主应力 -1.50×10³ kN/m²

图 8.15　弹塑性固结流变有限元分析有效应力矢量分布图

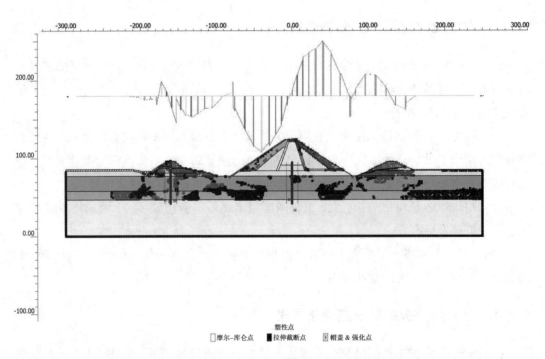

塑性点

□ 摩尔-库仑点　■ 拉伸截断点　▨ 帽盖 & 强化点

图 8.16　弹塑性固结流变有限元分析塑性区分布图

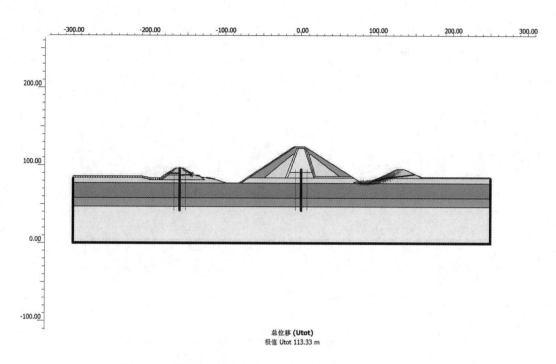

总位移 (Utot)
极值 Utot 113.33 m

图 8.17　弹塑性固结流变有限元强度折减分析位移矢量分布图

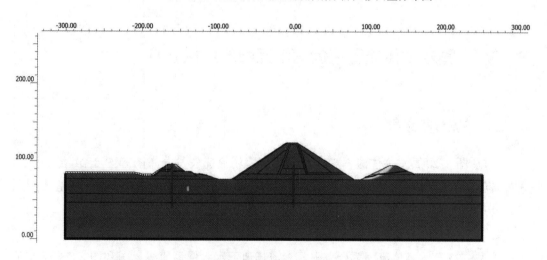

图 8.18　弹塑性固结流变有限元强度折减分析位移等值线云图

（2）图 8.18 为弹塑性固结流变有限元强度折减分析位移等值线云图，下游围堰堤位移矢量向内侧滑移趋势明显，但与英国设计方案一致。

（3）图 8.19 为弹塑性固结流变有限元强度折减分析塑性区分布图，上、下游围堰堤塑性区分布表明有向内侧滑移趋势，下游围堰堤塑性区分布表明向内侧滑移趋势且很明显，重力坝右侧坡体上半有塑性区分布，重力坝整体稳定性好。

（4）上述分析表明，尼罗河上阿特巴拉坝与地基区域有限元分析强度折减分析，中国设计方案明显优于英国设计方案。

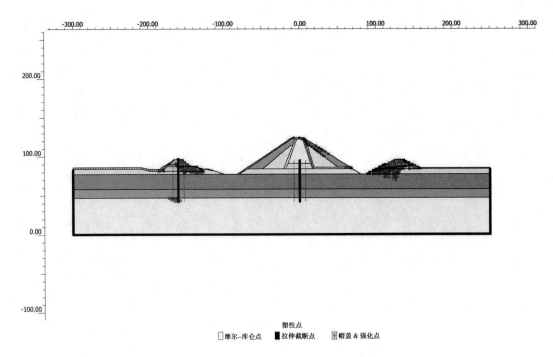

塑性点

□ 摩尔–库仑点　■ 拉伸截断点　▨ 帽盖 & 强化点

图 8.19　弹塑性固结流变有限元强度折减分析塑性区分布图

◆◇ 8.4　蓄水坝体流固耦合有限元数值模拟分析

8.4.1　渗流分析结果

(1)从图 8.20 蓄水坝体流固耦合有限元渗流场流速矢量分布图和图 8.21 蓄水坝体流固耦合有限元渗流场流速等值线云图可以看出：坝基渗流场流速较小，如坝基 A–A* 剖面地下水流速值分布最大值 o 0.134m/d，主要分布在坝基两侧坡脚。

② 坝基防渗墙效果明显，主坝基布置有防渗墙，比降 12，远小于 80。

③从 8.22 蓄水坝体流固耦合有限元渗流场地下水水位等值线云图和图 8.23 蓄水坝体流固耦合有限元渗流场地下水水头等值线云图可以看出：坝体水头等值线变化幅度小，如坝基 A–A* 剖面地下水水头压值分布。

④图 8.24 蓄水坝体固耦合有限元渗流场地下水饱和度等值线云图表明，防渗墙渗流场简单，更有利于坝体的稳定性。尼罗河上阿特巴拉坝与地基区域渗流分析进一步表明中国设计方案明显优于英国设计方案。

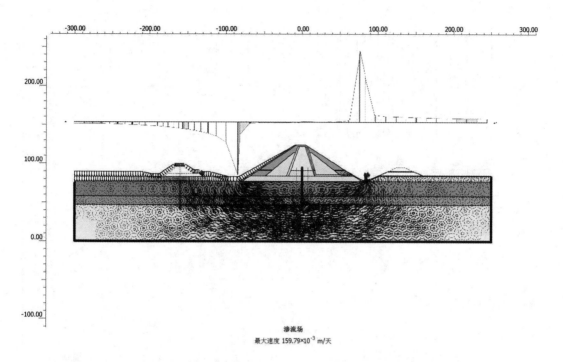

渗流场
最大速度 159.79×10⁻³ m/天

图 8.20　蓄水坝体流固耦合有限元渗流场流速矢量分布图

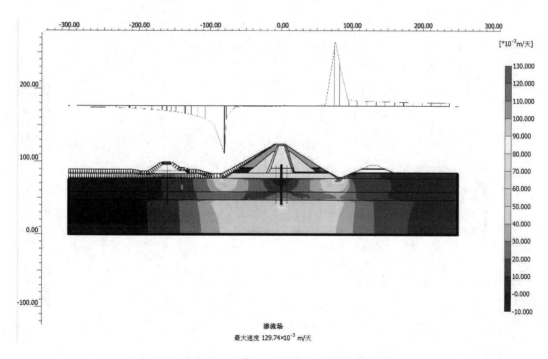

渗流场
最大速度 129.74×10⁻³ m/天

图 8.21　蓄水坝体流固耦合有限元渗流场流速等值线云图

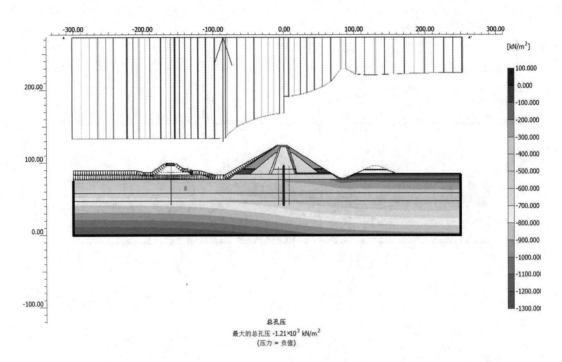

总孔压
最大的总孔压 -1.21×10³ kN/m²
（压力 = 负值）

图 8.22　蓄水坝体流固耦合有限元渗流场地下水水位等值线云图

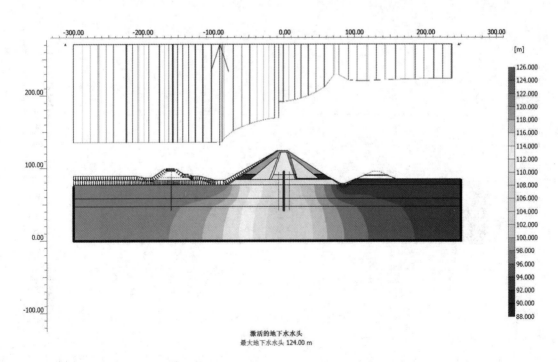

激活的地下水水头
最大地下水水头 124.00 m

图 8.23　蓄水坝体流固耦合有限元渗流场地下水水头等值线云图

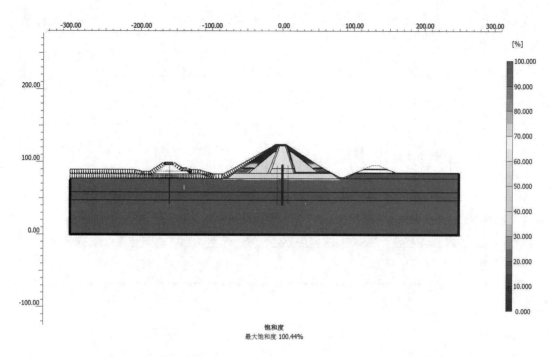

图 8.24　蓄水坝体流固耦合有限元渗流场地下水饱和度等值线云图

8.4.2　位移应变分析结果

（1）图 8.25 和图 8.26 所示蓄水坝体流固耦合有限元分析位移等值线云图和矢量图表明：重力坝顶沉降位移为 0.080m，坝基底 A-A* 剖面沉降曲线中最大位移为 0.089m。

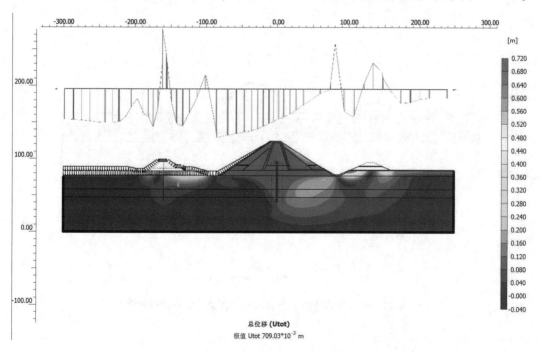

图 8.25　蓄水坝体流固耦合有限元分析位移等值线云图

（2）图 8.25 和图 8.26 还可以看出，通过采取有效防水、排水措施，重力坝体位移量小，稳定性好。

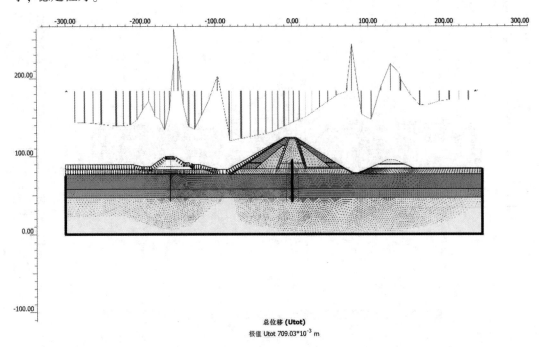

总位移 (Utot)
极值 Utot 709.03*10^{-3} m

图 8.26　蓄水坝体流固耦合有限元分析位移矢量图

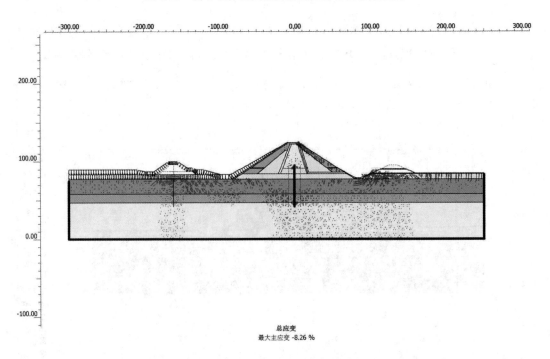

总应变
最大主应变 -8.26 %

图 8.27　蓄水坝体流固耦合有限元分析总应变矢量分布图

③图 8.27 至图 8.29 所示蓄水坝体流固耦合有限元分析总应变矢量分布图、体积应变等值线云图和剪应变等值线云图表明：重力坝坡脚至防渗墙底贯通剪应变出现、重力坝右侧上部坡体非贯通剪应变出现，重力坝稳定性好。

（4）上述位移应变分析表明，防渗墙、重力坝体结构设计简洁，更有利于坝体的稳定。尼罗河上阿特巴拉坝与地基区域分析指标进一步表明中国设计方案明显优于英国设计方案。

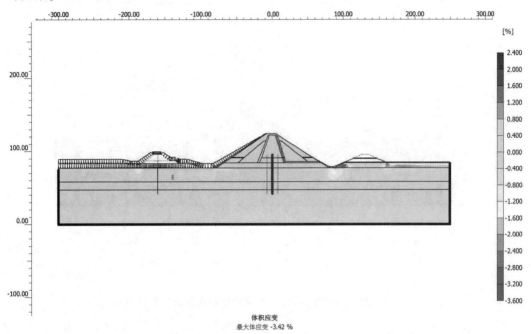

图 8.28　蓄水坝体流固耦合有限元分析体积应变等值线云图

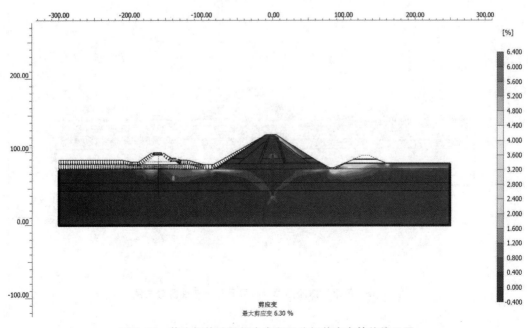

图 8.29　蓄水坝体流固耦合有限元分析剪应变等值线云图

8.4.3 有效应力与塑性区分析结果

（1）图 8.30 蓄水坝体流固耦合有限元分析有效应力矢量分布图表明，重力坝临近坡体有效应力矢量偏转不明显，坝基底 A－A* 剖面有效应力曲线上最大有效应力为 764.87kPa。

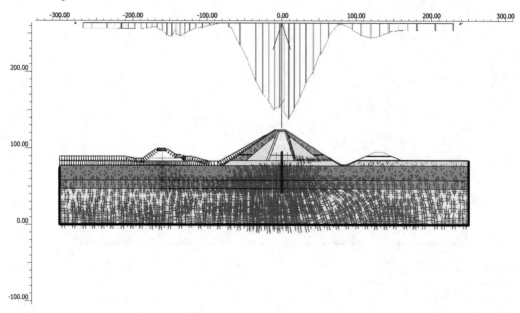

图 8.30　蓄水坝体流固耦合有限元分析有效应力矢量分布图

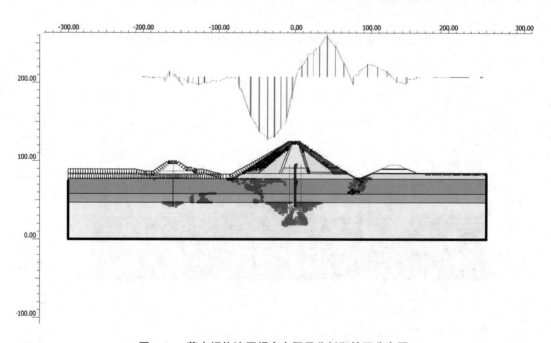

图 8.31　蓄水坝体流固耦合有限元分析塑性区分布图

（2）由图 8.31 蓄水坝体流固耦合有限元分析塑性区分布图可知：坝基底 A-A* 剖面有效剪应力曲线上最大有效剪应力为 125.43kPa，重力坝坡体局部出现剪切破坏，坝基防渗墙底部出现剪切破坏区，基岩节理裂隙发展会增加渗流。

（3）图 8.31 还可以看出，重力坝地基几乎无剪切破坏，整体稳定。

（4）上述有效应力与塑性区分析表明，防渗墙、重力坝体结构设计简洁，更有利于坝体的稳定。尼罗河上阿特巴拉坝与地基区域分析指标进一步表明中国设计方案明显优于英国设计方案。

8.4.3　有限元分析强度折减分析结果

（1）图 8.32 和图 8.33 为蓄水坝体流固耦合有限元强度折减分析位移矢量分布图和等值线云图，表明重力坝右侧位移矢量略大，有滑移趋势。

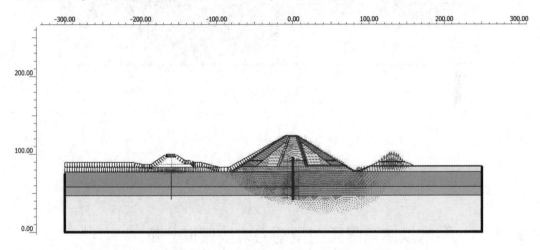

图 8.32　蓄水坝体流固耦合有限元强度折减分析位移矢量分布图

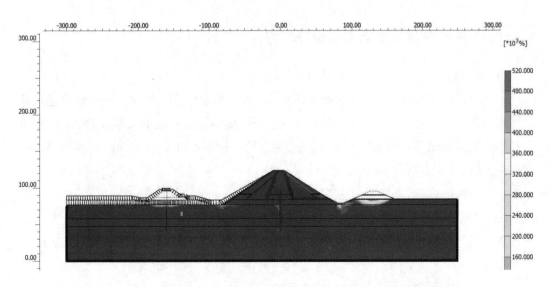

图 8.33　蓄水坝体流固耦合有限元强度折减分析位移等值线云图

（2）图 8.34 为蓄水坝体流固耦合有限元强度折减分析塑性区分布图，表明坝体出现区域塑性区，重力坝有沿着坝基滑移趋势。

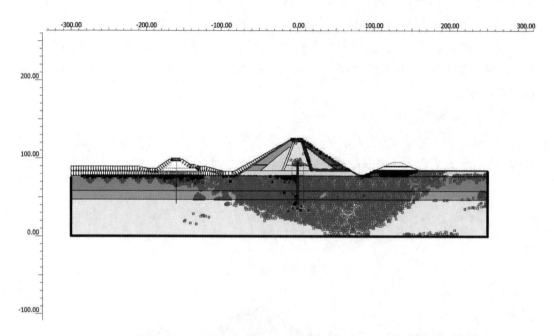

图 8.34　蓄水坝体流固耦合有限元强度折减分析塑性区分布图

◆◇ 8.5　蓄水坝体有限元地震动力响应模拟分析

8.5.1　有限元数值模拟动力模块分析方法

（1）建立模型

依托中国设计方案要求满足抵抗地震作用，地震力发生在工程建造完成之后运营期间。模型参数还要考虑材料的阻尼黏性作用，所以要输入雷利阻尼系数 α 和 β；模型边界条件选取标准地震边界如图 8.35 所示，地震波谱选用 UPLAND 记录的真实地震加速度数据分析。

（2）边界条件与阻尼见第 7 章情况。

（3）材料的本构模型与物理力学参数见第 7 章情况。

蓄水坝体有限元地震动力响应模拟分析特征点选取 A、B、C、D，见图 8.35 所示。

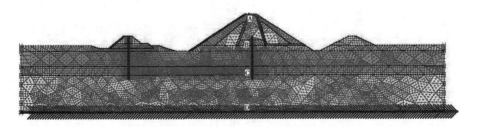

图 8.35　有限元模型边界条件选取标准地震边界

8.5.2　地震作用后坝体结构变形的网格特征

蓄水坝体有限元静力分析后，其模型进行地震动力响应模拟分析，在模型底部给定地震波的计算分析，得出典型 2.5、5.0、7.5、10.0、12.5s 的变形网格图如图 8.36 所示，模型中坝体最大总位移分别为 212.38、284.34、328.09、355.52、383.32mm，表明随着地震动力影响时间的持续，主坝体沿着坝基发生变形的网格滑移特征，中国设计方案最大总位移比英国设计方案减小 36%。

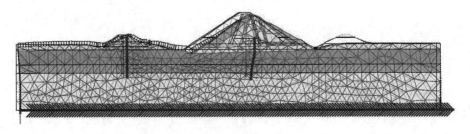

(a)2.5s 地震变形的网格

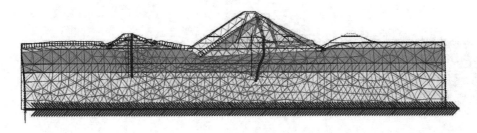

(b)5.0s 地震变形的网格

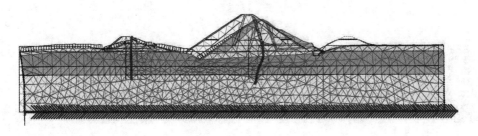

(c)7.5s 地震变形的网格

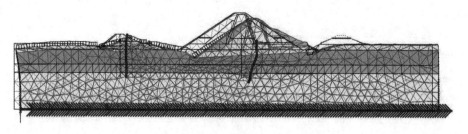

（d）10.0s 地震变形的网格

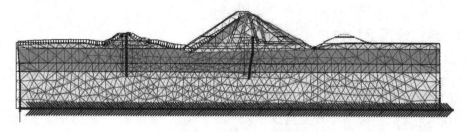

（e）12.5s 地震变形的网格

图 8.36 中国设计方案地震作用后坝体结构变形的网格图

8.5.3 地震作用后坝体结构总位移云图特征

蓄水坝体有限元静力分析后，其模型进行地震动力响应模拟分析，在模型底部给定地震波的计算分析，得出典型 2.5、5.0、7.5、10.0、12.5s 的总位移云图如图 8.37 所示，通过模型中坝体总位移云图可以看出，随着地震动力影响时间的持续，主坝体沿着坝基发生变形特征。

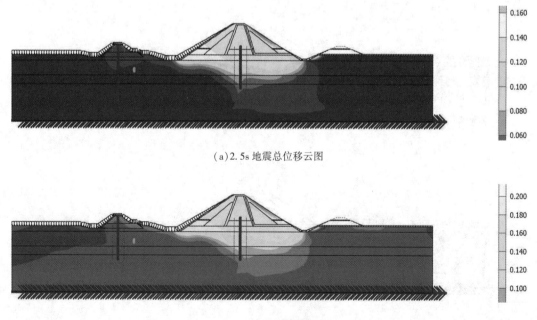

（a）2.5s 地震总位移云图

（b）5.0s 地震总位移云图

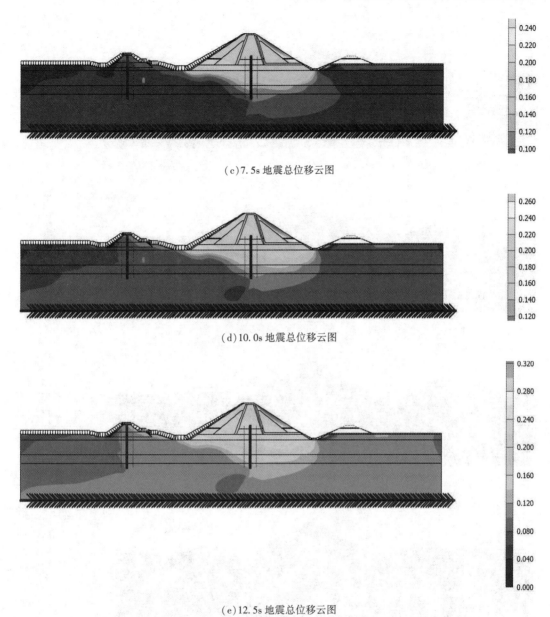

（c）7.5s 地震总位移云图

（d）10.0s 地震总位移云图

（e）12.5s 地震总位移云图

图 8.37　中国设计方案地震作用后坝体结构总位移云图

8.6.4　地震作用后坝体结构总应变云图特征

蓄水坝体有限元静力分析后，其模型进行地震动力响应模拟分析，在模型底部给定地震波的计算分析，得出典型 2.5、5.0、7.5、10.0、12.5s 的总应变云图如图 8.38 所示，模型中坝体最大总应变分别为 2.19%、3.73%、4.93%、5.81%、6.48%。通过模型中坝体总应变云图可以看出，随着地震动力影响时间的持续，主坝体总剪应变变形，中国设计方案最大总应变比英国设计方案减小 54%。

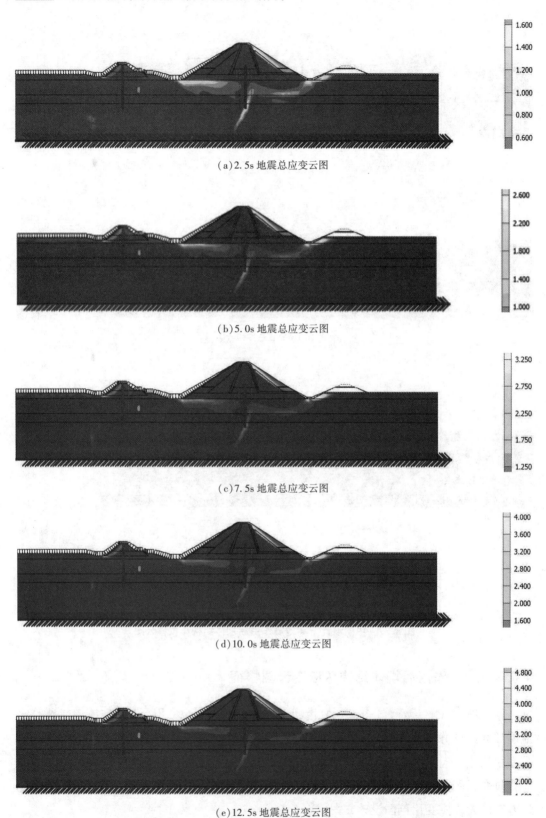

（a）2.5s 地震总应变云图

（b）5.0s 地震总应变云图

（c）7.5s 地震总应变云图

（d）10.0s 地震总应变云图

（e）12.5s 地震总应变云图

图 8.38　中国设计方案地震作用后坝体结构总应变云图

8.5.5　地震作用后坝体结构总速度云图特征

蓄水坝体有限元静力分析后，其模型进行地震动力响应模拟分析，在模型底部给定地震波的计算分析，得出典型 2.5、5.0、7.5、10.0、12.5s 的总速度云图如图 8.39 所示，模型中坝体最大总速度分别为 75.82、56.04、26.03、21.10、15.49mm/d。通过模型中坝体总速度云图可以看出，随着地震动力影响时间的持续，主坝体沿着坝基发生剪切变形，中国设计方案最大总速度比英国设计方案减小 45%。

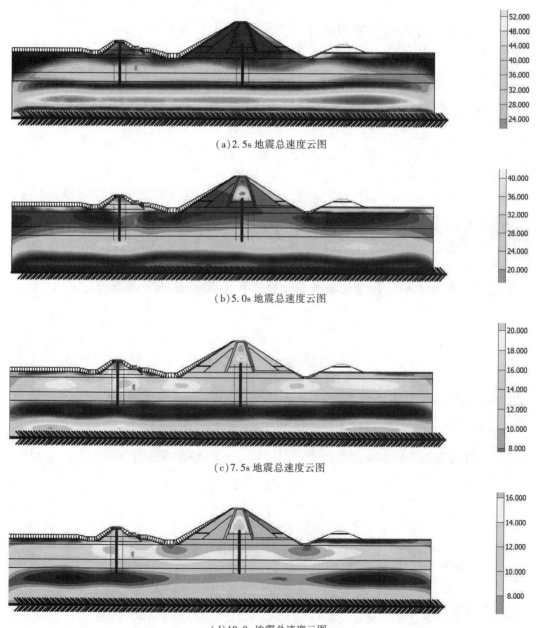

(a) 2.5s 地震总速度云图

(b) 5.0s 地震总速度云图

(c) 7.5s 地震总速度云图

(d) 10.0s 地震总速度云图

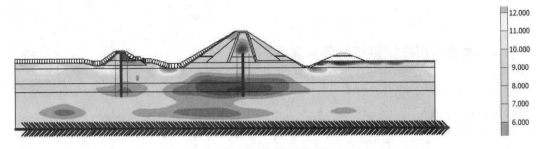

（e）12.5s 地震总速度云图

图 8.39　中国设计方案地震作用后坝体结构总速度云图

8.5.6　地震作用后坝体结构总加速度云图特征

蓄水坝体有限元静力分析后，其模型进行地震动力响应模拟分析，在模型底部给定地震波的计算分析，得出典型 2.5、5.0、7.5、10.0、12.5s 的总加速度云图如图 8.40 所示，模型中坝体最大加速度分别为 1.31、0.49、0.25、0.23、0.20m/d^2。通过模型中坝体总加速度云图可以看出，随着地震动力影响时间的持续，主坝体沿着坝基剪切变形，中国设计方案最大总加速度比英国设计方案增加-11%。

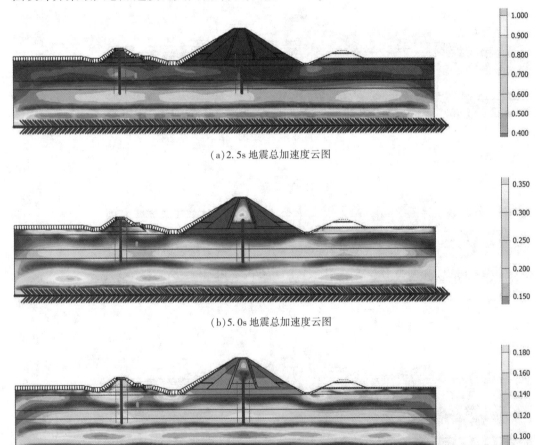

（a）2.5s 地震总加速度云图

（b）5.0s 地震总加速度云图

（c）7.5s 地震总加速度云图

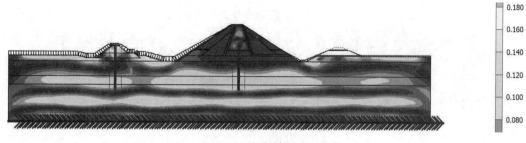

（d）10.0s 地震总加速度云图

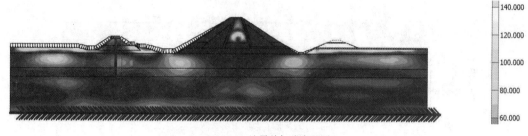

（e）12.5s 地震总加速度云图

图 8.40　中国设计方案地震作用后坝体结构总加速度云图

8.5.7　地震作用后坝体结构有效应力矢量特征

蓄水坝体有限元静力分析后，其模型进行地震动力响应模拟分析，在模型底部给定地震波的计算分析，得出典型 2.5、5.0、7.5、10.0、12.5s 的有效应力矢量图如图 8.41所示，模型中坝体最大有效应力分别为 1430、1440、1430、1440、1440kPa。通过模型中坝体有效应力矢量分布图可以看出，随着地震动力影响时间的持续，主坝体沿着坝基发生有效应力矢量偏转明显增大，中国设计方案最大有效应力比英国设计方案增加-22%。

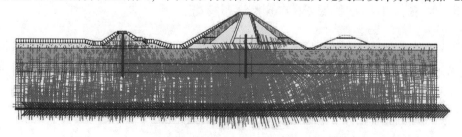

（a）2.5s 地震有效应力矢量图

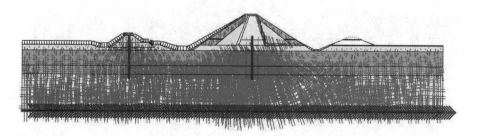

（b）5.0s 地震有效应力矢量图

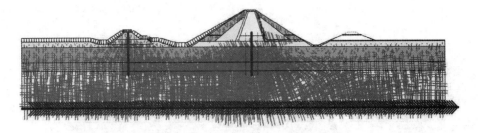

(c)7.5s 地震有效应力矢量图

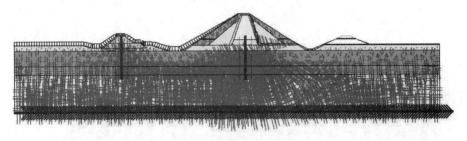

(d)10.0s 地震有效应力矢量图

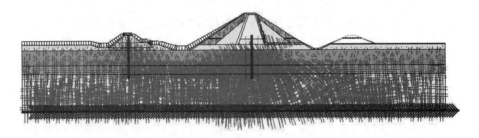

(e)12.5s 地震有效应力矢量图

图 8.41　中国设计方案地震作用后坝体结构有效应力矢量图

8.5.8　地震作用后坝体结构破坏区分布特征

蓄水坝体有限元静力分析后,其模型进行地震动力响应模拟分析,在模型底部给定地震波的计算分析,得出典型 2.5、5.0、7.5、10.0、12.5s 的破坏区分布图如图 8.42 所示。通过模型中坝体破坏区分布图可以看出,随着地震动力影响时间的持续,主坝体沿着坝基发生剪切变形破坏区在减弱,无明显滑移失稳模式。

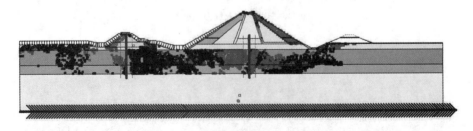

(a)2.5s 地震破坏区分布图

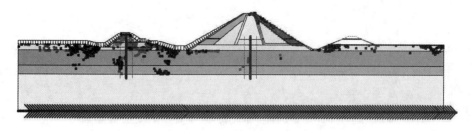

（b）5.0s 地震破坏区分布图

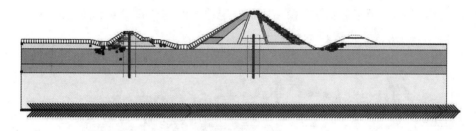

（c）7.5s 地震破坏区分布图

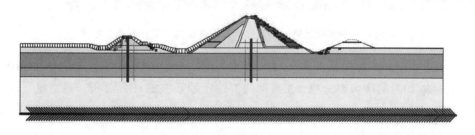

（d）10.0s 地震破坏区分布图

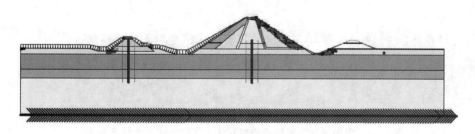

（e）12.5s 地震破坏区分布图

图 8.42　中国设计方案地震作用后坝体结构破坏区分布图

8.5.9　地震作用后坝体结构地下水特征

（1）地震作用后坝体结构地下水等水位分布特征。蓄水坝体有限元静力分析后，其模型进行地震动力响应模拟分析，在模型底部给定地震波的计算分析，得出典型的地下水等水位分布图如图 8.43 所示，模型中坝体最大地下水等水位为 1180kPa。

（2）地震作用后坝体结构地下水水头分布特征。蓄水坝体有限元静力分析后，其模

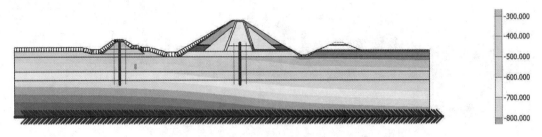

图 8.43　中国设计方案地震作用后坝体结构地下水等水位分布图

型进行地震动力响应模拟分析，在模型底部给定地震波的计算分析，典型地下水水头分布图如图 8.44 所示，最大地下水水头为 124m。

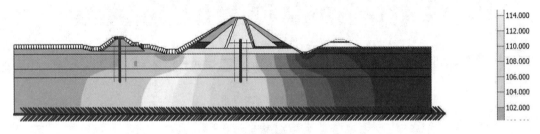

图 8.44　中国设计方案地震作用后坝体结构地下水水头分布图

（3）地震作用后坝体结构地下水渗流场分布特征。蓄水坝体有限元静力分析后，其模型进行地震动力响应模拟分析，在模型底部给定地震波的计算分析，典型地下水渗流场分布图如图 8.45 所示，最大地下水渗流为 0.116m/d，中国设计方案最大地下水渗流比英国设计方案减小 16%。

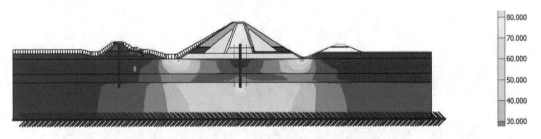

图 8.45　中国设计方案地震作用后坝体结构地下水渗流场分布图

（4）地震作用后坝体结构地下水饱和度分布特征。蓄水坝体有限元静力分析后，其模型进行地震动力响应模拟分析，在模型底部给定地震波的计算分析，得出典型地下水饱和度分布图如图 8.46 所示，最大地下水饱和度为 100.21%。

8.5.10　地震作用 A、B、C、D 特征点曲线变化特征

（1）地震波谱加速度-时间曲线水平作用力变化特征。地震作用地震波谱加速度-时间曲线水平作用力变化曲线如图 8.47 所示。

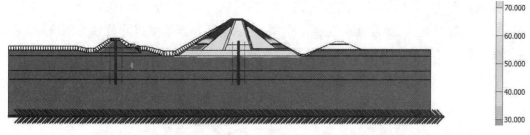

图 8.46　中国设计方案地震作用后坝体结构地下水饱和度分布图

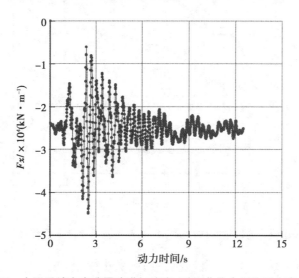

图 8.47　中国设计方案地震波谱加速度–时间曲线水平作用力变化曲线

（2）地震作用 A、B、C 特征点总位移–时间变化特征。

①地震作用 A、B、C 特征点总位移–时间变化（见图 8.48）可以看出：2.5s 初震、5.0s 主震时程阶段总位移增加显著，主坝、戗坝、坝基总位移急剧增加，但坝基最大。

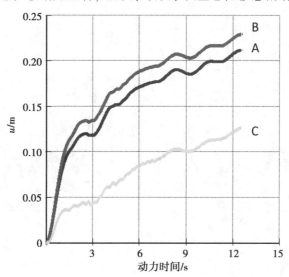

图 8.48　中国设计方案地震作用 A、B、C 特征点总位移–时间变化曲线

②地震作用 A、B、C 特征点水平沉降位移–时间变化(见图 8.49)可以看出：2.5s 初震、5.0s 主震时程阶段水平沉降位移显著增加，主坝、坝基水平沉降位移急剧增加，坝基最大，之后时程阶段随着震级急剧下降，水平沉降位移趋缓。

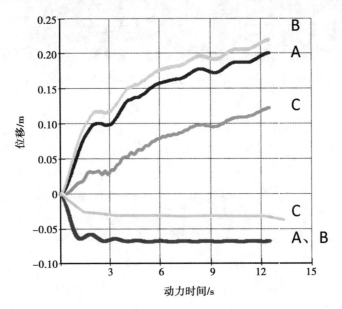

图 8.49　中国设计方案地震作用 A、B、C 特征点水平沉降位移–时间变化曲线

(3)地震作用 A、B、C、D 特征点速度–时间变化特征

①地震作用 A、B、C、D 特征点速度–时间变化(见图 8.50)可以看出：2.5s 初震、5.0s 主震时程阶段速度增加显著，然后急剧衰减并趋缓，主坝、坝基速度急剧增加，主坝最大。

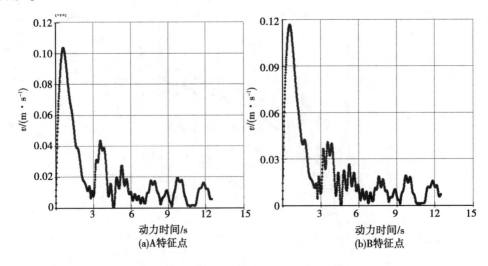

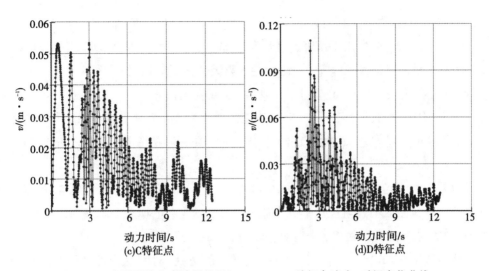

图 8.50　中国设计方案地震作用 A、B、C、D 特征点速度–时间变化曲线

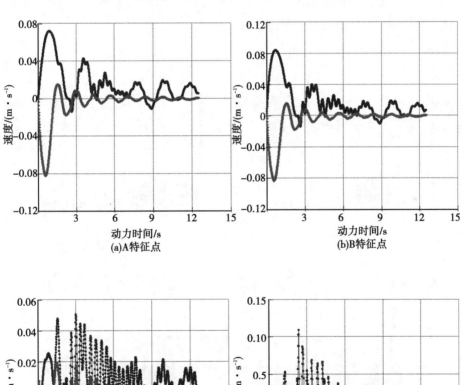

图 8.51　中国设计方案地震作用 A、B、C、D 特征点水平沉降速度–时间变化曲线

②地震作用 A、B、C、D 特征点水平沉降速度–时间变化(见图 8.51)可以看出：2.5s 初震、5.0s 主震时程阶段水平沉降速度显著增加，主坝、坝基水平沉降速度比坝基急剧增加，坝基水平速度最大，之后时程阶段随着震级急剧下降趋缓。

(4)地震作用 A、B、C、D 特征点加速度–时间变化特征。

①地震作用 A、B、C、D 特征点总加速度–时间变化(见图 8.52)可以看出：2.5s 初震、5.0s 主震时程阶段总加速度增加显著，主坝、坝基衰减趋缓，主坝总加速度比坝基小。

②地震作用 A、B、C、D 特征点水平沉降加速度–时间变化(见图 8.53)可以看出：2.5s 初震、5.0s 主震时程阶段水平沉降加速度显著增加，主坝水平沉降加速度比坝基急剧增加，主坝水平加速度最大，之后时程阶段随着震级下降趋缓。

③地震作用 A、B、C、D 特征点位移、速度、加速度–时间变化可以看出：坝基地震作用不利于稳定，与主坝产生谐振；主坝、坝基水平沉降位移、速度、加速度谐振产生明显，并且一直持续，特别是加速度更为明显。

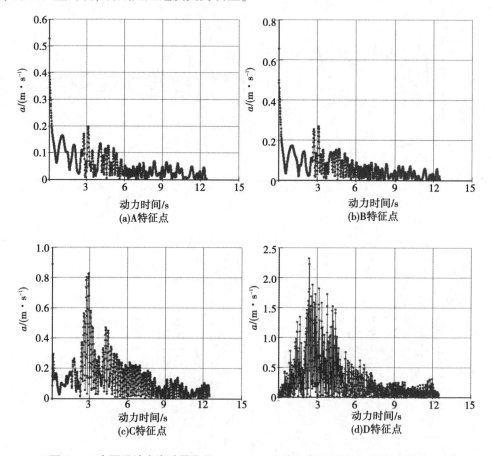

图 8.52 中国设计方案地震作用 A、B、C、D 特征点总加速度–时间变化曲线

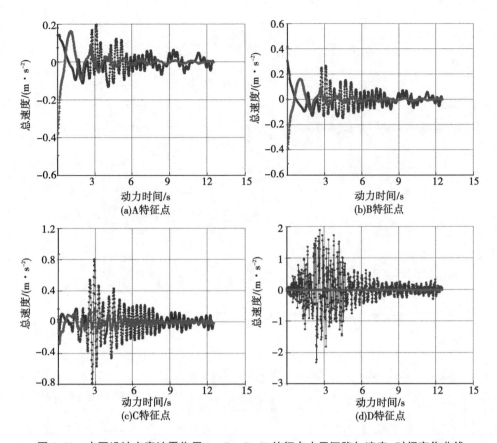

图 8.53　中国设计方案地震作用 A、B、C、D 特征点水平沉降加速度–时间变化曲线

8.5.11　地震作用坝体防渗墙力学特征

（1）地震作用主坝体防渗墙总位移分布（见图 8.54）A–A*，对比内坝基 B–B*、外坝基 C–C*可知，坝体、坝基防渗墙起到了抑制总位移的有效作用。

（2）地震作用主坝体防渗墙总地下水头压力分布（见图 8.55）A–A*，对比内坝基 B–B*、外坝基 C–C*可知，内外坝基体防渗起到了抑制的有效作用。

（3）地震作用主坝体防渗墙总地下水渗流流速分布（见图 8.56）A–A*，对比内坝基 B–B*、外坝基 C–C*可知，内外坝基体、防渗墙起到了抑制的有效作用。

（4）地震作用主坝体防渗墙超固结系数分布（见图 8.57）A–A*，对比内坝基 B–B*、外坝基 C–C*可知，防渗墙、内外坝基超固结系数分布起到了抑制变形和渗流的有效作用。

（5）地震作用主坝体防渗墙剪应力分布（见图 8.58）A–A*，对比内坝基 B–B*、外坝基 C–C*可知，防渗墙剪应力无剪应变发生，有利于防渗墙体的稳定和防渗作用功能；内外坝基有剪应变破坏，不利于主坝的稳定。

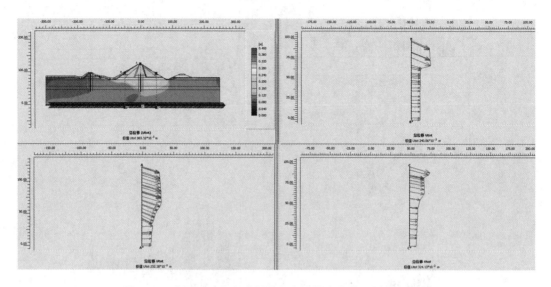

图 8.54　中国设计方案地震作用主坝体防渗墙总位移分布图

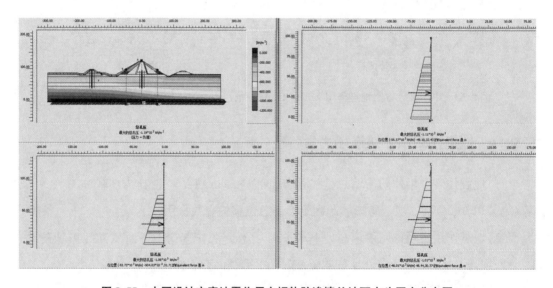

图 8.55　中国设计方案地震作用主坝体防渗墙总地下水头压力分布图

(6)地震作用主坝体防渗墙有效应力分布(见图 8.59)A—A*，对比内坝基 B—B*、外坝基 C—C*可知，地震、地下水作用有效应力分布基本呈线性，有利于坝体稳定。

综上所述，在英国设计方案的基础上，进行优化形成了中国设计方案，对中国设计方案进行流固耦合动力响应分析，主要研究结论如下。

(1)进行了尼罗河上阿特巴拉水坝施工阶段弹塑性固结流变有限元数值模拟，英国设计方案与中国设计方案对比分析见表 8.1，从地下水流速值、渗流场复杂程度、上游围

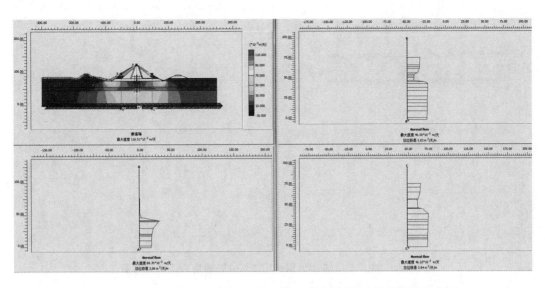

图 8.56 中国设计方案地震作用主坝体防渗墙总地下水渗流流速分布图

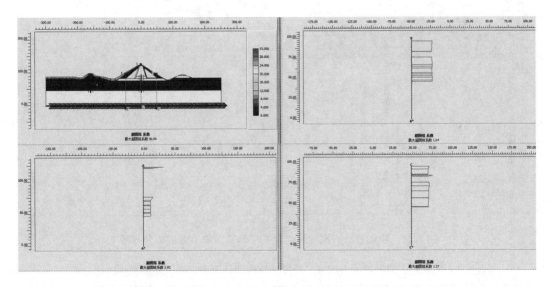

图 8.57 中国设计方案地震作用主坝体防渗墙超固结系数分布图

堰堤顶沉降位移、重力坝坝顶沉降位移、坝基剪应力、破坏区分布、有限元强度折减等方面进行对比分析,表明中国设计方案总体设计明显优于英国设计方案。

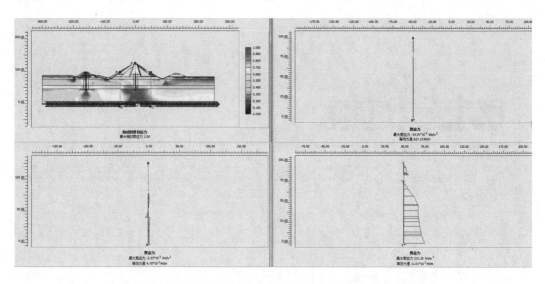

图 8.58　中国设计方案地震作用主坝体防渗墙剪应力分布图

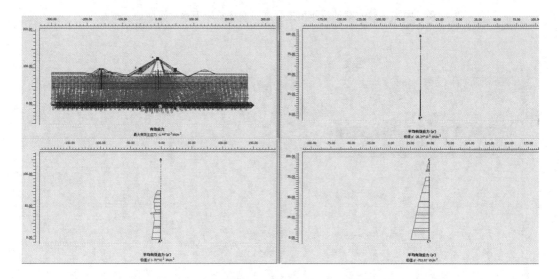

图 8.59　中国设计方案地震作用主坝体防渗墙有效应力分布图

表 8.1　尼罗河上阿特巴拉水坝施工阶段弹塑性固结流变有限元数值模拟对比分析

分析结果	英国设计方案	中国设计方案	基本评价
设计形式			结构简洁
地下水流速值	0.104m/d	0.087m/d	减小 16%
渗流场复杂程度	复杂	简单	简单

表8.1(续)

分析结果	英国设计方案	中国设计方案	基本评价
上游围堰 堤顶沉降位移	0.400m	0.600m	基井降水
重力坝 坝顶沉降位移	0.720m	0.120m	减小83%
坝基剪应力	161.96kPa	94.66kPa	减小41%
破坏区分布	大范围	局部范围	减小明显
有限元强度折减	主坝体、上游围堰堤有失稳趋势	主坝体稳定	稳定性好

(2)进行了尼罗河上阿特巴拉水坝蓄水坝体流固耦合有限元数值模拟,英国设计方案与中国设计方案对比分析见表8.2,从地下水流速值、比降、渗流场复杂程度、重力坝坝顶沉降位移、坝基剪应力、破坏区分布、有限元强度折减等方面进行对比分析,表明中国设计方案总体设计明显优于英国设计方案。

表8.2 尼罗河上阿特巴拉水坝蓄水坝体流固耦合有限元数值模拟对比分析

分析结果	英国设计方案	中国设计方案	基本评价
设计形式			结构简洁
地下水流速值	0.061m/d	0.134m/d	
比降	26<[80]	12<[80]	减小53%
渗流场复杂程度	复杂	简单	简单
重力坝 坝顶沉降位移	0.100m	0.080m	减小20%
坝基剪应力	215.99kPa	94.66kPa	减小56%
破坏区分布	大范围	局部范围	减小明显
有限元强度折减	主坝体、上游围堰堤有失稳趋势	主坝体稳定	稳定性好

(3)进行了尼罗河上阿特巴拉水坝蓄水坝体有限元值地震动力响应模拟分析,英国设计方案与中国设计方案对比分析见表8.3。

表8.3从比降、地震时程坝体最大总位移、地震时程坝体最大总应变、地震时程坝体最大总强度、地震时程坎体最大总加速度、坝体最大有效应力、地震时程破坏区分布、地震时程最大地下水渗流等方面进行对比分析,表明中国设计方案总体设计明显优于英国设计方案。

(4)通过地震作用A、B、C、D特征点曲线变化特征可以进一步验证上述分析结果,并在地震波谱加速度–时间曲线水平作用力变化特征的基础上，分析地震作用 A、B、C、D 特征点位移–时间变化特征、速度–时间变化特征、加速度–时间变化特征。

表 8.3　尼罗河上阿特巴拉水坝蓄水坝体有限元地震动力响应模拟对比分析

分析结果	英国设计方案	中国设计方案	基本评价
设计形式			结构简洁
比降	26<［80］中国规范要求	12<［80］中国规范要求	减小 53%
地震时程坝体最大总位移	2.5、5.0、7.5、10.0、12.5s 时程 218.04、363.35、457.66、529.46、602.27mm	2.5、5.0、7.5、10.0、12.5s 时程 212.38、284.34、328.09、355.52、383.32mm	最大减小 36%
地震时程坝体最大总应变	2.5、5.0、7.5、10.0、12.5s 时程 6.35%、9.72%、12.04%、13.66%、14.19%	2.5、5.0、7.5、10.0、12.5s 时程 2.19%、3.73%、4.93%、5.81%、6.48%	最大减小 54%
地震时程坝体最大总速度	2.5、5.0、7.5、10.0、12.5s 时程 83.58、53.04、33.01、36.46、28.19mm/d	2.5、5.0、7.5、10.0、12.5s 时程 75.82、56.04、26.03、21.10、15.49mm/d	最大减小 45%
地震时程坝体最大总加速度	2.5、5.0、7.5、10.0、12.5s 时程 1.34、0.52、0.24、0.18、0.18m/d^2	2.5、5.0、7.5、10.0、12.5s 时程 1.31、0.49、0.25、0.23、0.20m/d^2	最大增加 −11%
坝体最大有效应力	2.5、5.0、7.5、10.0、12.5s 时程 1240、1230、1230、1230、1861kPa	2.5、5.0、7.5、10.0、12.5s 时程 1430、1440、1430、1440、1440kPa	最大增加 −22%
地震时程破坏区分布	大范围	局部范围	减小明显
地震时程最大地下水渗流	0.139m/d	0.116m/d	最大减小 16%

（5）进行了地震作用坝体防渗墙力学特征分析，同样可以进一步验证上述分析结果。

①由地震作用主坝体防渗墙总位移分布可知，坝体、坝基防渗墙能够起到抑制总位移的有效作用。

②由地震作用主坝体防渗墙总地下水头压力分布可知，内外坝基体防渗起到了抑制的有效作用。

③由地震作用主坝体防渗墙总地下水渗流流速分布可知，内外坝基体、防渗墙起到了抑制的有效作用。

④由地震作用主坝体防渗墙超固结分布可知，防渗墙、内外坝基超固结系数分布起到了抑制变形和渗流的有效作用。

⑤地震作用主坝体防渗墙剪应力分布可知，防渗墙剪应力无剪应变发生，有利于防渗墙体的稳定和防渗作用功能；内外坝基有剪应变破坏，不利于主坝的稳定。

⑥由地震作用主坝体防渗墙有效应力分布可知，地震、地下水作用有效应力分布基本线性，有利于坝体稳定。

◆◇ 8.6　研究小结

随着苏丹国民经济建设的快速发展，能源与农业灌溉需求迅速增长，发展清洁环保的水利能源和农业灌溉，可以极大地促进喀土穆大首都地区产业结构的升级，增强苏丹综合国力。因此，加快尼罗河水坝建设、积极发展水利能源和农业灌溉是保障国家能源和粮食安全的迫切需要。为此，本书依据中国经验、依托苏丹建设的第一座尼罗河上阿特巴拉坝，开展尼罗河上阿特巴拉坝构筑及其流固耦合动力响应力学特性研究。

结合苏丹尼罗河上阿特巴拉坝工程实际情况和特点，对围堰导流堤、重力坝构筑施工阶段的渗流场演化和流固耦合动力响应力学特性进行分析，并应用于实体工程，保证施工安全。主要研究结论如下。

(1)通过对国内外和中国土石坝设计施工的相关经验的归纳总结，根据苏丹尼罗河围堰导流堤、重力坝工程水文地质条件开展研究，获得围堰导流堤、重力坝工程渗流场演化规律及力学特性，建立了研究技术路线。

(2)固结非饱和渗流特性理论分析方法研究，首先基于稳态流的基本方程、界面单元中的渗流、固结的基本方程，然后进行弹塑性固结、非饱和渗流材料模型分析，最终选择基于 Van Genuchten 模型进行非饱和渗流的模拟方法。岩土本构关系模型研究，首先进行岩土模型参数的选择和判断，对比线弹性模型、摩尔-库仑模型、软土硬化模型、小应变土体硬化模型、软土模型、软土蠕变模型和修正剑桥黏土模型，合理选择并应用于尼罗河围堰导流堤、重力坝工程。通过有限元强度折减法和地震响应原理方法分析，为尼罗河上阿特巴拉坝构筑及其流固耦合动力响应力学特性研究奠定基础。

(3)尼罗河上阿特巴拉大坝枢纽工程河床坝段施工英国设计方案包括：上下游二期围堰、减压井、基础开挖、基础振冲处理、帷幕灌浆、主坝防渗墙施工、坝体填筑等。针对尼罗河上阿特巴拉大坝枢纽工程，作为施工方的中国在深入研究英国设计方案的基础上，进行了英国设计方案施工与填筑等方面的优化，特别是通过英国设计方案截流模型试验和建议，提出了中国设计方案及其河床心墙坝填筑技术措施。

(4)通过英国设计方案截流模型试验存在的问题，为优化调整形成中国设计方案奠定基础。如对英国设计方案施工与填筑优化，确保了水利枢纽工程的截流成功；通过水工模型试验，得到了相关各项水力参数指标，提出降低截流风险的建议以及工程的截流推荐方案，为截流施工方案的决策和施工组织的实施提供了科学依据。中国设计方案优化及主要技术措施有：围堰及度汛方式、减压井的施工、坝体基础面的提升、帷幕灌浆施工高程的调整、心墙料的制备、反滤料级配曲线的调整。针对上游围堰防渗工程设计需要加强，大坝地基只有防渗墙，需要进行地基注浆防渗处理，可以替换戗坝施工设计，同时加强河床心墙坝填筑。

(5)英国设计方案蓄水坝体流固耦合有限元值模拟分析中戗坝渗流场流速较大，地下水流速值最大为 0.061m/d，主坝基布置有防渗墙，比降26，远小于80，满足中国规范要求。分析表明，上游围堰稳定性差，堤坝防渗效果差，戗坝及防渗墙渗流复杂，更易扰动影响其稳定性，对主坝体的稳定性不利，需要改进主坝体的防渗、结构形式和参数，并进行调整。蓄水坝体有限元地震动力响应模拟分析，进一步表明了戗坝及防渗墙渗流复杂，布局需要调整，更易扰动影响其稳定性，对主坝体的稳定性不利，需要改进主坝体的防渗、结构形式和参数。

分析表明，在英国设计方案(见图 6.2)基础上，进行英国设计方案优化(见图 6.4)，可以防止主坝的大变形或失稳的可能，或者选择中国设计方案，见图 6.13。

(6)在英国设计方案的基础上，进行优化形成了中国设计方案，对中国设计方案进行流固耦合动力响应分析，主要研究结论如下。

①进行了尼罗河上阿特巴拉水坝施工阶段弹塑性固结流变有限元数值模拟，英国设计方案与中国设计方案对比分析见表8.1，从地下水流速值、渗流场复杂程度、上游围堰堤顶沉降位移、重力坝坝顶沉降位移、坝基剪应力、破坏区分布、有限元强度折减等方面进行对比分析，表明中国设计方案总体设计明显优于英国设计方案。

②进行了尼罗河上阿特巴拉水坝蓄水坝体流固耦合有限元数值模拟，英国设计方案与中国设计方案对比分析见表8.2，从地下水流速值、比降、渗流场复杂程度、重力坝坝顶沉降位移、坝基剪应力、破坏区分布、有限元强度折减等方面进行对比分析，表明中国设计方案总体设计明显优于英国设计方案。

③进行了尼罗河上阿特巴拉水坝蓄水坝体有限元地震动力响应模拟，英国设计方案与中国设计方案对比分析见表8.3。

地震时程坝体最大总位移、地震时程坝体最大总应变、地震时程坝体最大总强度、地震时程坝体最大总加速度、坝体最大有效应力、地震时程破坏区分布、地震时程最大地下水渗流比降等方面进行对比分析，表明中国设计方案总体设计明显优于英国设计方案。

(7)通过地震作用 A、B、C、D 特征点曲线变化特征可以进一步验证上述分析结果，进行了在地震波谱加速度-时间曲线水平作用力变化特征的基础上，分析地震作用 A、B、C、D 特征点位移-时间变化特征、速度-时间变化特征、加速度-时间变化特征。进行了地震作用坝体防渗墙力学特征分析，同样可以进一步验证上述分析结果。

第4部分　老挝 XPXN 溃坝遥感演化及流固耦合与热带风暴响应力学特性研究

第9章　研究背景

近年来受气候变化影响，水库溢坝和溃坝事故在世界范围内时有发生。2017 年美国奥罗维尔大坝溢洪道事故、老挝南澳水电站溃决、美国梅普乐湖溃坝；2018 年肯尼亚帕特尔大坝溃决、阿富汗潘杰希尔大坝溃决、缅甸 Swar Chaung 大坝溃决、中国新疆射月沟水库溃坝和内蒙古增隆昌水库溃坝；2019 年美国斯本司大坝溃决、印度蒂瓦坝溃决；2020 年美国伊登维尔-桑福德水库连溃、乌兹别克斯坦萨尔多巴水库溃坝；2021 年印度里希甘加闸坝漫顶、中国内蒙古永安水库和新发水库溃坝。特别是 20 世纪中后期建设的水坝工程破裂灾害类型多，分布范围广，大型、特大型危坝灾害现象日益严重，对全球人民的经济和社会安定带来极大影响。

1976 年美国提堂水库溃决，整个坝址 780km² 区域内 40 万亩左右农田被毁，近万余人的家庭被毁，致 14 人死亡，总计损失高达 4 亿美元。1993 年发生在我国甘肃沟后水库的溃坝事故，造成百余人伤亡，千余家庭被毁，总计损失 1.5 亿元。随着溃坝灾害产生的经济损失与人员伤亡事件时有发生，水利大坝工程安全稳定性课题亟待深入研究。

大坝安全至关重要，每次溃坝事故都会给人民生命财产和社会公共安全带来极大影响。结合这些事故对坝体安全稳定性的考量也不应局限于设计阶段，后期的运营维护同样重要，因此，在进行大坝水利工程项目时，对选址勘察、坝型选择、结构设计、施工设计以及后期监管与运营全过程都要落实具体保障措施，同时当地气象水文条件也应作为重点考虑因素。

土石坝约占全世界大坝的 85%，对于土石坝工程而言，其溃决类型分为三种：滑动破坏、渗流破坏和溢流破坏。对于滑动破坏，原因是自身结构不稳定、设计不合理或者施工没有严格落实导致坝体本身存在滑动危险；对于渗流破坏，多是坝体排水系统出现问题或者极端环境引发溃坝事故；对于溢流破坏，则是水库容量不足或者溢流段处理不当导致。综合坝体自身结构设计与复杂天气耦合作用都会导致水利工程事故的发生。结合当下"一带一路"倡议不断推进，各国合作发展越来越密切，中国工程项目也在不断向海外拓展，在世界打出中国工匠大国的名片，离不开中国技术人员对每项工程独具匠心的设计规划与安全施工保障，建立每个项目的全生命周期健康监测，将高质量发展与健康安全贯穿到每个工程项目中，需要一代又一代匠人的付出。结合当前卫星遥感技术，深入开展溃坝遥感演化及流固耦合与热带风暴响应力学特性研究具有重要意义。

◆◇ 9.1 国内外研究现状分析

土石坝作为水利工程的一种坝体，因其筑坝填料可以就地取材、经济效益好、坝体性能好、使用寿命较长等优势，被广泛使用。土石坝有多种划分形式，以高度为划分依据：小于30m的为低坝，大于70m的为高坝，介于两者之间为中坝。土石坝作为大型水利项目，影响范围广泛，若出现坝体稳定问题，不仅会破坏水库供电系统，对下游区人们生活也将产生极严重的后果。坝体的稳定性影响因素分为两方面，一是坝体本身防渗结构设计，二是当地环境气候影响，尤其是极端天气如暴雨、地震、风暴等灾害影响，为此，国内外不少学者从理论分析、试验分析与数值模拟多方面开展坝体稳定性研究分析。

9.1.1 水库大坝安全管理研究

近年来极端天气多有发生，水库大坝的安全管理面临重要考验，除考虑大坝自身结构安全性外，应对极端气候的保障措施也应进一步加强管理，通过对事故发生坝体进行总结思考，为后期水库大坝进行安全管理提供有效数据支撑。

赵雪莹等对20世纪90年代后发生在我国的小型水库溃坝事件进行统计分析，提出以风险人口作为坝体风险分级准则；李宏恩等针对2000—2018年近20年发生的84起溃坝事件进行统计分析，发现造成溃决的主要原因是极端气候下超标准洪水引发漫坝，多数诱发因素由大坝水库管理不当造成；胡亮等对近20座大坝溃坝案例进行分析，对溃坝造成的生命伤亡数据进行统计分析，建立起快速高效的生命损失评估模型；吴双等通过分类统计美国大坝安全事故数据库，对美国重大溃坝安全事故进行原因分析；袁辉等以自己参与的4座水库土石坝抢险事件为例，对大坝溃决原因、坝后渗漏加重和坝体止水面板破坏等问题进行详细分析；张建云等结合20世纪50年代历年溃坝数据分析，研究我国溃坝的坝型、时间和空间分布规律；张士辰等对国内外近十年溃坝撤离实践和溃坝撤离影响因素、过程模拟、预案评价等成果进行总结分析；厉丹丹等对数十座水库典型溃坝事件进行具体分析，发现人为因素是溃坝事故中不可估量的因素。结合以上研究结果发现，近几年对风险事故大坝的案例分析取得了一定成效，为后期水库大坝建设积累了一定的成长经验，但对于水库大坝存在的漫而不溃、超标准洪水位设置以及风险管理等方面还需要进行深入探究，因此对于水库大坝的安全管理建设需要不断实时更新。

9.1.2　遥感技术在灾害中的应用

随着 5G 时代的快速发展，遥感分析技术因其丰富的信息捕捉和分析优势已经在各个领域取得不小成果，利用遥感技术对地质灾害进行预测和分析也日益成熟。

许志辉通过遥感检测技术观察洪水漫滩范围和影响程度，并与水文地质资料对比分析，对渭河洪水漫滩情况进行原因分析，针对河道变窄问题提出应对措施。

黄筱等利用无人机遥感技术以黑龙江上游发生的特大洪水为例，阐述了无人机遥感技术在洪涝灾害淹没范围描述、防洪堤坝渗漏定性及定量分析中的应用情况，为灾情处置决策提供数据支撑。

刘畅等以北京密云水库为研究区域，收集了 1984—2020 年所有的 Landsat-5 和 Landsat-8 遥感影像，利用水体的光谱、地形、时空特征，研究并解决了水库水体动态制图中的云、阴影、冰雪干扰，同物异谱及混合像元等难点问题，提出了一套自动化且高精度的水库水体动态制图算法。

柳广春等通过选用暴雨前后的 Sentinel-2 影像，计算多种指数，对比分析各指数灾害前后变化响应，通过设置各个指数阈值获取暴雨前后的植被信息变化，进而分析得到山体滑坡灾害的影响范围。

张磊等采用随机森林算法，对黄河三角洲湿地信息进行不同精度提取，为湿地信息提取在数据源、特征和方法选择方面提供新思路。

唐尧等利用遥感卫星影像对金沙江高位滑坡开展灾情监测，研究包括灾情信息解译、滑坡灾害前后对比、致 184 期灾害演化分析以及灾蠕变特征分析等，全域及周边的多处隐患灾害做出预警。

叶振南等以西藏芒康县为例，基于 GF2 号和 Landsat-8 卫星遥感影像，结合地面调查综合获取地质灾害信息，全面分析了区内斜坡地质灾害的分布特征，为高海拔地区开展区域地质灾害调查评价工作提供了技术参考。

单博结合 3S 技术对奔子栏水源地易发生滑坡区域进行分析，并对其风险等级进行划分。

9.1.3　土石坝流固耦合特性分析

针对土石坝多发生渗透破坏问题，不少学者从不同方面对坝体流固耦合特性进行分析。数值分析方面：刘新喜等根据水库施工方案建立模型，结合不平衡推力法，对引起滑坡稳定性的渗透系数和库水位下降速度两个因素进行分析；谢定松等利用模型试验模拟和数值分析与理论公式相结合的方法，分析坝坡坡比、库水位不同降落速率、坝壳料渗透系数三个因素对坝体浸润线的影响；时铁城等建立在库水位骤降条件下的渗流模型分析土石坝的非稳定渗流场，同时结合 M-P 法对上游坝坡的安全系数进行计算；代雪等以某场地高填方边坡和直立边坡为研究对象，基于 Geo-Studio、理正软件以及 ANSYS 软件，采用 M-P 法、Bishop 法和强度折减法对边坡稳定性分析方法进行研究；侯恩传等结合理论分析和数值模拟分析，研究某黏土心墙坝在采用冲抓套井回填技术加固前后、在不同库水位降落条件下坝体内部渗流场的变化规律，发现库水位急速降落下的坝坡稳定性有一定影响，并对比分析 Bishop 法和 M-P 法计算得到的安全系数。

杨帆等采用二维有限元模型，通过仿真软件 Geo-Studio 模拟希尼尔土石坝渗流和边坡稳定性分析，并采用 4 种分析方法评估大坝边坡的稳定性。获得并分析了 3 种稳态工况下希尼尔土石坝的潜水渗流面、孔隙水压力分布和总水头变化，发现水位快速下降是坝坡失稳的关键条件。

多孔介质渗流基本定律被许多学者用于研究渗流和边坡稳定性失效问题。孙文杰使用 ANSYS 计算机程序中的热模式对土石坝中无固定自由面的情况进行了数值模拟。王开拓等使用 Geo-Studio 软件研究了水平排水沟在水位快速下降过程中对土石坝上游边坡的影响。王宁为评估网格划分对结果精度的影响，对青海大寺沟土石坝的渗流分析进行了研究。齐晓华研究了渗流和边坡稳定性组合对典型土石坝破坏和稳定性的影响。

彭铭等通过大型水槽模型试验，结合数值模拟方法，发现坝体内部高渗透区对大坝渗流稳定性有一定影响。刘杰等通过对溃坝过程进行试验模拟分析，研究发现坝体面板和堆石料之间存在的缝隙是坝体渗透破坏的主要原因。张丙印等根据水力劈裂试验研究，发现引发水力劈裂的重要条件与黏土心墙渗透薄弱面有关。朱崇辉等结合不同级配土料的渗透破坏坡降研究，粒径级配对粗颗粒土渗透变形坡降产生一定影响。王胜群等通过模型试验方法，对土石坝有效加固措施进行研究。冯新等利用试验进行有无薄弱层对比分析，发现水平薄弱层的存在对坝体超载能力降低无效益。Okeke 和 Wang 通过利用鹅卵石在坝体内形成侵蚀路径，研究坝体内部管涌破坏发展的全过程。闫冠臣等进行有软弱通道的土坝变形、溃决立新模型试验，发现软弱通道形成管涌现象是土坝的溃决的主要原因。

9.1.4 土石坝力学特性分析

土石坝主要由黏土心墙、堆石料、灌浆帷幕和坝基组成，主要受水动力作用影响，为了解坝体在服役期间的边坡稳定性和力学特性，诸多学者从不同方面做出深入研究。

杨仕志等以某水电站为研究对象，开展水工模型试验，研究泄水建筑物设计参数对其稳定性的影响，并根据研究结果提出最优设计方案，验证了该方案的合理性。王新等基于水力学 Bernoulli 原理，设计了模拟耦合空蚀与冲刷作用的试验装置，对大坝的泄水过程进行模拟，分析空蚀和冲刷共同作用下大坝的破坏机制，结果表明，在两种以上情况共同作用下，大坝更易发生破坏。董金玉等以某水电站为研究对象，分析建筑位置与布置方式对大坝稳定性的影响，结果表明，该水电站的泄水建筑物布置方式合理，且充分节约了成本。刘东等以某水电站为研究对象，通过有限元分析，对泄水建筑物的应力和变形情况进行分析，研究在不同开挖坡比下的稳定性变化规律，并提出相关优化方案。刘茵以某水利枢纽为研究对象，基于 Comsol 多物理场仿真，对不同工况和不同布置方案下的大坝力学特性进行研究，分别分析动荷载和静荷载作用下，大坝的应力变化规律。双学珍等通过利用 Abaqus 建立堆石坝三维模型，分析不同建设填筑阶段坝体应力变形场特征。马海兵采用 Abaqus 软件对新疆某高土石坝水库土石坝进行静力有限元分析，研究心墙拱效应的区域。耿传浩等研究土石坝骨料的力学性能，将通过不同石料掺配比例试验，发现在击实状态下，砾石掺配比影响土石混合料的抗剪强度增加，同时对压缩模量和渗透性有所增加。部分学者对坝体在动荷载作用下的力学性能进行研究，利用理论试验与数值模拟相结合的方式，对大坝在地震灾害下的风险评估做出评价。

◆◇ 9.2 依托工程

位于东南亚的老挝，由于身处内陆，国土多为山地高原，缺少海域资源，发展较为闭塞，是亚洲较为贫穷的国家之一，但长达 2000km 湄公河穿越境内，为这个内陆国带来丰沛的水资源，给老挝带来新的希望。湄公河作为老挝的母亲河，丰富的水资源肥沃了流域土地，同时近年来老挝借助山地等地理优势进行水利水电工程建设，经济建设不断加快，国民经济实现翻倍增长。老挝政府致力于为全球进行供电输出，整个湄公河流域遍布大小水电站上百余座，为实现这一供电计划，仍有大量水电站在规划中。其中，距离首都万象约 550km 的 Xe Pian-Xe Namnoy 水电站项目（简称 XPXN）位于老挝南部的 Bolaven 高原。

XPXN 大坝作为 Xe Pian-Xe Namnoy 项目的主体，位于泰国、柬埔寨和越南三国接壤的老挝南部高原地区，两侧被湄公河和 Xe Kong 河平原所包围，该项目每年能提供 1860MW 的电量。

Xe Namnoy 河上的大坝筑起后，水库总容量可达 10.43 亿 m^3，最高水位约为 72m。大坝的高度为 74m，比最高水位高 2m，在横向上延伸至 1600m 的长度。由于地势高低不平，除了 Xe Namnoy 河的主大坝，整个水库在部分山谷处还有另外五座高度较矮的副坝，这些副坝的最大高度为 17m。

据悉，该项目由韩国公司承包建设，项目估计投资 10.2 亿美元，项目总装机容量 41 万 kW。该项目的可行性研究于 2008 年 11 月完成，5 年后于 2013 年 2 月开始施工建造，于 2018 年完工 XPXN 项目平面布置图如图 9.1 所示。

本工程项目是一个多层次相当复杂的水电项目，从地理空间分析来看，包括两条 Xe Kong 的支流水系 Xe Pian（向西）和 Xe Namnoy（向东），分成四个不同的流域，其中 81km² 是 Houay Makchanh 水库控制流域面积，大坝为混凝土溢流坝，最大坝高 8.5m，坝

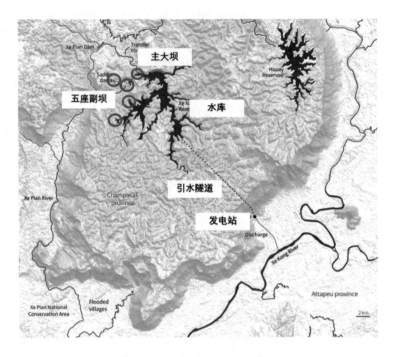

图 9.1　XPXN 项目平面布置图

轴线长 1789.0m，坝顶高程 814.5m，通过引水渠将水引至 Xe Pian 水库；271km² 是 Xe Pian 水库控制流域，坝型为混凝土重力坝与黏土心墙堆石坝组合坝（见图 9.2），最大坝高 48m，坝轴线长 1307.0m，坝顶高程 799.5m，水库总库容 2000 万 m³；通过 7.96km 的引水渠将 Xe Pian 水库与 Xe Namnoy 水库相连。522km² 是 Xe Namnoy 水库控制流域，坝型为黏土心墙堆石坝（见图 9.3），最大坝高 73.7m，坝轴线长 1600m，坝顶高程 792.5m，水库总库容为 10.43 亿 m³。

图 9.2　Xe Pian 大坝

　　本工程项目水库主体水电站位于 Xe Namnoy 流域，通过引水渠将桑片河两侧集水引入 Xe Namnoy 水库，借助低压输水隧洞、竖井、高压输水隧洞导入山下的尾水洞，提供电力发电，发电机组为 410MW，如图 9.4 所示。

　　2018 年 7 月东南亚多地区进入雨季，多地遭到超强台风侵袭，受到 Son-Tinh "山竹"

图 9.3　Xe Namnoy 大坝

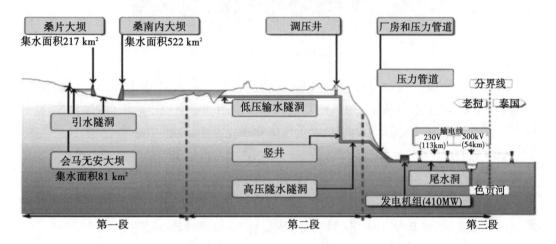

图 9.4　工程技术剖面示意图

台风侵袭,迎来 426mm 最大点降雨量,7 月 22 日老挝地区遭到比"山竹"更强的 438mm 强降雨侵袭。由于台风天气引发的次生灾害也在蔓延发生,Xe Namnoy 水库五座副坝中的 Saddle Dam D 副坝由于水库超量蓄水,引发溃坝和泥石流,事故发展迅速,反应处理不及时,洪水涌入阿速坡省萨南赛县 13 个村庄,半数村落受损严重,一夜之间数万人家园被洪水吞没,千余人在灾害中受伤(见图 9.5、图 9.6)。

图 9.5　溃坝后被洪水淹没的村庄

图9.6 受灾村落

由于地处环境相对较平坦，为蓄积较多的水需堵住多处地势低洼地区，因此在 Xe Namnoy 流域内除了主坝以外，还辅修了三座较大副坝和三座较小副坝。对副坝进行字母编号，从北到南依次编为 A~F，此次出现溃坝事故的是 Saddle Dam D 副坝。

老挝属于热带季风气候，一年分雨季和旱季两季，每年雨季集中在 5~10 月。卫星图像9.7 上显示在 2018 年 3 月还没有进入雨季的时候桑南水库的蓄积水，从卫星图像上看水量较为丰富。图9.8 是对该流域 Saddle Dam D 副坝的特写图，图中可以看出由于溃坝出现泥石流、滑坡现象，冲击区域较大，附近村落已经受到影响。

图9.7 Saddle Dam D 副坝光学卫星图像(2018 年 3 月 12 日)

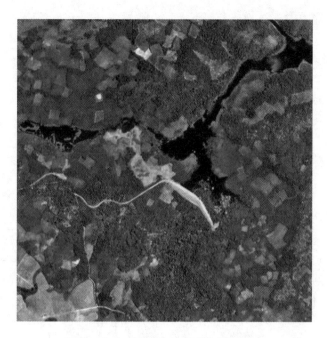

图 9.8　Saddle Dam D 副坝溃坝特写

与初期设计图纸对照，发现 3 月份的 Xe Namnoy 水域的水面积已处于满库状态，经历雨季的降雨，水库储水量会进一步增加。在没有修坝之前 Xe Pian 来的水只有 217km² 的面积区域，但溃坝后 Xe Namnoy 流域的水往回灌，包括水库里面原有蓄积的 50 亿 t，加上仍在持续的降雨，致使 Saddle Dam D 溃决，这些水往西流到 Xe Pian 河里。由于当时几个月当地正值雨季，地面被云层覆盖，光学卫星难以找到图像，借助雷达波能穿云透雾的特性，我国遥感卫星地面站分别获取事故发生前 2018 年 7 月 13 日和事故发生后 7 月 25 日的雷达卫星图像。

总体上看，导致洪水和溃坝发生的直接原因是当季的热带风暴气候带来的强降雨。于事故发生前五天 7 月 15 日，全球灾害预警与协调系统便发布 Son-Tinh 热带风暴暴雨橙色预警，提出受热带风暴影响区域为东南亚多国，其中部分中国沿海城市也会受到影响。在此次事故发生附近区域的水文站点数据显示，在事故前一周 Son-Tinh 热带风暴过境导致强降雨，多地区域降雨量超 200mm，丰沛的降雨量会造成河道水位快速上涨。暴雨当日库区水位出现上升情况，且在暴雨结束后的一段时间内，库区水位存在持续上升情况，这也表明坝体可能存在裂缝情况，雨水浸入坝体需要一段时间，在水位数据中表现出滞后性。

此次发生溃决的 Saddle Dam D 副坝位于 Xe Namnoy 水库西南侧，坝型为土石坝，坝高 17m，坝轴线长 770m，坝顶宽 8m。从溃坝事件发生的过程来看，在事故发生前两日，电力公司就发现了 Saddle Dam D 副坝坝顶存在裂缝和部分沉陷，裂缝主要表现为部分垂直于坝轴线的横向裂缝，和顺坝轴方向的纵向裂缝（见图 9.9）。

2018 年 7 月 23 日，业主移民安置部向当地州政府移民安置管理部门发出告急信函，

227

图 9.9　Saddle Dam D 副坝坝顶裂缝

由于暴雨致使水库漫顶，Saddle Dam D 副坝溃决引发洪水，情况非常危急，要求紧急疏散 Xe Pian 河下游居民。但由于水势过大难以进行抢险，阿速坡省 Sanamxay 地区多个村庄被淹，其中 Mai 村和 HinLath 村两个村落受灾最为严重。

◆◇ 9.3　主要研究内容

以老挝 XPXN 水电站溃坝事故为依托工程，结合大量调查数据进行遥感洪水推演分析和数值模拟分析，并对其不同设计阶段坝体渗透破坏和滑坡机理等进行了研究。主要内容包括以下几个方面。

(1)对重大灾害进行分类分析，对滑坡、泥石流/溃坝和重大气象灾害特征进行分析，深入剖析灾害发生机理与其破坏特征；并结合国内外文献对研究土石坝流固耦合力学特性的基础理论进行分析，分别从渗流场基本理论、数值分析方法和有限元软件应用三方面展开分析，并结合有限元软件进行坝体模拟工序分析，为数值模拟计算提供理论支撑。

(2)结合 Saddle Dam D 副坝溃坝事故，对该事故进行遥感洪水推演分析，基于 STRM-30 数字高程建立模型，模拟演化从溃坝发生 80h 的情景；针对事故发生前后的洪水卫星分布图进行对比分析，提出大坝运营期间的风险分析和管理措施，可以提前预估洪水灾害发生的地点，由此进行溃坝风险预警，提前做好灾害预防和人员疏散工作，以减少人员伤亡和不必要的经济财产损失。

(3)通过梳理 Saddle Dam D 副坝溃坝事故发生的时间线，分别对现场勘察与渗透实验进行工程地质分析，并结合坝体结构设计和垮塌机制进行坝体事故原因分析。结合存在问题，从坝体选址条件、筑坝材料设计、坝体计算、坝基处理和填筑施工工艺设计等方面，对大坝进行施工方案设计，重新规划大坝工程项目。

(4)结合坝体在不同阶段的结构设计方案，基于大坝的地质勘察资料，进行有限元计算模型的建立并设置模型的边界条件进行流固耦合计算，分别考虑在带裂缝、滑动面出现、滑动面形成三种情况下有无排水设施对坝体渗透特性的影响，得到坝体渗流变化规律和滑坡机理分析。

（5）对主体大坝进行结构设计，研究高水位下坝体位移变形、应力变形、剪切应力和破坏区域；结合中国大坝结构设计，对土石坝工程典型案例进行分析，为探究渗流场下水利工程破坏机理提供依据。

◆◇ 9.4　研究技术路线

研究技术路线如图 9.10 所示。

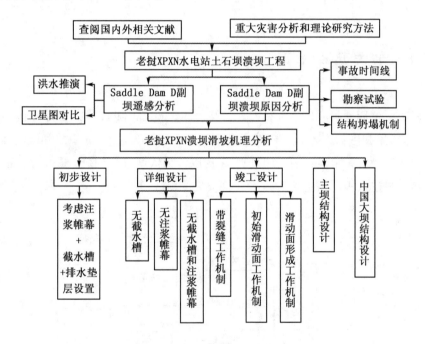

图 9.10　研究技术路线

第 10 章　灾害分析与理论研究方法

结合滑坡泥石流重大灾害特点，分析重大灾害——滑坡、泥石流/溃坝的特征，开展土石坝的分类与主要特征分析，进而分析土石坝国外研究技术现状与国内研究技术现状，并进行老挝 XPXN 土石坝典型工程研究，结合土石坝的流固耦合力学特性分析方法，掌握国内外研究技术现状与相关理论方法。

◆◇ 10.1　重大灾害分析

近年来由于全球变暖问题，自然灾害频发，而重大灾害除自然灾害外还包括人为灾害，像地质、气象和生物灾害属于自然灾害范畴，而生态环境、工程事故和政治社会等方面的灾害属于人为灾害范畴(见图 10.1)，无论以什么依据进行划分，重大灾害都是对人类社会和自然界造成极严重危害和重大经济损失的事故。

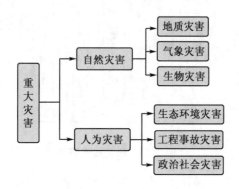

图 10.1　重大灾害构成

(1)重大灾害特征。重大灾害具有以下七种特征，在世界范围内普遍存在，由于成因和机理不同以及灾害影响范围与时空等方面存在一定差异性，其发生的时间、强度、位置等都具有不可确定性，又因其爆发时间不同分为突发性和迟缓性，在灾害发生地周边可能也存在一定风险，只是当下还未表现出的滞后性；有些灾害会在某地多次出现，因此具有重现性，但部分灾害也不是都存在破坏性，有些还具备有利因子，因此重大灾害是复杂多变的。

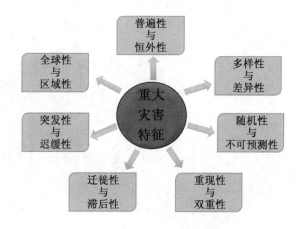

图 10.2　重大灾害特征

（2）重大灾害研究重点。

①重大灾害的定量分析评定：结合各地自然灾害发生区域和时间规律，进行灾害发生机制分析，对灾害发展趋势进行深入剖析，例如地震带大陆板块推演模拟分析。

②重大灾害预防和抢救措施决策分析，通过对比不同灾害预防措施的经济效益，提出最佳灾害预防措施。

③国土区域的开发。结合重大灾害发生区域，对不会发生灾害的区域进行开发，或者对灾害发生区域进行重建考量。

10.1.1　滑坡灾害

滑坡是某一滑移面上剪应力超过了该面的抗剪强度，致使该坡面上的岩土体沿着贯通的剪切破坏面发生滑移的现象。

10.1.1.1　组成要素

组成要素分为发生滑动部位的滑坡体，与未滑动部位之间形成的滑动面，整体滑动岩土体形成的滑坡床，在滑坡上边缘形成台阶状分级的滑坡台阶，冲出的碎岩土为滑坡舌以及由此形成的滑动带，与周围未滑动岩土体形成界限成为滑坡周界具体参见图10.3。

10.1.1.2　形成条件

（1）自身结构方面：由于长时间受自然风化作用，整块岩土体呈现部分松散结构和风化壳，整个坡体抗剪强度减小。

（2）环境因素：一是周边存在滑动空间如沟谷坝体、河流古道等，相互切割形成斜坡体；二是受环境因素影响，如降雨导致斜坡岩土体处于饱和状态，坡脚处的积水浸入等问题，进一步降低岩土体的抗滑能力。或者在强震状态下，坡体内部结构发生破坏，致使结构面开裂松弛等因素形成滑坡。

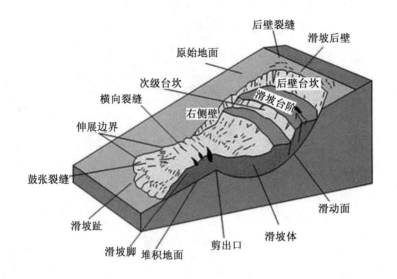

图 10.3　滑坡灾害组成要素

10.1.2　泥石流/溃坝灾害

10.1.2.1　泥石流/溃坝灾害组成要素

泥石流/溃坝灾害组成要素如图 10.4 所示。泥石流多是由极端暴雨等自然灾害引发的山体滑坡现象，但由于灾害发生迅速，滑坡体携带大量泥沙或洪流，且流量大流速较快，往往会给周边设施如房屋或交通路段带来破坏性伤害，由此造成的人员伤亡事故和经济损失巨大。由溃坝引发的泥石流和洪水灾害，也是近年来重点关注的水利工程项目事故。

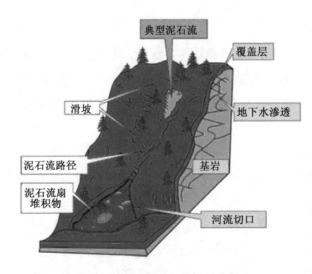

图 10.4　泥石流溃坝灾害组成要素

10.1.2.2　形成条件

(1)发生地点多位于山坳等细流汇集的地方，周边岩土体较薄弱且植被覆盖面积较少，具备滑坡条件。

(2)泥石流往往具有较大的冲击力，是由于其流通区域多陡峭峡谷，且携带碎石等杂质在重力加速度作用下，可以冲毁道路和房屋，且一般冲击床多在开阔平原或河谷阶段形成堆积。

10.1.2.3　松散物质来源条件

(1)地表岩石由于地质作用出现破碎崩塌等不良发育状态。

(2)岩层自身长时间受自然风化作用，整块岩土体呈现部分松散结构。

(3)由于对植被的破坏导致水土流失，或采矿采石等工程活动造成山体破碎，为泥石流等自然灾害提供丰富的松散物质来源。

10.1.2.4　水源条件

由于长时间降雨或者暴雨暴雪等自然气候影响，或者水库坝体溃决引发库区水位漫顶，为泥石流提供充足水源条件。滑坡、泥石流的危害见图 10.5、图 10.6。

图 10.5　露天矿滑坡、泥石流带来的危害　　　图 10.6　坝体滑坡、泥石流带来的危害

10.1.3　气旋气象灾害

(1)气旋又称为低气压气旋，表现为中心气压较低的水平空气旋涡，在北半球，空气作逆时针旋转辐合上升，在南半球作顺时针旋转辐合上升；由于属于低气压，其直径表现为几十千米到几千千米不等，表现为阴雨大风天气，台风就是气旋现象的一种。

(2)反气旋又称为高气压气旋，表现为中心气压较高的水平空气涡旋，与低气压气旋在南北半球表现为相反方向的下沉辐散，表现为多晴天气候。见图 10.8 和图 10.9。

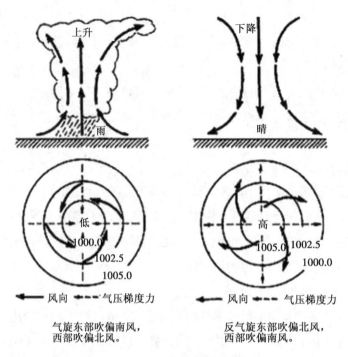

图 10.7　气旋气象形成特征

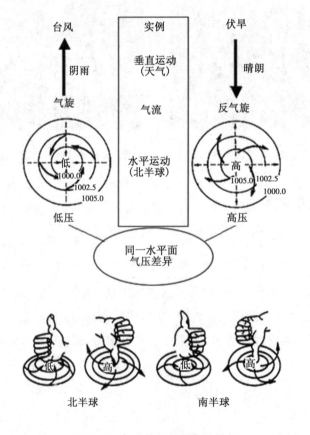

图 10.8　气旋特征与反气旋特征

（3）气旋分类。依据气旋中心附近最大风力对气旋进行分类（见表 10.1）。东南亚强热带风暴形成分布见图 10.9。

表 10.1　国际惯例依据气旋中心附近最大风力分类

序号	名称	英文名称	最大风速	风速范围
1	热带低压	tropical depression	6~7 级	10.8~17.1m/s
2	热带风暴	tropical storm	8~9 级	17.2~24.4m/s
3	强热带风暴	severe tropical storm	10~11 级	24.5~32.6m/s
4	台风	typhoon	12~13 级	32.7~41.4m/s
5	强台风	severe typhoon	14~15 级	41.5~50.9m/s
6	超强台风	super typhoon	≥16 级	≥51.0m/s
7	龙卷风	tornado		

图 10.9　东南亚强热带风暴形成分布

（4）台风气象灾害形成特征。作为热带气旋，灾害的特征表现为中心持续风速在 12~13 级（即每秒 32.7~41.4m），多形成于热带或副热带较为广阔的海面上，多出现在每年夏季，有些较小的台风形成后会在海上直接消散，但也有些会随海浪一起登陆，同时带来暴雨等极端天气灾害（见图 10.10）。

台风灾害具有双重性和滞后性，除了台风过境带来的大风、暴雨和风暴潮等不良气候发生时造成的影响，其后期还有可能引发泥石流、洪涝等滞后性灾害，造成人民生命、财产的巨大损失。但有时也会带来有利影响，例如由于台风引发海水翻滚，使深海有机物上游，在航海捕鱼时捕鱼产量增加，由于台风携带巨大能力可以保持地球热平衡，伴随台风天气带来的降水，满足人类生产生活对水资源的需求等，这些也是台风带给自然的福祉。

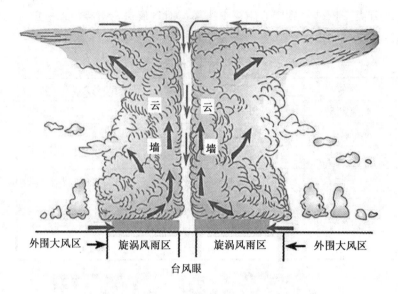

云　云

墙　墙

外围大风区　旋涡风雨区　旋涡风雨区　外围大风区

台风眼

图 10.10　台风气象形成特征

◆◇ 10.2　渗流场基本理论

水或其他流体在土体孔隙或岩体裂隙、溶洞中进行流动的现象称为渗流，发生渗流的区域为渗流场。渗流场为岩土体中存在的固体骨架和孔隙组成的多孔介质。在多孔介质中，孔隙通道是不连续的，孔隙的几何形态及连通情况也极其复杂，难以用精确的方法来描述。因此，无论是固体骨架还是孔隙，都无法用连续函数进行表示。

对实际工程，单个孔隙中水的运动特征没有太大的意义，整个研究范围内水的渗透规律才具有实际价值。为了分析研究范围内水的渗透规律，人们对渗流提出假想：只考虑渗流的流向，不考虑渗流的路径对渗流场的影响；假想整个岩土体被渗流填充。为了使水力特性与渗流的实际情况保持一致，假想渗流具备以下条件：在同一水头位置，渗流的流量与实际值一致；同一面积上的渗流压力与实际渗流压力一致；在任意体积内所受到的阻力与实际相同体积渗流受到的阻力一致，把渗流视为连续介质的运动用空间坐标的连续函数进行表达，从而分析土石坝的渗流问题，求解流速、流量、浸润线位置等渗流要素，该假想渗流称为渗流模型。

10.2.1　渗流运动方程

稳定状态下土石坝的水渗透速度与水头损失之间的关系可以用达西定律表示：

$$v = -K\frac{\mathrm{d}h}{\mathrm{d}l} = Ki \tag{10.1}$$

式中：v——过流断面平均渗透速度；

K——土的渗透系数，物理意义是：当水力坡降为 i 时，土的渗透速度；

h——总水头或测压管水头；

l——渗流途径长度；

i——水力坡降。

当土体渗透性为各向异性时，可将式（10.1）改写为：

$$v=-K_i\frac{\partial h}{\partial x_i}(i=1,2,3) \tag{10.2}$$

由式（10.1）或式（10.2）求出的渗透速度是一种假想的平均流速，它假定水在土石坝中的渗透是通过整个土体截面进行的。实际上，渗透水仅在土体的孔隙中流动，实际平均流速要比假想平均流速大很多。假想平均流速与实际平均流速可通过式（10.3）进行转换，转换关系式为：

$$v=v'n=v'\frac{e}{1+e} \tag{10.3}$$

式中：v——过流断面假想平均渗透速度；

v'——过流断面实际平均渗透速度；

n——土的孔隙率；

e——土的孔隙比。

在流体力学中，流体的运动方程（N-S 方程）考虑了流体黏滞性产生的剪应力。当忽略多孔介质变形时，不可压缩流体的 N-S 方程可用式（10.4）表达为：

$$\frac{1}{ng}\frac{\partial v}{\partial t}=-\left(\frac{\partial h}{\partial x}+\frac{\partial h}{\partial y}+\frac{\partial h}{\partial z}\right)-\frac{v}{K} \tag{10.4}$$

式中：n——土的孔隙率；

v——过流断面假想平均渗透速度；

h——总水头或测压管水头；

K——土的渗透系数。

当土体中渗流为稳定流时，可将式（10.4）改写为式（10.5）。实际上，式（10.5）就是达西定律方程式，即

$$v=K\left(\frac{\partial h}{\partial x}+\frac{\partial h}{\partial y}+\frac{\partial h}{\partial z}\right) \tag{10.5}$$

10.2.2 渗流连续方程

对土体中任一立方体 $dxdydz$ 在渗流过程中，在单位时间内沿 z 轴方向的流量为 $\gamma_w vxdydzdt$，微元体流出的流量为：

$$\gamma_w\left(v_x\frac{\partial v_x}{\partial x}\right)dydzdt$$

在 x 轴方向两者的差值为：

$$\gamma_w \frac{\partial v_x}{\partial x}\mathrm{d}x\mathrm{d}y\mathrm{d}z\mathrm{d}t$$

式中：v_x——沿 x 轴方向的渗透速度；

$\quad\gamma_w$——流体的重度。

同样，单位时间内在 y 轴和 z 轴方向流量的差值分别为：

$$\gamma_w \frac{\partial v_y}{\partial y}\mathrm{d}x\mathrm{d}y\mathrm{d}z\mathrm{d}t\,；\ \gamma_w \frac{\partial v_z}{\partial z}\mathrm{d}x\mathrm{d}y\mathrm{d}z\mathrm{d}t$$

在土体孔隙率保持不变、流体不可压缩的条件下，微元体在 x、y、z 三个方向上的总入流量与总出流量之和应为 0，可用式（10.7）进行表达为：

$$\gamma_w \frac{\partial v_x}{\partial x}\mathrm{d}x\mathrm{d}y\mathrm{d}z\mathrm{d}t+\gamma_w \frac{\partial v_y}{\partial y}\mathrm{d}x\mathrm{d}y\mathrm{d}z\mathrm{d}t+\gamma_w \frac{\partial v_z}{\partial z}\mathrm{d}x\mathrm{d}y\mathrm{d}z\mathrm{d}t=0 \qquad (10.7)$$

将式（10.7）简化后，可得出式（10.8），式（10.8）即为渗流连续方程式：

$$\frac{\partial v_x}{\partial x}+\frac{\partial v_y}{\partial y}+\frac{\partial v_z}{\partial z}=0 \qquad (10.8)$$

当土体中的渗流满足达西定律，即满足式（10.9）时，可将式（10.8）改写为式（10.10）

$$v_x=-K_x i_x=-K_x \frac{\partial h}{\partial x}\,；\ v_y=-K_y i_y=-K_y \frac{\partial h}{\partial y}\,；\ v_z=-K_z i_z=-K_z \frac{\partial h}{\partial z} \qquad (10.9)$$

$$K_x \frac{\partial^2 h}{\partial x^2}+K_y \frac{\partial^2 h}{\partial y^2}+K_z \frac{\partial^2 h}{\partial z^2}=0 \qquad (10.10)$$

式中：$\quad h$——总水头或测压管水头；

K_x，K_y，K_z——土体 x、y、z 方向的渗透系数；

若 $K_x=K_y=K_z$，可将式（10.10）简化为式（10.11），即

$$\frac{\partial^2 h}{\partial x^2}+\frac{\partial^2 h}{\partial y^2}+\frac{\partial^2 h}{\partial z^2}=0 \qquad (10.11)$$

对于二维渗流问题，在 xy 平面上，可将式（10.11）简化为式（10.12），即

$$\frac{\partial^2 h}{\partial x^2}+\frac{\partial^2 h}{\partial y^2}=0 \qquad (10.12)$$

式（10.12）常称为拉普拉斯（Laplace）方程。

10.2.3　非稳定-稳定渗流微分方程

当计固体骨架和水的压缩性时，多孔介质非稳定-稳定渗流微分方程可用式（10.12）表达，即

$$\frac{\partial}{\partial x}\left(K_x \frac{\partial h}{\partial x}\right)+\frac{\partial}{\partial y}\left(K_y \frac{\partial h}{\partial y}\right)+\frac{\partial}{\partial z}\left(K_z \frac{\partial h}{\partial z}\right)=\rho g(a+n\beta)\frac{\partial h}{\partial t}=S_s \frac{\partial h}{\partial t} \qquad (10.13)$$

式(10.13)就是考虑了固体骨架和水压缩性的非稳定渗流微分方程式。它既适用于有压渗流，也适用于无压渗流，式中 $S_s = \rho g(a + n\beta)$，称为单位贮水量，其含义为在单位水头作用下，单位饱和土体排出或吸入的水量。

一般情况下，孔隙的压缩性远大于固体骨架和水的压缩性，若不考虑固体骨架和水的压缩性，式(10.13)改写为式(10.14)，即

$$\frac{\partial}{\partial x}\left(K_x \frac{\partial h}{\partial x}\right) + \frac{\partial}{\partial y}\left(K_y \frac{\partial h}{\partial y}\right) + \frac{\partial}{\partial z}\left(K_z \frac{\partial h}{\partial z}\right) = 0 \tag{10.14}$$

对有自由面的非稳定渗流，可根据自由面的边界条件按式(10.14)进行求解，但按自由面的边界条件求得的压力水头(h)是空间和时间的函数，瞬态稳定渗流场则需要逐时段求出。稳定渗流是非稳定渗流的特例，可按式(10.14)对稳定渗流进行求解。

10.2.4　非稳定-稳定渗流微分方程的边界条件

对非稳定-稳定渗流微分方程，可以根据不同的初始条件和边界条件求得它的特解。对稳定渗流微分方程，只要列出边界条件即可求出其特解。对非稳定渗流微分方程，需要列出全部初始条件和边界条件，才能求出其特解，渗流边界条件分为以下三类。

(1)水头边界条件，给定的位势函数或水头分布。由于非稳定渗流的水头边界与时间有关，因此必须对整个渗流过程的边界条件进行定义。水头边界条件可用函数表示为：

$$h = f(x,\ y,\ z,\ t)。 \tag{10.15}$$

(2)流量边界条件，给出渗流边界位势函数或水头的方向导数。当考虑渗流边界的时间因素时，流量边界条件可用式(10.14)表示为：

$$\frac{\partial h}{\partial n} = f(x,\ y,\ z,\ t) \tag{10.16}$$

当渗流为各向异性时，流量边界条件可用式(10.17)表示为：

$$K_x \frac{\partial h}{\partial x} l_x + K_y \frac{\partial h}{\partial y} l_y + K_z \frac{\partial h}{\partial z} l_z + q = 0 \tag{10.17}$$

式中：　q——边界上单位面积渗流量；

$\partial x,\ \partial y,\ \partial z$——外法线方向单位向量的分量。

对稳定渗流，单位面积渗流量为常数；对非稳定渗流，自由面边界上的单位面积渗流量除应符合水头边界条件外，还应满足流量边界条件，可用式(10.18)表示为：

$$q = \mu \frac{\partial h'}{\partial t} \cos\theta - \omega \tag{10.18}$$

式中：μ——自由面变动范围内土的有效孔隙率；

h'——自由面水头；

θ——自由面法线与铅直线的夹角；

ω——入渗量。

（3）混合边界条件。含水层边界上的内外水头差和交换流量之间保持一定的线性关系，可用式（2.19）表示为：

$$h+\alpha\frac{\partial h}{\partial n}=\beta \qquad (10.19)$$

式中：α——土的压缩模量；

β——水的压缩模量。

对于实际工程的渗流问题，不但要合理地拟定数学模型和渗流微分方程，还要准确给出渗流微分方程的边界条件，只有这样才能使分析计算结果接近实际情况。

◆◇ 10.3 数值分析方法

（1）有限单元法。通过增加单元数和单元自由度、提高插值函数的精度等手段，使每个单元的计算结果都满足收敛要求，从而使渗流场函数的近似解收敛于精确解。有限单元法按照变分原理转变成一个泛函求极值问题求出泛函积分，可以满足静力平衡条件、应变相容条件，而且还可以把岩块的非均匀性质和不连续性都考虑进去，模拟土体与支护结构的共同作用。首先是将单元进行网格划分成若干较小的区域即单元，单元的交点即为节点，然后统一进行编号处理，结合不同区域类型划分为 1D、2D 和 3D 单元。对每个小单元进行有限元求解，再结合边界条件设定等具体工况，进行整个区域矩阵求解，渗流分析大致步骤如下（见图 10.11）。

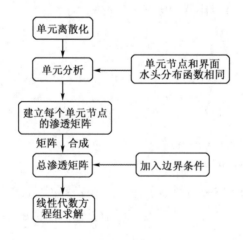

图 10.11 有限单元法分析步骤

（2）有限差分法。有限差分法以微分方程为依据，通过离散的方式逐步逼近微分方程中的导数，将基本微分方程和边界条件整合成线性方程组，进行方程组的求解，从而得到微分方程在这些离散点上的近似解。主要应用于处理边坡岩体的不连续性及大变形等问题。

（3）边界元法又称边界积分法，由于只针对提取区域的边界信息，因此所获取数据信息量较少，计算精度比有限单元法要高。边界元法的主要优点是可以解决无限域、断裂问题，较适于解决中小规模的问题，而不大适合于解决有限大变形、弹塑性的难题；缺点是：由于是非对称满阵系数矩阵，对三维非均匀渗透介质问题求解有一定困难。

◆◇ 10.4　有限元软件的应用

以有限元分析为基础的计算软件因其强大的数据处理功能，在生产制作的各科研领域广泛应用。计算软件主要分为三个板块。前处理模块内有多种单元类型，可以模拟任何领域的工程问题。分析计算模块可以结合结构进行静力学、动力学、热力学、流体力学和磁力学等方面的单场或多场耦合分析，模拟工程所处实际环境。后处理模块可根据计算类型进行不同形式的输出，例如可以用力学云图、渗流流量和流径动图、破坏过程演示等多种结构表示。针对土石坝渗流场问题，首先要求出坝体浸润线的位置，在浸润线以下区域结构处于饱和状态，在浸润线位置水头为 0，以上则为非饱和区域，其计算参数处理不同，因此在处理渗流问题时，首先要依据水位和溢出点可能的位置搜索总水头为 0 的边界线，即为浸润线位置，以此作为边界条件采用迭代法进行渗流计算，并根据压力水头的分布，调整材料的渗透系数。通过不断调整计算，当每次计算差值小于计算限值时即为合理浸润线位置。

结合重大灾害特征，主要对滑坡、泥石流/溃坝等灾害进行分析，深入剖析灾害发生机理与其破坏特征，灾害发生具备内外两项因素，自身结构特性与环境影响，同时由于灾害的双重性，对自然的影响并非都有害，也会带来有利影响。结合渗流场基本理论研究，主要对土石坝的饱和-非饱和渗流分析进行数值推导，对稳定-非稳定渗流场下的边界条件进行说明，并结合有限元软件进行坝体模拟工序分析，为下文数值模拟计算提供理论支撑。

第 11 章 Saddle Dam D 副坝溃坝遥感分析

Saddle Dam D 副坝溃坝产生约 6 亿 m^3 洪水，而整个桑南水库共计库容 10.43 亿 m^3，近一半库容变成洪水，冲刷了整个老挝南部。作为重大灾害事故，对其进行洪水淹没分析，可以了解整个事故发生过程，对 Saddle Dam D 溃坝重灾进行分析与思考，并对大坝风险进行科学预警与抢险管理，以减少事故伤害和降低经济损失。

◆◇ 11.1 Saddle Dam D 副坝溃坝

事故发生一周后，经过当地政府抢险处理，依然有 27 人死亡，百余人受伤，1.6 万人受到影响，结合当地卫星观测图像反馈，被洪水淹没地区约 42.36km^2，其中多半为农田区域；洪水淹没区域范围内，共有 302 座建筑物和 31.5km 道路仍浸没在洪水中。根据被淹没建筑物高度分析，淹没区域水深为 5~10m。结合当地降雨量分析图，发现在溃坝发生后的近一周内，依然存在热带风暴降雨，且多地降雨量超过 200mm，由此分析淹没区域水位将会持续存在一段时间。

◆◇ 11.2 Saddle Dam D 副坝溃坝淹没分析

通过事故发生前后的卫星图对比，可以推算洪水淹没途经区域，但受气候影响，卫星图像难以捕捉洪水发生时间和淹没区域深度。欧盟委员会联合研究中心（European Commission Joint Research Centre）组织开展了溃坝分析，对溃坝洪水淹没深度、流量和演进时间等进行研究。由于缺少当地高精度地形图，结合卫星捕获地形进行分析，基于 STRM-30 数字高程模型建立计算所用的模型，由于计算数据量庞大，采用 50m 网格对单元网格进行粗化处理，进行从溃坝发生到洪水演进 80h 的情景模拟。

计算采用 HyFlux 计算机代码，在 20 核的计算机上持续计算了 16h。图 11.1 为从溃坝开始，不同时间后洪水演进的计算分析结果。

分析表明，溃坝发生后，初期由于坡降大，洪水演进速度非常快；到达平坦地区后，演进速度大大降低。溃坝洪水到达的第一个重要位置（即 Hinlath）的历时约为 8h，淹没水深为 12m；18h 后到达 Thabok，水深 6.8m。表 11.1 给出了受影响最大的区域的洪水到达时间和最大淹没水深，以及根据计算得出的洪水消落速率。

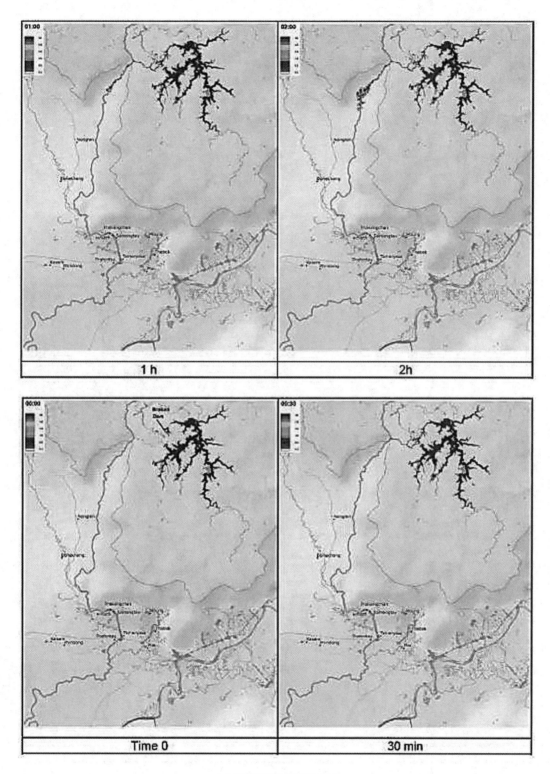

（a）溃坝开始洪水演进 0-2h

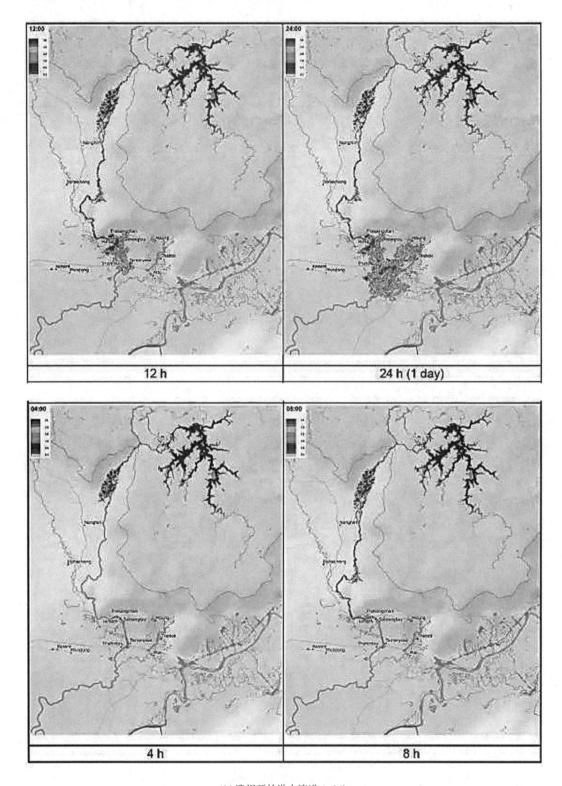

(b)溃坝开始洪水演进4-24h

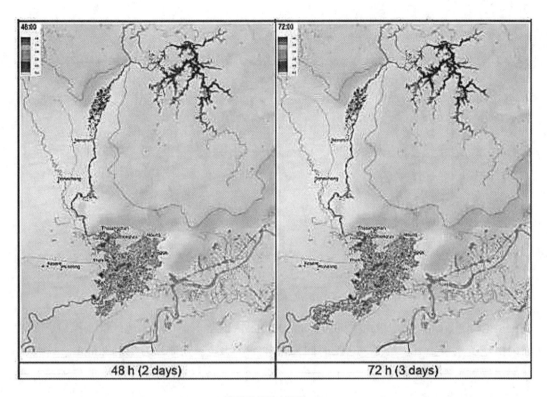

（c）溃坝开始洪水演进 48-72h

图 11.1 溃坝洪水演进分析结果示意图

表 11.1 受影响最大区域的洪水历时分析

经度	纬度	地点	最大淹没水深	半径 1km 范围内最大水深	到达历时	半径 1km 范围洪水到达历时	消退 /d
106.4614	14.87243	Nonshin	20.42	20.42	04：37	04：33	0.9
106.4812	14.74976	Hinlath	2.9	12.3	08：07	07：48	0.16
106.4859	14.74725	Thasangchan	2.1	11 3	09：01	07：52	0.21
106.4916	14.74374	Samonstay	—	11.3	—	08：09	—
106.5014	14.7121	thamoryose	1.6	12.6	14：11	1030	0.13
106.4871	14.70649	Thahintay	3.0	8.7	11：04	10：31	0.14
106.5479	14.71849	Thabok		6.8		17：55	
106.5397	14.74433	Noung	—	5.7	—	19：47	—
106.5364	14.69441	Mai	2.4	10.5	31：28	26：16	0.11

至 2018 年 7 月 24 日 01：30，Saddle Dam D 副坝附近的一个村庄被淹，到 09：30，下游 7 个村庄被淹。大体说明了大坝附近的一个村庄淹没时间与 7 个村庄被洪水淹没之间的时间相距大约 8h（见图 11.2）。

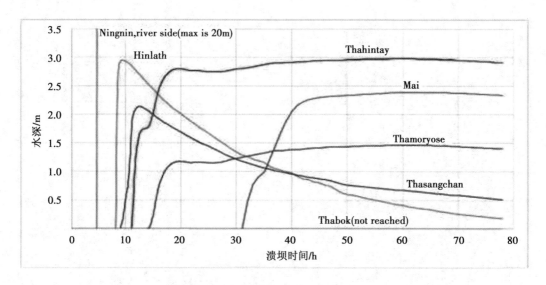

图 11.2　不同地点淹没水深随时间变化过程

根据分析结果，早期被淹没的 Hinlath 水位很快消落了；而南部地区被淹没后，在短期内出现了水位上升，并且之后长时间保持在一定水位，到溃坝发生的 80h 时，这些地区的水位以平均每天 0.1~0.2m 的速度下降，这意味着，如果没有进一步降雨，需要 10~20d 才能完全消落。

受影响最大的区域的淹没水深分布如图 11.3 所示，一些区域的淹没水深为 5~10m，也有一些区域的淹没水深超过 10m。对溃坝洪水到达时间(如图 11.4 所示)分析表明，溃坝洪水 7~8h 内到达 Sanamxay 地区的 Hinlath，约 50h 后穿过该地区。

图 11.3　淹没水深分布图

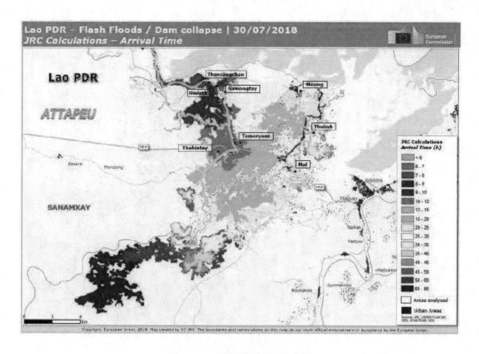

图 11.4　溃坝洪水达到时间

◆ 11.3　Saddle Dam D 副坝溃坝卫星图片的对比

联合国卫星中心(UNOSAT)和其他相关组织公布了该地区被淹没区域的有关图像，因此可以将计算结果与 RADARSAT-2 卫星雷达图像(分辨率 3m)的淹没范围进行比较。淹没范围分析与卫星雷达图像的对比存在一定困难。图 11.5(a)为 2018 年 7 月 24 日卫星雷达给出的淹没分布图像，图 11.5(b)为 2018 年 7 月 10 日的淹没区图像，类似图像表明，由于降雨，该区域范围存在大面积的积水。雷达图像中无法区分是由于降雨还是溃坝洪水导致的积水分布。借助光学图像可能会有所帮助，但该时段为阴天，云层妨碍了光学传感器的使用。图 11.5(c)为 2018 年 7 月 3 日卫星雷达图像，对比分析表明，淹没范围的分布大体相似，但北部地区有一个区域(Samongtay 标志以下的区域)被低估了。然而 2018 年 7 月 17 日的卫星雷达图像上该区域也存在积水，因此无法判断是否是溃坝洪水引起的淹没。

溃决前(2018 年 7 月 13 日)和溃决后(2018 年 7 月 25 日)的 Xe Namnoy 水库库水面积对比见图 11.6。无论是从卫星图像还是溃坝分析来看，很显然，溃坝导致水库面积快速减小。

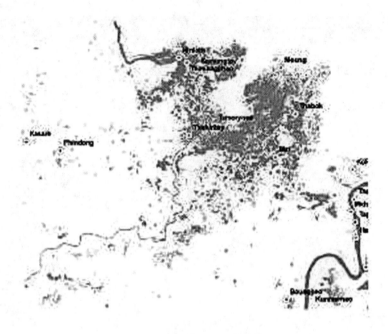

(a)2018 年 7 月 24 日卫星图像

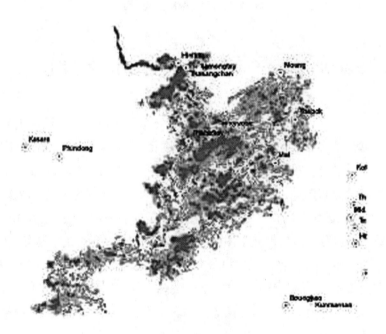

(b)2018 年 7 月 10 日淹没区图像

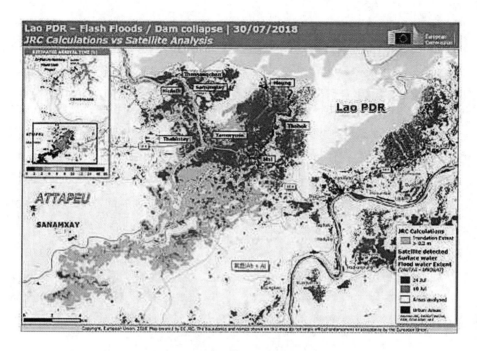

(c)2018 年 7 月 3 日卫星雷达图像

图 11.5　卫星雷达图像与分析图像对比

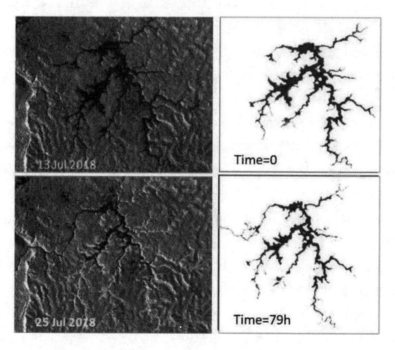

图 11.6　Xe Namnoy 水库卫星雷达图像与分析图像对比

◆◇ 11.4　大坝风险分析与管理

Xe Namnoy 水库溃决事故导致了众多人员伤亡，给下游被淹没村落带来了巨大的灾难。一方面，项目业主未能对发现的 Saddle Dam D 副坝坝顶结构缺陷进行及时处置，最终导致溃坝事故未能避免；另一方面，由于情况危急，当地组织不当，下游群众未得到紧急疏散撤离。根据上文分析，从当地政府下令下游村民撤离到溃坝事故发生、溃坝洪水淹没第一个村庄，分别历经了 8 小时和 15 小时，应该有充足的时间通知、组织撤离以最大可能避免人员伤亡。惨痛的事故教训，引发对大坝风险分析和管理的思考。

（1）水库大坝等大型水利项目，不仅为世界解决绿色能源等工程难题，但由于其自身结构庞大，安全稳定问题也关乎其周边人员的生命与财产安全问题。大坝在建设和运行过程中，业主和管理部门要充分考虑一旦发生极端气象事件、地震等突发事件的应对措施。其中，风险管理是科学有效提高大坝安全管理水平、降低下游风险损失的重要手段。

（2）欧美国家自 20 世纪 90 年代以来，基于研究以及在水库大坝工程的实践，逐步完善了制度和法规建设，在大坝安全管理中，明确了风险评价准则和风险等级划分，提出了应急管理的具体要求和风险处理举措。其中瑞士《水工程法案》(*Water Retaining Facility Actor*) 的"大坝应急管理"一节表明，对发生严重大坝事故时，作为应急管理责任主体的单位业主和州政府，应做好前期预警工作和抢险救援等一系列举措，同时应与各个国际联盟机构进行共同协作，通过及时沟通处理紧急大坝事故。

（3）业主负责完成大坝工程的应急预案，内容主要包含：洪水淹没图、应急处置风险预估因素分析、风险组织、应急措施和运行方案等。州政府负责制定撤离应急预案，其中，作为撤离应急预案编制的重点，应急撤离图主要包括溃坝洪水淹没区域和救援点信息、洪水预警和综合预警系统信息以及相关说明。应急撤离图要求向公众公开，可从媒体网站直接获取。综合警报系统由州政府进行统一发布，坝区内的警报系统由业主统一安装，对于溃决洪水能够 2h 内到达的地区，和当水库库容大于 200 万 m^3，或有 1000 人处于高洪水强度($v.h \geqslant 2.0 m^2/s$)或深水区($h > 2m$)的小型库容需安装警报系统，以便公众依据预警和综合警报系统公布的撤离方案做出紧急撤离，以减少伤亡。

（4）与国际大坝风险分析与管理相关法案相比，我国在大坝紧急预案和风险管理方面还处于起步阶段。对于科学管理水利水电工程，尤其是在流域管理中，实现基于风险或风险指引的安全管理，仍需基于实践继续探索。

针对该事故进行洪水推演分析，基于 STRM-30 数字高程建立模型，模拟演进溃坝发生后 80h 的情景，分析表明，溃坝发生后，初期由于坡降大，洪水演进速度非常快；到达平坦地区后，演进速度大大降低。推演发现部分地区洪水深度为 5 ~8m，在洪水到达第一个村庄后很快消散，在短期内又出现水位上升情况，洪水推演 80h 时，部分地区的水位以平均每天 0.1~0.2m 的速度下降，水位消散需要 50 天时间。对事故发生前后的洪水卫星分布图进行对比分析，由于天气阴沉，从卫星图上无法分辨洪水是由溃坝水库造成的还是由极端降雨产生的，但通过溃坝前后对比图分析发现事故发生后水库水位明显减少。

结合该溃坝事件，提出大坝运营期间的风险分析和管理措施，对坝体稳定安全工作维护同样重要。由政府和业主共同负责工程的风险预案管理，对于存在风险的地区进行警报和综合警报系统安装，可以提前预警洪水灾害发生地点，提前做好灾害预防和人员疏散工作；对溃坝风险做出提前警示，以减少人员伤亡和不必要的经济财产损失。针对该风险事故的相关管理条例，我国还有待深入学习。

第 12 章　Saddle Dam D 溃坝工程地质勘察分析

　　针对重大灾害事故发生，需要结合不同水利项目工程实际，进行地质勘察检测和结构设计分析。通过分析事故原因，进行事故总结和反思，以减少类似伤害性事故发生。通过对 Saddle Dam D 溃坝事故时间线进行梳理，并通过现场勘察和渗透实验分析，对地基基础重新进行地质勘测分析，结合 Saddle Dam D 副坝的结构设计进行坝体垮塌机制分析，并进行该项目施工方案设计。

◆◇ 12.1　溃坝事故原因分析

　　Saddle Dam D 溃坝事故时间线。

　　(1)7 月 22 日 17：00。水库位于大坝左侧，此时水库水位还处于未满状态，距离坝顶还存在一段距离，但上游岸坝体面层已经出现部分错台，坝顶也存在裂缝，在坝体下游存在错台和裂缝不断加深情况，具体见图 12.1、图 12.2。

图 12.1　坝体出现裂缝

图 12.2　下游坡面出现错台和坝顶的裂缝加深

(2)7 月 23 日 04：30。12h 过后，经过热带风暴降雨侵袭，部分坝顶出现向上游岸内旋状态，下游坝体面层也出现较大裂痕，且整体有抬升趋势，Saddle Dam D 出现明显滑动信号见图 12.3。

图 12.3　坝体出现圆弧滑动趋势

(3)7 月 23 日 09：00。4.5h 后，坝体滑动持续发展，下游错台也在明显加深，上游部分坝体坡面已经出现倾倒现象，见图 12.4。

图 12.4　圆弧滑动持续发展

（4）7月23日10：35。1.5h后，下游滑动面进一步发展，裂痕已经延伸至周边树林，且出现树木倾倒现象，坝顶面层已经出现近半数面积被水库淹没，该现象预警滑动破裂面整体较深入，且覆盖范围较广，见图12.5。

图12.5　坝体滑动破裂面

（5）7月23日11：46。1.5h后，由于水位不断浸入，整个坝体部分出现决堤口，有冲垮整个坝体之势，见图12.6。

图12.6　坝体开始决堤

（6）7月23日14：36。3h后，决堤口水势已经越过坝堤，向周边树林流去，见图12.7。

图12.7　坝体决口出现

（7）7月23日14：53。决堤口进一步破坏，并向两侧坝堤不断发展，见图12.8。

（8）7月23日15：03。在副坝溃坝发生的下游岸左侧出现管涌现象，见图12.9，管

图 12.8　Saddle Dam D 副坝坝体完全破坏

涌出的水较为混浊，携带部分泥沙，表面坝基已经出现贯通渗透破坏，从周边树木受影响情况来看，再次印证整个滑动面覆盖区域较广，深度可能已经进入坝基部分。

图 12.9　Saddle Dam D 副坝坝基管涌

(9)7 月 23 日 17：24。坝体部分出现整体坍塌，如图 12.10 所示。

图 12.10　Saddle Dam D 副坝部分出现整体坍塌

(10)7 月 24 日 9：04。从事故发生后现场观测图来看，滑裂面穿过基岩，坝基出现大规模坍塌，此现象多数存在于软弱地层。而 Saddle Dam D 副坝的地基结合当地勘察资料标注为硬黏质地的红土，与事故现场图出现较大出入。

Saddle Dam D 副坝的坝型为土石坝，坝顶出现裂缝的原因从结构上分析可能包括：

（1）由于施工不严谨，在坝体填筑时未按照方案进行严格要求，致使坝体填筑不密实，竣工蓄水后由于浸润线的进一步提升，致使上下游坝体受力不均匀，从而在坝顶表现出顺坝线方向的裂缝。

（2）对于分布在坝肩部位的裂缝，是由于填筑材料或施工不当，造成坝体中部与岸基坡脚处相连部位受力不均匀，从而形成垂直于坝轴线方向的裂缝。

（3）整体排水方案存在问题，在高水位情况下，水流侵入坝体内部，在渗流作用下坝体内细颗粒逐渐流失形成管涌，从而造成沉陷。

（4）由于气候影响，持续性的降雨给原本满库的坝体带来严重负荷，致使水流不断侵入坝体，造成渗透破坏，发生大坝溃决水位漫顶。

◆◇ 12.2　现场勘察与渗透实验

（1）地基不均匀红土勘察（见图 12.11、图 12.12）。Saddle Dam D 副坝出现溃坝事故后，整个坝体中间部分被全部摧毁，现场勘察人员对左右两侧残留坝体进行清理，主要对硬黏红土进行地质勘察，若为质地均匀的红土，坝基不会出现如此严重的滑裂痕。

图 12.11　Saddle Dam D 副坝事故现场勘察

通过挖掘机修整残留坝基，发现残留坝体填土存在明显分层痕迹（见图 12.13），由此证明在坝基填筑过程中，按照常规分层填土碾压进行施工，压实度满足施工标准，因此排除施工事故原因。

在对地基红土进行地质勘察发现，该红土地基情况较为复杂，与均匀质地红土参考标准出入较大，该土层复杂情况包含以下 4 种现象：①存在植物根系掺杂；②存在粗颗

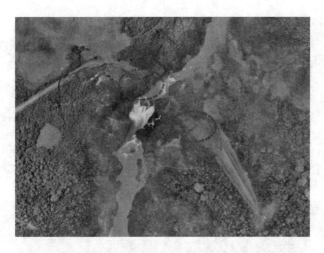

图 12.12　Saddle Dam D 副坝现场勘察的重点研究部位

图 12.13　残留坝体填土中的分层痕迹

粒的砂层,黏性土质地不均匀;③存在孔洞,有渗水现象;④部分区域的渗水有细颗粒流出。

地基硬黏土层为不均匀红土(见图 12.14),由此未经处理作为土石坝地基存在较大工程隐患,由于地基本身存在渗水现象,高渗透地基对坝体会产生致命伤害。

(2)地基基坑渗透试验。通过对现场进行大尺寸渗透试验,发现测试结果与初期勘察存在明显差异,渗透系数要远远高于当时地勘报告试验系数(见图 12.15)。由于地基存在夹层和孔洞现象,这些地方的渗透系数会更大些。初期设计时地勘仅根据现场取样进行试验,土层参考样本较少,对整体地基基础勘察不到位,因此出现数据不准确情况。结合该数据进行坝体结构设计,若未考虑地基不均质地层,相应的渗透保护措施不到位则会对坝体产生致命影响。该次溃坝事故也再次印证了坝体结构设计存在疏漏之处。

图 12.14　复杂地质条件的地基不均匀红土

图 12.15　现场大尺寸渗透试验

◆◇ 12.3　溃坝坝体结构设计分析

结合之前现场勘察发现 Saddle Dam D 副坝的地基渗透性过高，若在设计大坝时未考虑良好的截水排水措施，在坝体运营期蓄水后，水位会绕过坝体在地基层处发生渗透破坏现象，严重可能会导致管涌，导致整个坝体存在溃坝风险。Saddle Dam D 副坝地基渗水侵蚀见图 12.16。

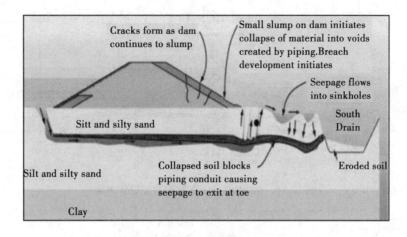

图 12.16　Saddle Dam D 副坝地基渗水侵蚀

对于坝体基础的处理要结合具体勘察情况，进行不同排水截水措施的选择，既要满足坝体稳定性要求，又需要有经济合理的方案，结合工法原理可分为两大类（见图 12.17）：截水(a，b，c)或排水(d)。

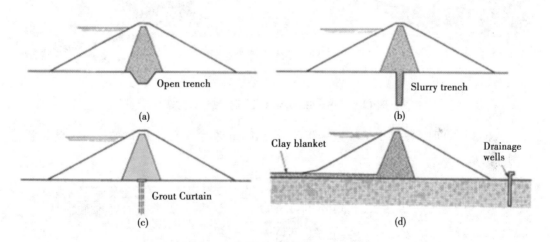

图 12.17　防止地基渗透破坏的多种工况

Saddle Dam D 副坝在设计初期考虑了全套的排水截水措施，首先是对坝基进行初步处理，设计 5m 深的截水槽，并在其下方设置 5 排注浆帷幕，帷幕要深入坝基风化岩土层，以保证整个坝基良好的截水性，在下游坝基处设置 1m 厚排水垫层，坡脚设置排水体，保障整个坝体透水性见图 12.18。

在详细设计阶段，结合当时地勘考察报告显示当地红土地基渗透系数较低，由均质红土地层作为坝基可以满足坝体渗透性需求，为进一步节省施工成本，取消在初步设计过程中考量的截水槽和灌浆帷幕设置，仅保留 1m 厚排水垫层，便可以满足坝体稳定性需求，见图 12.19。

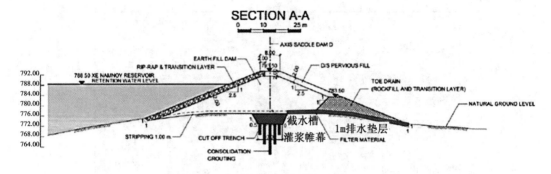

图 12.18　Saddle Dam D 副坝初步设计方案

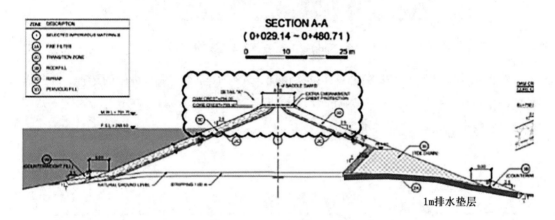

图 12.19　Saddle Dam D 副坝详细设计方案

在竣工设计时，将排水垫层进一步削减，由 1m 改为 0.5m，保留坡脚排水体设置，见图 12.20。

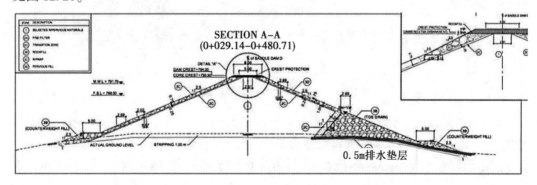

图 12.20　Saddle Dam D 副坝竣工设计方案

通过不同设计阶段给出的方案，可以看出坝体的排水措施在一步步被削减，根据地质勘察报告显示，若地基为均质硬黏土，从初步设计到详细设计的优化设计可以被采取，但到竣工设计时的方案却不应被采纳，前期事故现场勘察试验也再次佐证了坝体会出现溃坝事故的原因。

◆◇ 12.4　坝体垮塌机制

结合现场勘察试验与结构设计分析, 坝基本身存在的不均质红土层是该次溃坝的重要因素, 同时结构设计过程中取消截水措施对该次溃坝事故也起到重大作用。综上发现, Saddle Dam D 副坝溃坝的发展顺序大致如下。

(1)第一阶段: 渗水引发地基侵蚀, 见图 12.21。

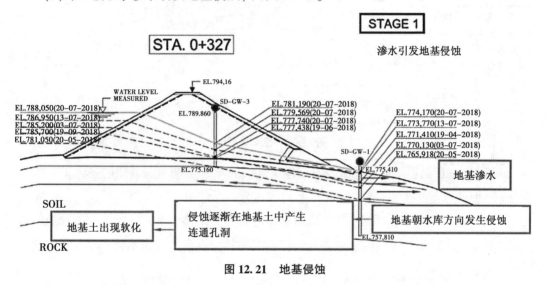

图 12.21　地基侵蚀

(2)第二阶段: 圆弧滑动开始, 见图 12.22。

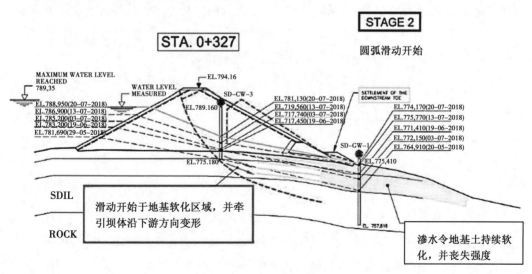

图 12.22　形成圆弧滑动

(3)第三阶段: 坝体完全垮塌, 见图 12.23。

经过以上分析发现, 热风暴带来的降雨只是该次溃坝事故的催化剂, 但并非主要原

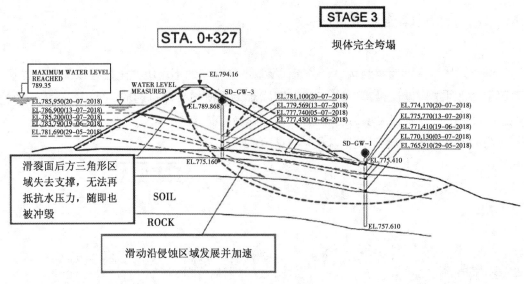

图 12.23　坝体垮塌

因，Saddle DamD 副坝溃坝主要原因与坝体地基渗透处理不当有关，即使是在正常蓄水状态下，坝体也会存在管涌渗透破坏风险。经过分析总结出以下经验教训。

①对于大型水利工程项目，其地质勘察一定要做到全面细致，结合岩土工程地质不确定性因素，该次事故中的红土层在饱和和非饱和状态下会表现出不同力学特性，应进行综合分析。

②针对大型水利项目的结构设计，不能仅依靠简单的室内试验处理，采样数据并不能代替全部地貌，因此需要与现场勘察相结合，设计时结构稳定性比经济效益更为重要。

③对于大坝结构设计要考虑不同水位情况对坝体的影响，在竣工期和蓄水期坝体受水位影响会表现出不同的渗透特性，因此在设计时要综合考虑。

◆◇ 12.5　项目施工设计方案

12.5.1　坝址区地形地质条件

坝址区地形地质整体呈现 V 字形，左右两岸山体都成约 35°的坡度，两岸山体沿高程方向风化程度逐渐加深，且风化带厚度不断增加，整体表现为砂质黏土及全风化岩体，总厚度 8~35m，右岸河床水位落差较大，河岸分布的鹅卵石厚度 3~4m，左岸山体较右岸坚实，河床平缓，河岸分布的鹅卵石厚度 1~2m。整个河床两侧分布岩体较完整的块状弱风化花岗岩，整体坝基为砂状全风化岩，渗透系数为 0.35m/d 的中等渗透水，沿坝轴范围内无较大断层分布，岩体裂缝与河岸坡脚处裂缝存在小角度相交现象。由于裂缝存在，可能会影响坝体出现渗透问题，主要表现在坝基部分。

12.5.2　筑坝材料设计

（1）黏土心墙。分两部分，其中与坝基接触区黏土设 1.05m 厚，设计要求大于 5mm 颗粒含量小于 5%，小于 0.005mm 的颗粒含量应大于 30%，小于 0.075mm 的颗粒含量大于 60%，最大粒径小于 10mm，塑性指数 IP 为 10~20，设计压实度 98%，填筑含水率按最优含水率偏湿 1%~3%，设计干密度不小于 1.51g/cm³，压实后原位渗透系数小于 0.00864m/d。其上心墙黏土：黏土黏粒大于 5mm 的颗粒含量应小于 10%，粒径小于 0.075mm 的颗粒含量大于 50%，小于 0.005mm 含量为 15.0%~40.0%，最大粒径小于 20mm，填筑含水率按最优含水率-2%~3%，塑性指数、设计压实度、设计干密度和压实后原位渗透系数同上。

（2）反滤料。共设置两层位于黏土心墙两侧，左侧为Ⅰ，右侧为Ⅱ，左右两侧宽度都设为 2m，但左侧由于是上游岸其渗透系数要远小于下游岸渗透系数，材料都是就地取材，通过对硬质花岗岩进行轧制，按粒径分装，根据不同需求进行混合配比，但所取花岗岩单轴饱和抗压强度应大于 40MPa。其中反滤料Ⅰ：最大粒径 $D100=20mm$，$D60=0.51~2.5mm$，$D15=0.11~0.45mm$，无片状和针状颗粒，小于 0.075mm 的颗粒含量小于 5%，不均匀系数小于 8，级配连续，压实后的相对密度大于 0.8，压实后原位渗透系数不小于 4.32m/d。反滤层Ⅱ：最大粒径 $D100=75mm$，$D60=15~30mm$，$D15=2.8~7.5mm$，片状和针状颗粒不大于 5%，小于 2mm 的颗粒含量不超过 10%，压实后的相对密度为 0.8，压实后原位渗透系数大于 8.64m/d。

（3）过渡料。过渡层位于反滤层两侧之间，材料与反滤料相同，都是以单轴饱和抗压强度应大于 40MPa 的花岗岩为原材，过渡料直接由岩爆的硬质花岗岩组成。最大粒径 $D100=300mm$，$D15=6~18mm$，$D60=50~120mm$，小于 0.075mm 细颗粒含量小于 5%，级配连续，孔隙率 18%~22%，渗透系数大于 8.64m/d。

（4）堆石料。坝体堆石料分主堆石区和次堆石区，各分区石料要求如下。

① 主堆石料：最大粒径 800mm，小于 0.075mm 粒径含量不超过 5%，小于 5mm 粒径含量不超过 15%，不均匀系数大于 10，渗透系数大于 432m/d，设计干密度大于 2.03g/cm³，孔隙率 20%~24%。母岩单轴饱和抗压强度大于 40MPa。

② 次堆石料：小于 5mm 粒径含量不超过 20%，渗透系数大于 4.32m/d，设计干密度大于 1.99g/cm3，最大粒径、不均匀系数和孔隙率与主堆石料保持一致，但母岩单轴饱和抗压强度要求比主堆石料小，大于 30MPa 即可。坝料颗粒级配曲线见图 12.24。

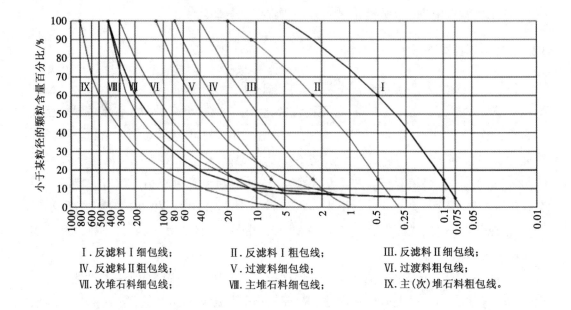

Ⅰ.反滤料Ⅰ细包线;   Ⅱ.反滤料Ⅰ粗包线;   Ⅲ.反滤料Ⅱ细包线;
Ⅳ.反滤料Ⅱ粗包线;   Ⅴ.过渡料细包线;   Ⅵ.过渡料粗包线;
Ⅶ.次堆石料细包线;   Ⅷ.主堆石料细包线;   Ⅸ.主(次)堆石料粗包线。

图 12.24　坝料颗粒级配曲线

12.5.3　施工设计计算

利用有限元软件,对大坝进行施工过程模拟,分别对坝体在竣工期和运营期进行静力分析,坝体材料模型根据摩尔-库仑模型、软土硬化模型、小应变土体硬化模型计算,在运营蓄水期进行渗流计算。

(1)渗流计算。结合水库大坝设置,考虑最不利蓄水状态对坝体的影响,即上游考虑正常、设计和校核洪水位,下游无水位三种工况下渗流计算,计算结果为:最大渗流量1.45(m³/d),最大水力坡降1.4,小于4.0m心墙允许水力坡降。结果表明,黏土心墙对水头有明显削弱作用,对坝体渗透破坏有一定抵抗性。

(2)稳定计算。对坝体坡面进行稳定计算,坝体具体物理力学指标见表12.1。

表 12.1　坝体材料及坝基物理力学指标

材料类型	$\rho/(\mathrm{kg \cdot m^{-3}})$	K	n	K_b	m	R_f	e	$\varphi/(°)$	$\Delta\varphi/(°)$	K_{ur}
主堆石料	2.10	800	0.25	350	0.12	0.85	0	50	8	1600
次堆石料	2.02	650	0.20	250	0.05	0.82	0	47	7	1300
过渡料	2.15	900	0.30	400	0.15	0.85	0	50	9	1800
垫层料	2.20	1000	0.35	450	0.15	0.82	0	51	9	2000

计算成果为:上下游坝坡最小抗滑稳定安全系数分别为1.52和1.48,考虑地震工况时,上下游坝坡最小抗滑稳定安全系数为1.18和1.16,均大于规范允许值。

(3)静力计算。坝体在竣工期受重力作用,最大竖向位移为30.31cm,占坝高的1.77%,位于坝体心墙中心靠上处;上游岸坡脚处最大水平位移为16.63cm,坝体下游坡脚最大水平位移为 10.63cm。坝体竣工期第一、三主应力的最大值为 1.80MPa 和 2.65MPa，等值线与坝基平行，且整体变化表现沿坝体坡面越往下压应力越大。

蓄水期最大竖向位移为 46.36cm，占坝高的 2.73%，位于黏土心墙三分之二处；坝体上游面最大水平位移为 3.15cm，坝体下游坡脚最大水平位移为 26.31cm。蓄水期坝体第一、三主应力的最大值为 1.15MPa 和 2.12MPa，表现为压应力，等值线与坝基平行，且整体变化表现沿坝体坡面越往下压应力越大。

12.5.4 坝基处理

对坝基选址处的河床进行处理，清除坝基心墙处弱风化以上岩石，沿坝轴方向做厚度为 1m 的灌浆盖板，以确保黏土心墙与坝基接触良好。对于堆石料基础处理，则要求清楚河床卵石层，坡脚处进行覆盖层清除即可。对于凸出岩石地基进行削除，保证整体坝型顺直，无反坡平台等的出现。

坝基排水截水处理。在黏土心墙中心坝基处设置注浆帷幕，孔距设置为 2m，截水帷幕须深入透水率 $q \leqslant 3L_u$ 线以下 5m，在两侧分别设计较短的注浆帷幕，长度设置在 $q \leqslant 3L_u$ 线处，整体排距为 3m，结合现场开挖具体情况进行局部加密处理。

12.5.5 施工填筑过程

施工准备工作，结合当地地基处理的土石料进行颗粒级配筛选，进行不同粒径的分料处理，同时对土石料进行现场试验，保障采用的石料符合设计施工标准，对于不合格填料不予采用，以免出现不良工程问题。

（1）填筑程序。为确保黏土心墙防渗厚度，采用先填筑中间黏土心墙再到反滤层的顺序，根据施工填筑设计断面及各填料特性，按"由里向外、先中间后两侧"的填筑顺序，即心墙黏土→反滤层→过渡层→堆石，根据现场试验结果，使用合格的坝料进行各分区同步交替填筑。整体填筑程序如下。

①通过测量放样，确定每层填筑高度线和不同填料分界线，同时确保整体坝型的坝坡线顺直。

②填筑料的卸载与铺设方法：反滤料采用后退法，堆石料和防渗料采用进占法。

③平料：一般利用推土机将填筑料铺平，反滤料的平铺还需用到反铲，最后采用插钎法进行防渗料厚度检测。

④洒水：为后续碾压工作做准备，需要在平料后进行洒水工作，通过适度浸透润滑堆石料，以便棱角磨平。

⑤碾压：沿坝轴方向采用进退错距法开展工作，采用自行式振动平碾进行反滤料和堆石料的碾压，采用振动凸块碾进行黏土心墙防渗料碾压。采用小型振动夯对细微处进行夯实。

⑥验收检查：以上工序完成后进行检查验收工作，要求达标进行一下层填筑工作。

（2）填筑施工方法。

①黏土心墙填筑。在填筑前，进行黏土心墙混凝土基础的清理工作，同时进行洒水润湿，为保证两者之间的黏结力，需涂刷 3~5mm 厚度的浓黏土浆（泥浆土与水质量比为 1∶1.5~1∶2.5），并在与混凝土垫层接触处铺设 1.4m 厚（4 层）黏粒含量较高的接触黏土带。两岸黏土与基岩结合处浓黏土浆涂刷于基岩接触面上，随填随刷以保持其湿润，防止黏土浆风干。沿坝轴线方向进行心墙土料的铺筑，在已压实土料面上不得行驶车辆。每层铺料后进行 2 遍静碾，8 遍振动碾压，一般多采用自行式振动凸块碾进，采用先填反滤料后填土料的平起填筑法施工，以确保满足设计心墙厚度的要求。

②反滤层填筑。黏土心墙堆石坝的反滤层主要有两个作用：其一，主要是对心墙黏土防渗体起反滤保护作用；其二，减少堆石料对心墙产生拱效应，利用反滤层保护黏土心墙的变形。作为心墙的保护层，反滤层施工要求严格。本项目黏土心墙两侧各设置 2m 宽反滤层，分反滤料Ⅰ和反滤料Ⅱ。填筑时，左右两侧反滤料同时铺填，一并碾压，采用 1∶0.75 的斜坡连接，铺填过程中应避免各填料层混杂。铺料厚度 40cm，含水状态按+5%控制，静碾 2 遍，振动碾 6 遍，共计碾压 8 遍。采用锯齿状填筑方式进行反滤层与心墙和过渡层的连接，确保各填筑层厚度满足要求。

③过渡料填筑。严格控制过渡料的材质、级配、相对密度、不均匀系数、含泥量及其铺筑位置和有效宽度均应符合设计要求。在各层过渡料进行平铺前要进行施工面清理，确保每层填料厚度与设计值保持一致，且保证各料层铺料均匀不发生分离，按照施工工序，进行心墙反滤过渡层同层填筑，铺料厚度 40cm，含水状态按+10%控制，过渡料宜采用自行式振动碾压实，其中静碾 2 遍，振动碾 6 遍，共计碾压 8 遍。

④堆石体填筑。在堆石料填筑前，基础必须按要求清除完腐蚀土、树根等，对坝基坑槽部分采用级配碎石回填找平。其他碾压工序同反滤过渡层施工工序。对于与反滤过渡层及岸坡的接触面用细石料进行填筑，以协调整体坝体颗粒级配，保持良好渗透性，同时对于填筑石料的选择要严格按照施工设计尺寸进行选取，对于较大石料应进行现场施工处理，满足要求后进行使用。对于分层建筑的交界面进行搭接碾压，确保整体填筑的密实度，避免出现过多接缝情况。对于填料运输的坝内道路要进行统一碾压密实处理。

由于堆石料填筑区域较大，对于石料的质量需要严格把关，施工时需对料源进行复勘，如与原设计差别较大，需及时采取应对措施，确保料源质量和数量。料源爆破开采需做好开采试验，筑坝堆石料粒径及级配等要一次爆破形成，避免二次加工。

坝料填筑施工过程严格控制各筑坝料的施工工艺，合理配置资源，组织协调好各施工工序的施工交叉与衔接，确保施工质量及进度。

坝体填筑不密实，水库蓄水后坝体的湿化变形造成坝体上、下游方向的不均匀沉陷；坝基存在问题，其地勘报告提供数据表明基础为硬黏土地基，实地勘察发现地基中存在多种杂质，地基基础为不均匀土质。结合前期勘察数据设计方案进行优化处理，取消截水帷幕，并将排水垫层厚度缩减一倍，致使整个坝体的防渗截水措施大大削减，面对渗透性较高的地基和极端天气的耦合作用，出现渗透破坏问题。从而产生了渗水引发地基侵蚀，坝体出现圆弧滑动到溃坝的重大事故。结合以上存在的问题，从选址条件分析、筑坝材料设计、坝体计算分析、坝基处理和填筑施工工艺设计等方面，对大坝进行施工方案设计，确保每一步施工工序的严谨性，保障坝体稳定是至关重要的环节。

第 13 章　老挝 XPXN 土石坝滑坡机理分析

伴随全球供电需求增加，绿色能源工程进一步扩大发展，其中水力发电的大坝工程更为带动国家经济发展做出突出贡献，同时针对大坝水利工程存在的坝体安全稳定性问题也层出不穷，尤其针对 20 世纪 50 年代后建立的大坝项目，屡次出现溃坝事故。

本章以老挝 XPXN 水电站发生的重大溃坝事故为依托工程，利用有限元数值模拟方法，对不同设计阶段的土石坝进行稳定性计算，结合坝体位移变形与应力-应变破坏区，进行滑坡机理分析。

◆◇ 13.1　岩土体本构模型

13.1.1　本构模型

岩土本构模型反映的是岩土材料的应力-应变关系。在进行有限元数值模拟时，材料本构模型的选择会对计算结果产生较大影响。目前，最常见的本构模型主要有：线弹性模型、摩尔-库仑模型、软土硬化模型、小应变土体硬化模型、软土蠕变模型等。

（1）线弹性模型（简称 LE）。

线弹性模型服从广义胡克定律，其参数包括：杨氏模量 E 和泊松比 v。该本构模型所表达的应力-应变关系虽然在岩土方面不是很精准，但是在一些土中的结构或者是岩层中，该本构模型还是比较适用的。

（2）摩尔-库仑模型（简称 MC）。

MC 模型包括五个基本参数：除刚度参数 E 和 ν 外，还包含摩擦角 ϕ 和黏聚力 c，以及剪胀角 ψ，用来进行土体塑性表述。在该模型情况下，初始计算时各土层的刚度为常数值，计算迭代时间短，因此 MC 模型多用于问题的初步分析。

（3）软土硬化模型（简称 HS）。

HS 模型在摩尔-库仑模型参数基础上，增设三个新的参数值：三轴加载刚度 E_{50}、三轴卸载刚度 E_{ur} 和固结仪加载刚度 E_{oed}，用于描述真实土体刚度。对于一般土体参数取 $E_{oed} \approx E_{50}$ 和 $E_{ur} \approx 3E_{50}$ 作为平均值进行设置，但是对于软黏土和砂质土，这三个刚度参数有不同取值比例。与 MC 模型不同，HS 模型中刚度随着压力的增加而增加。三个刚度参数的输入与参考应力值有关,该值通常取为 100kPa。

(4)小应变土体硬化模型(简称 HSS)。

HSS 模型(见图 13.1)是在 HS 模型的基础上,考虑刚度分布与应变的非线性关系。增设参数 G_{0ref} 和 $\gamma_{0.7}$。G_{0ref} 表示小应变剪切模量,$\gamma_{0.7}$ 用来描述剪切模量达到小应变剪切模量的 70%时的应变水平。与 MC 模型相比,HSS 模型能够反映土体压缩剪切硬化及土体小应变特性。在荷载条件下,HSS 模型计算结果比 HS 模型更贴近真实位移。进行动力分析时,HSS 模型同样引入黏滞材料阻尼。

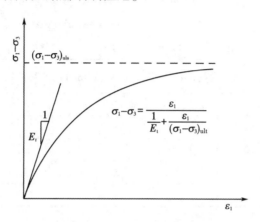

图 13.1 小应变土体硬化模型(HSS)

(5)软土蠕变模型(简称 SSC)。

SSC 模型考虑软土在主固结压缩后的蠕变和应力松弛效用,在研究软土固结沉降和考虑卸荷问题时多参考该模型使用,参考土体类型为正常固结黏土、粉土和泥炭土等。比起其他模型 SSC 模型较为便捷。

13.1.2 物理力学参数选取

结合勘测资料,整理对黏心墙土石坝结构组成部分力学参数指标,并选取合适的本构,进行数值模拟前处理。具体参数指标见表 13.1 至表 13.3。

表 13.1 土石坝材料物理力学指标

土石坝材料	天然、饱和容重 /(kN·m⁻³)	本构模型	渗透系数/(m·d⁻¹)	内摩擦角/(°)	黏聚力/kPa	$E_{S0.1-0.2}$/kPa	E_{resoed}/kPa	E_{res50}/kPa	E_{resur}/kPa	泊松比	m	G_0/kPa	$\gamma_{0.7}$	R_{inter}
土墙黏土	16.0/17.0	HSS-MC	0.01	16.0	20.0	6000	6000	6000	16000	0.30	1.00	60000	0.0001	0.65
粒料	21.0/22.5	HSS-MC	10.0	35.0	0.01	18000	18000	18000	54000	0.25	0.50	180000	0.0001	0.65
排水垫层	21.0/23.0	HSS-MC	10.0	35.0	0.01	18000	18000	18000	54000	0.25	0.50	180000	0.0001	0.65
过渡反滤料	21.0/22.5	HSS-MC	10.0	32.0	0.01	18000	18000	18000	54000	0.30	0.50	180000	0.0001	0.65

表13.1(续)

土石坝材料	天然、饱和重度/(kN·m^{-3})	本构模型	渗透系数/(m·d^{-1})	内摩擦角/(°)	黏聚力/kPa	$E_{S0.1\sim0.2}$/kPa	E_{resoed}/kPa	E_{res50}/kPa	E_{resur}/kPa	泊松比	m	G_0/kPa	$\gamma_{0.7}$	R_{inter}
坝基垫层	22.0/23.0	HSS-MC	10.0	50.0	0.01	18000	18000	18000	54000	0.28	1.00	180000	0.0001	0.65
坝基上土层	16.0/18.0	HSS-MC	0.05	14.0	16.0	60000	40000	40000	80000	0.30	1.00	40000	0.0001	0.80
坝基中土层	17.0/18.5	HSS-MC	0.08	16.0	30.0	60000	60000	60000	80000	0.30	1.00	40000	0.0001	0.80
坝基下土层	17.5/18.5	HSS-MC	0.05	10.0	25.0	60000	60000	60000	88000	0.30	1.00	40000	0.0001	0.80
坝基风化岩	23.0/23.5	HSS-MC	0.01	25.0	150.0	18000	18000	18000	54000	0.28	0.50	90000	0.0001	0.90

表 13.2 摩尔-库仑模型 MC(Mohr-Coulomb model) 土层的物理力学指标

材料类型	c/(kN·m^{-2})	φ(°)	γ_{unsat}/(kN/m^{-3})	γ_{sat}/(kN/m^3)	μ	E/(kN·m^{-2})
坝堤面板①	1500	53	25	25	0.18	21200000
混凝土②	1500	43	25	25	0.18	21200000
坝堤(吹填)③	500	33	25	25	0.18	21200000
复合地基④	30	30	18	20	0.33	150000

表 13.3 HSS 和 SSC 本构土层的物理力学指标

参 数	粉质粘土(围堰)⑤	中砂土⑥	黏土⑦	粗砂土⑧	基岩⑨
排水类型	排水	排水	排水	排水	排水
γ_{unsat}(kN·m^{-3})	15	16.5	16	17	20
γ_{sat}(kN·m^{-3})	18	20	18.5	21	20
E_{50}(kN·m^{-2})	9700	98000	10000	120000	420000
E_{oed}(kN·m^{-2})	9700	98000	10000	120000	420000
E_{ur}(kN·m^{-2})	29100	294000	30000	560000	1260000
m	1	0.5	0.9	0.5	0.5
c(kN·m^{-2})	5.5	1	4	1	100
φ/(°)	24	31	25	33	43
ψ	0	1	0	3	13
R_{inter}	0.65	0.65	0.8	0.8	0.9

13.1.3 模型建立

溃坝的 Saddle Dam D 副坝, 坝体长度约 770m, 高度约 17m, 坝宽 8m, 对坝基进行初步处理, 在黏土心墙下方设计 5m 深的截水槽, 并在其下方设置 5 排注浆帷幕, 以保证整个坝基具有良好的截水性, 在下游坝基处设置 1m 厚排水垫层, 坡脚设置排水体, 保障整个坝体透水性(见图 13.2 至图 13.4)。

结合大坝设计剖面图与施工设计方案, 进行坝体结构数值模拟计算, 坝体选用 HSS、

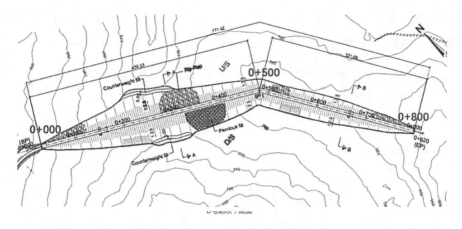

图 13. 2　Saddle Dam D 副坝平面图

图 13. 3　蓄水前的 Saddle Dam D 副坝鸟瞰图

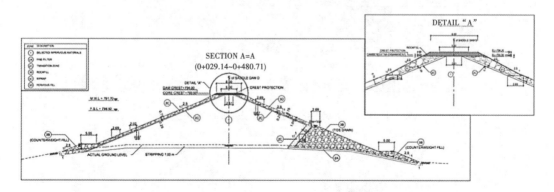

图 13. 4　Saddle Dam D 副坝剖面图

SSC 本构模型，坝基土层选用 HSS、SSC 本构模型。在模型参数方面，根据地质勘察资料，并查询地区相关参数，该模型岩土体物理力学参数取值见表 13.1。模型的边界条件，采用底部全约束，两侧水平约束，上部自由。

大坝二维模型采用 15 节点的平面应变单元，对于坝体反滤过渡层与排水垫层部分进行网格加密处理。建模前基本假设：对二维模型进行平面应变问题分析，并假设边坡足够长；各岩土层为均质、各向同性的材料；岩土体视为理想弹塑性体，应力-应变满足 MC 破坏准则；为简化计算，考虑地下水为稳定流。

◆◇ 13.2 初步设计

考虑灌浆帷幕+有截水槽+1m 排水垫层，模型建立如图 13.5 所示。

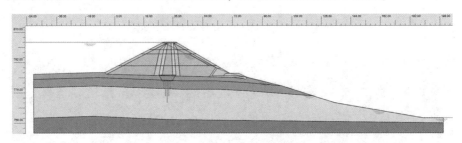

图 13.5 Saddle Dam D 坝结构与地层剖面图

高水位状态下坝体的浸润线主要沿坝体面层向内渗透，透过上游过渡层向下发展并在截水槽与灌浆帷幕交界处渗透到坝基上层土中，整体的过渡反滤层保护完好，坝体整体变形见图 13.6 和图 13.7。总体方向上的水平位移表现在上游坝面浸润线覆盖区域，并由此扩展至坝心与反滤过渡层处，最终滑坡面穿过坝基三层土层。整体滑坡面位于坝体中部，最大位移值为 19.81mm。

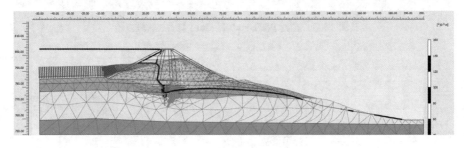

图 13.6 Saddle Dam D 坝坝体变形网格图

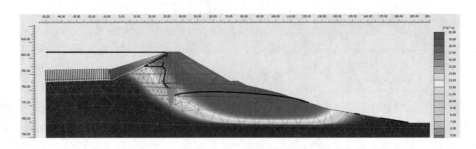

图 13.7 Saddle Dam D 坝坝体总位移云图

坝体的总主应变矢量图见图 13.8、云图见图 13.9，最大值为-3.022×10^{-6}，最小值为-2925，应力变形主要发生在上游坝体坡脚、下游坝体面层和截水槽周边，由于滑动面出现，在坝基下层土中也出现部分应变较大情况。应力变形主要发生在上游坝体坡脚、下游坝体面层和截水槽周边，由于滑动面出现，在坝基下层土中也出现部分应变较大情况。

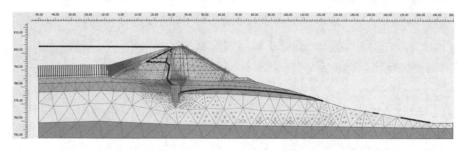

图 13.8　Saddle Dam D 坝坝体总主应变矢量图

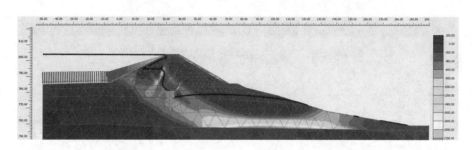

图 13.9　Saddle Dam D 坝坝体总主应变云图

坝体的破坏区分布（见图 13.10）主要集中在坝体内部，主要原因是高水位状态下，由于部分水渗透到坝体面层内部，致使坝体内部发生渗透破坏，堆石料直接黏结力减小出现滑移，最终致使坝体面层出现拉伸断裂破坏，最终导致溃坝发生。

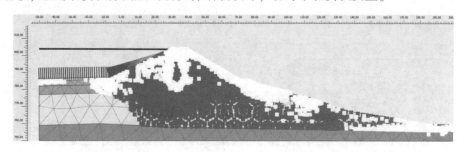

图 13.10　Saddle Dam D 坝坝体拉、剪破坏区分布图

◆◇ 13.3　详细设计

分别考虑无截水槽、无注浆帷幕、无注浆帷幕和截水槽三种工况下的坝体稳定性计算。

13.3.1 无截水槽

详细设计工况一：考虑注浆帷幕+无截水槽+1m 排水垫层，模型建立如图 13.11 所示。

考虑注浆帷幕+1m 排水垫层，高水位状态下坝体的浸润线主要沿坝体面层向内渗透，透过上游过渡层向下发展并在截水槽与注浆帷幕交界处渗透到坝基上层土中，整体的坝心和两侧的反滤层保护完好，坝体整体变形见图 13.12 和图 13.13。

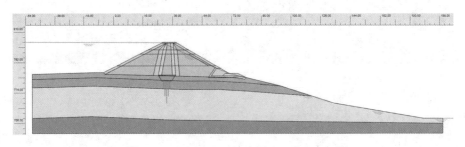

图 13.11　详细设计工况一溃坝详细设计图

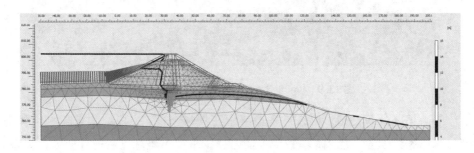

图 13.12　详细设计工况一变形网格图

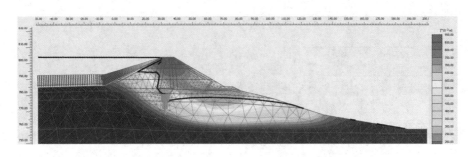

图 13.13　详细设计工况一总位移云图

总体方向上的水平位移表现在上游坝面浸润线覆盖区域，并由此扩展至坝心与反滤过渡层处，最终滑坡面穿过坝基两层土层。整体滑坡面位于坝体中部，最大位移值为884.2mm。

坝体的总主应变矢量图见图 13.14、云图见图 13.15，最大值为 $-1.213×10^{-6}$，最小值为 -0.05214，应力变形主要发生在整个坝体的应变区域，集中在截水槽附近，上游坝体面层坡脚处以及坝体顶部出现部分水平向应变较大值，较大区域集中在坝体与坝基土层中。

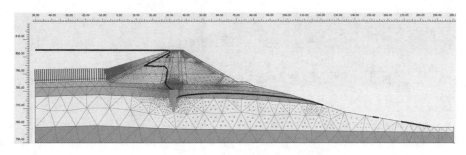

图 13.14　详细设计工况一总主应变矢量图

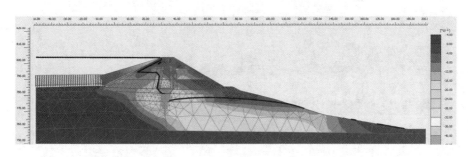

图 13.15　详细设计工况一总主应变云图

坝体的破坏区分布见图 13.16，塑性破坏点集中分布在上游坝体面层、截水槽和灌浆帷幕两侧，同时坝基下层土出现大量破坏点，滑动面出现在上游土层区，由于滑动面的形成带动上游坝基上层土出现拉伸破坏，滑动面脚趾部分出现积压破坏。

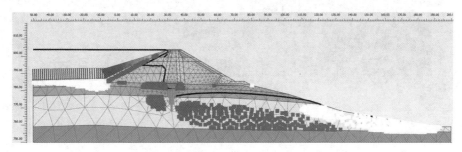

图 13.16　详细设计工况一拉、剪破坏区分布图

13.3.2　无注浆帷幕

详细设计工况二：无注浆帷幕+有截水槽+1m 排水垫层，模型建立如图 13.17 所示。高水位状态下坝体的浸润线主要沿坝体面层向内渗透，透过上游过渡层向下发展并在截水槽与灌浆帷幕交界处渗透到坝基上层土中，整体的黏土心墙和两侧的反滤层保护完好，坝体整体变形见图 13.18 和图 13.19。总体方向上的水平位移表现在上游坝面浸润线覆盖区域，并由此扩展至坝心与反滤过渡层处，最终滑坡面穿过坝基两层土，整体

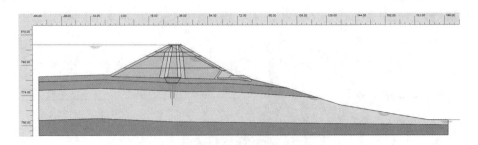

图 13.17　详细设计工况二详细设计平面图

趋势与取消截水槽工况表现一致。整体滑坡面位于坝体上部，最大位移值为 1176mm。

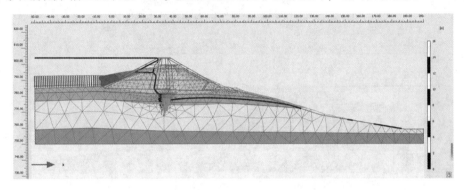

图 13.18　详细设计工况二变形网格图

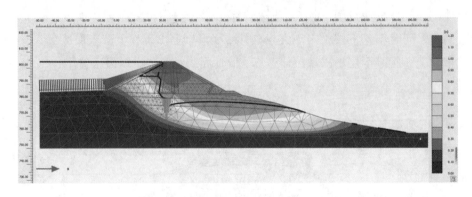

图 13.19　详细设计工况二总位移云图

坝体的总主应变矢量图见图 13.20、云图见图 13.21，最大值为 -1.261×10^{-6}，最小值为 -0.07576，应力变形主要发生在上游坝体坡脚、下游坝体面层和截水槽周边，坝基下层土中也出现部分应变较大情况。

坝体的破坏区分布见图 13.22，坝体中心部位没有发生破坏，在坝基下层土区出现贯穿性破坏区，此时上游坝基上层土区受拉伸破坏严重，主要原因是高水位状态下，由于部分水渗透到坝基土层内部，致使坝基内部发生渗透破坏，由于土层黏结力减小，出现滑移，最终致使坝体面层出现拉伸断裂破坏，最终导致溃坝发生。

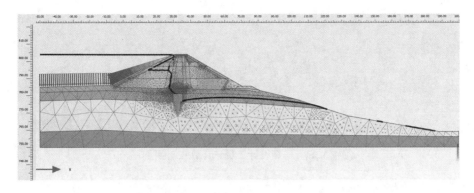

图 13.20 详细设计工况二总主应变矢量图

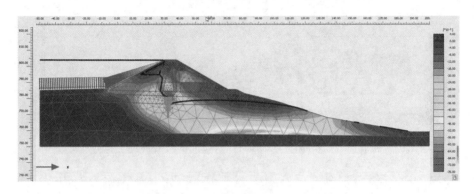

图 13.21 详细设计工况二总主应变云图

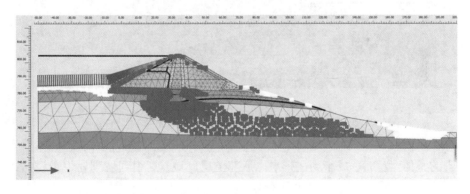

图 13.22 详细设计工况二拉、剪破坏区分布图

13.3.3 无注浆帷幕和截水槽

详细设计工况三：无截水槽和注浆帷幕设置，在上阶段详细设计的基础上取消注浆帷幕，增设上游坝体坡脚处的排水垫层，设计平面图如图 13.23 所示。

由于取消灌浆帷幕，在相同高水位情况下，浸润线明显升高，由坝体面层与水位接触面处进入，在整个坝体中部贯通反滤过渡层和黏土心墙，在右侧次堆石料下表面延伸至排水体面层，相比有截水帷幕设计情况下，上游坝体面层变形更为严重。此时坝体水

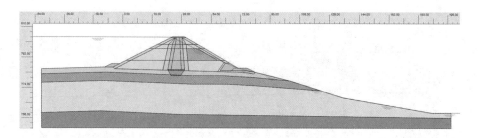

图 13.23　详细设计工况三详细设计平面图

平最大值为 45.99m(见图 13.24 和图 13.25)。

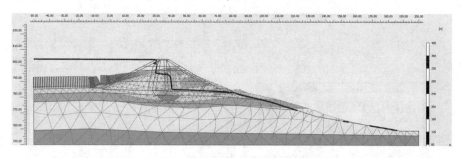

图 13.24　详细设计工况三变形网格图

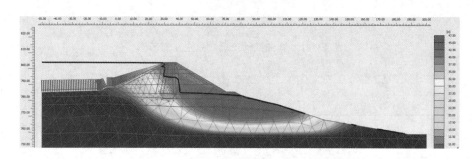

图 13.25　详细设计工况三总位移云图

　　相较于有注浆帷幕设置,位移值明显增大,滑动面向上移动,最大位移区域也由坝顶到坡脚的整体滑移带,减小到在排水体下部土层区域,集中到坡脚处位于浸润线以下部分。

　　坝体的总主应变矢量图见图 13.26、云图见图 13.27,最大值为-1.720×10^{-6},最小值为-3.202,在水平方向的应变位置主要集中在坝心与截水槽部位,上游排水体和坝顶处也存在部分较大应变,相较于有灌浆帷幕工况,坝体出现应变区域较多。

　　坝体的破坏区分布(见图 13.28)主要集中在坝体内部,主要原因是高水位状态下,由于部分水渗透到坝体面层内部,致使坝体内部发生渗透破坏,堆石料直接黏结力减小出现滑移,最终致使坝体面层出现拉伸断裂破坏,导致溃坝事故发生。

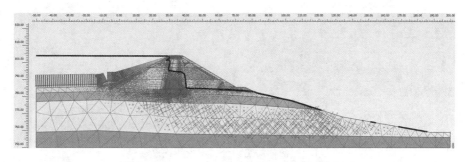

图 13.26　详细设计工况三总主应变矢量图

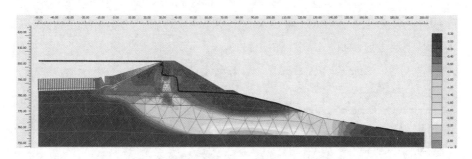

图 13.27　详细设计工况三总主应变云图

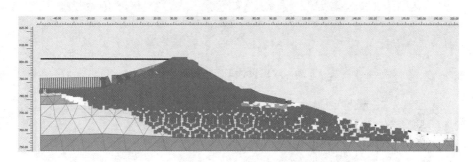

图 13.28　详细设计工况三拉、剪破坏区分布图

◆◇ 13.4　竣工设计

分别在裂缝出现、滑动面出现、滑动面形成三种情况下，考虑有无有效截水措施七种工况下对坝体滑动机理的影响。

13.4.1　裂缝出现

(1)竣工设计工况一：仅设置排水垫层，即不考虑灌浆帷幕+无截水槽+0.5m 排水垫层，模型建立如图 13.29 所示。

在坝体出现裂缝初期，上游水沿裂缝渗透进入坝体，在坝体中部穿过坝心和反滤过

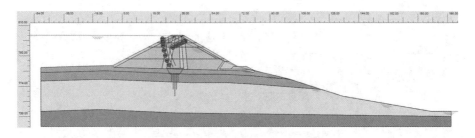

图 13.29　竣工设计工况一平面图

渡层，沿次堆石料区下表面层渗出，整体浸润线较开裂期上移近50%。最大水平位移为11.64m，坝体表现为破坏，最大位移区域呈现圆弧形态，位于坝体中部浸润线以下，延伸至下游坝基上层土区(见图13.30和图13.31)。

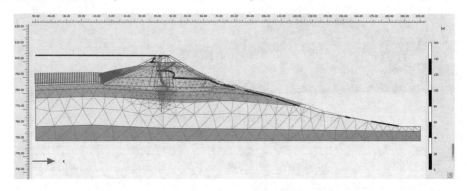

图 13.30　竣工设计工况一变形网格图

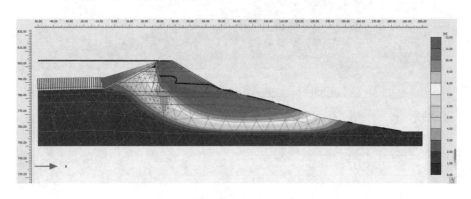

图 13.31　竣工设计工况一总位移云图

坝体的总主应变云图见图13.32，最大值为-1.682×10^{-6}，最小值为-1.390，应力变形主要发生在下游坝体土层和截水槽周边，在上游坡脚也出现部分应变较大情况。

坝体的破坏区分布(见图13.33)主要集中在坝体内部，主要原因是高水位状态下，由于裂缝出现，水流沿裂缝渗透到坝基土层，坝基下层土发生渗透破坏，由于坝基无法提供给坝体支撑力，致使整个坝体发生溃坝事故。

(2)竣工设计工况二：有全部排水措施，即考虑灌浆帷幕+有截水槽+0.5m 排水垫

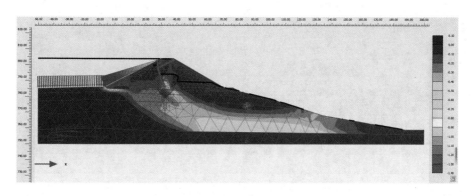

图 13.32　竣工设计工况一总主应变云图

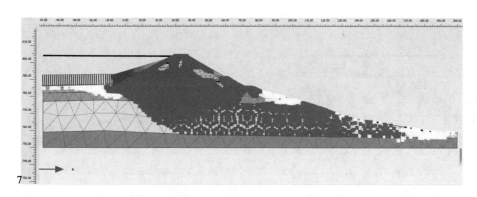

图 13.33　竣工设计工况一拉、剪破坏区分布图

层,模型建立如图 13.34 所示。

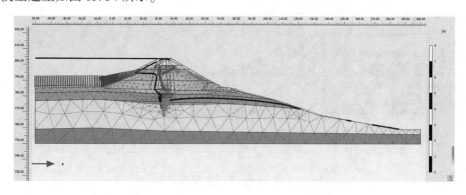

图 13.34　竣工设计工况二详细设计平面图

整体浸润线沿坝体面层向下扩展至坝体中层向右渗透,最终沿反滤层至截水帷幕排到坝基中层土体,坝心和反滤层并未被渗透。坝体整体变形见图 13.35,坝体最大位移值为 584.5mm,此时坝体水平位移较大值区域较小,主要集中在坝顶与最上层坝心处。

坝体的总主应变矢量图见图 13.36、云图见图 13.37,坝体总主应变区域集中在截水槽附近,坝体处两侧堆石料附近有部分分布,总主应变最大值为 -1.144×10^{-6},最小值为 -0.04984,较之前相比应变区域相对减少。

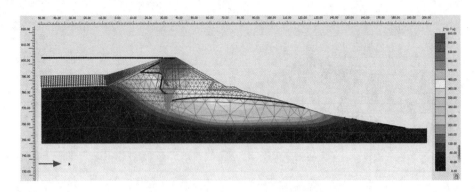

图 13.35　竣工设计工况二总位移云图

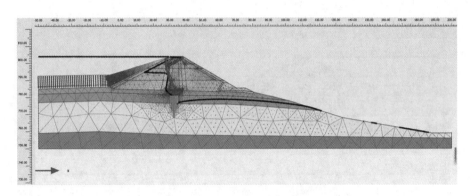

图 13.36　竣工设计工况二总主应变矢量图

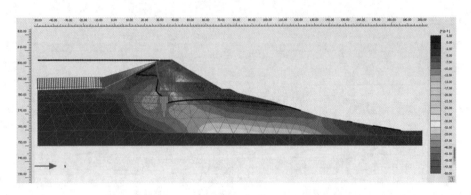

图 13.37　竣工设计工况二总主应变云图

坝体的破坏区分布(见图 13.38)主要集中在位移裂缝开展处和上游坝堤面层,拉伸断裂点集中分布在上游坝基上层土与坝体上游坡脚处,整体出现破坏区域较分散,且分布较少。

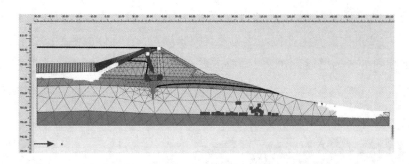

图 13.38　竣工设计工况二拉、剪破坏区分布图

13.4.2　滑动面出现

（1）竣工设计工况三：无任何排水措施，即不考虑灌浆帷幕+无截水槽+排水垫层失效，模型建立如图 13.39 所示。

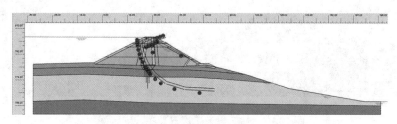

图 13.39　竣工设计工况三滑动面形成初期模型

滑动面形成后整体浸润线较裂缝期间上移，高水位状态下坝体的浸润线主要沿坝体面层向内渗透，透过上游过渡层向下发展，并直接透过坝心水平向右发展，最后在排水体上部排出，坝体整体变形见图 13.40 和图 13.41。总体方向上的最大水平位移区域呈圆弧状，位于下游坝体面层至坝基上层土区域。

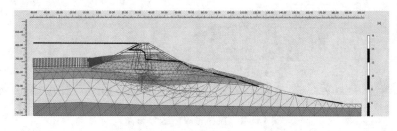

图 13.40　竣工设计工况三变形网格图

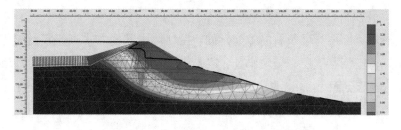

图 13.41　竣工设计工况三总位移云图

坝体的总主应变矢量图见图13.42、云图见图13.43，最大值为0.123，最小值为-0.1287，应力变形主要发生在截水槽和灌浆帷幕周边，在坝体两侧坡脚处有分布，尤其在排水垫层拐角处较为明显，由于滑动面出现，坝基下层土中也出现部分应变较大情况。

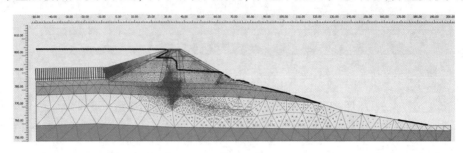

图13.42 竣工设计工况三总主应变矢量图

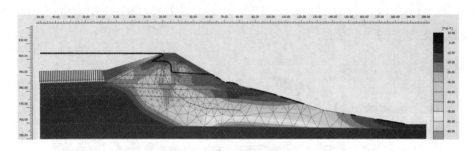

图13.43 竣工设计工况三总主应变云图

坝体的破坏区分布(见图13.44)主要集中在坝体内部，主要原因是高水位状态下，由于部分水渗透到坝体面层内部，致使坝体内部发生渗透破坏，堆石料直接黏结力减小出现滑移，最终致使坝体面层出现拉伸断裂破坏，导致溃坝事故发生。

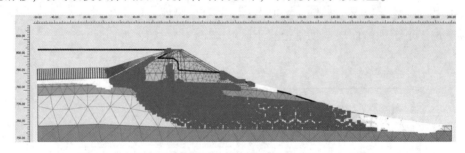

图13.44 拉、剪破坏区分布图

(2)竣工设计工况四：有排水措施，即考虑灌浆帷幕+有水槽+排水垫层，模型建立如图13.45所示。

高水位沿坝堤面层与堆石料缝隙处延伸，在坝体中部向右扩展至反滤过渡层，并透过坝心向下延伸至坝基上层土至坡脚处，整体浸润线相较之前有所下降，且坝体变形较小，坝体整体变形见图13.46，最大水平位移为633.8mm，比之前减少约71.74%，最大位移区位于坝顶处，且未形成圆弧形滑移。

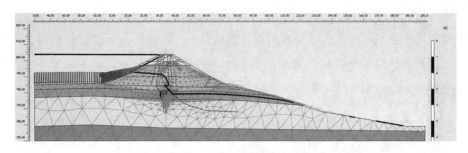

图 13.45　竣工设计工况四滑动面形成初期模型

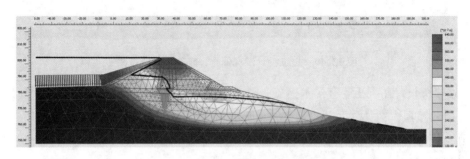

图 13.46　竣工设计工况四总体位移图

坝体的总主应变矢量图见图 13.47、云图见图 13.48，最大值为 0.04513，最小值为 -0.03472，主应变集中区域位于截水槽与灌浆帷幕周边，在坝顶上部区域也有部分集中表现，但相比之前也有所减少。由于滑动面出现，在坝基下层土中也出现部分应变较大情况。

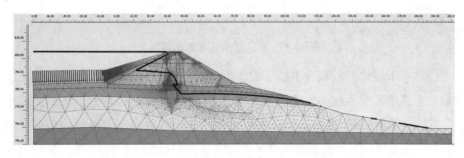

图 13.47　竣工设计工况四总主应变矢量图

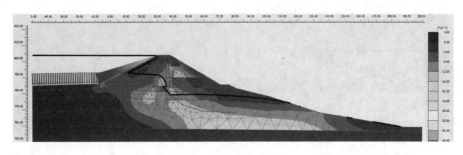

图 13.48　竣工设计工况四总主应变云图

坝体的破坏区分布,见图13.49,此时破坏区主要集中在上游坝体面层,滑动面坡脚处的坝基下层土区域,在截水槽左右两侧表现明显,上游坝基上土层拉伸断裂表现明显,但相比之前圆弧状滑动面破坏区明显减少。

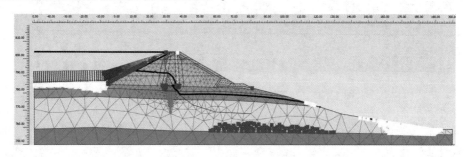

图 13.49　竣工设计工况四拉、剪破坏区分布图

(3)竣工设计工况五:有排水措施,即考虑灌浆帷幕+截水槽+排水垫层,但有"山竹"暴雨入渗坝体,模型建立如图13.50所示。

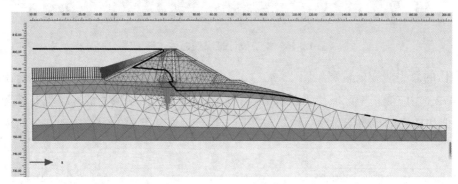

图 13.50　竣工设计工况五平面图

高水位状态下坝体的浸润线主要沿坝体面层向内渗透,透过上游过渡层向下发展并在截水槽与灌浆帷幕交界处渗透到坝基上层土中,整体的黏土心墙和两侧的反滤层保护完好,坝体整体变形见图13.51。总体方向上的水平位移表现在上游坝面浸润线覆盖区域,并由此扩展至坝心与反滤过渡层处,最终滑坡面穿过坝基三层土层。整体滑坡面位于坝体中部,最大位移值为190.2m。

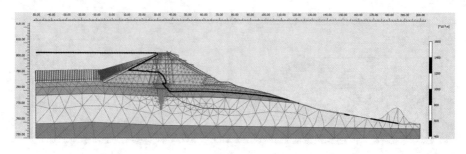

图 13.51　竣工设计工况五变形网格图

坝体的总主应变矢量图见图 13.52、相对剪应力云图见图 13.53，总主应变最大值为 583.3×10^3，最小值为 -398.8×10^3，应力变形主要发生在上游坝顶、下游坝体面层和截水槽周边，由于暴雨作用，坝体下游处于裸露面，受暴雨侵蚀，出现不稳定现象，坝体由于雨水和高水位的双重耦合作用，内部土石料黏结力极剧下降，致使坝体内部出现极大相对剪切力。

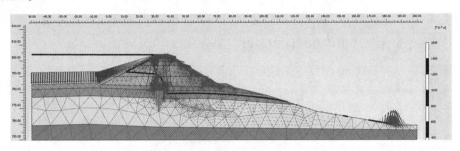

图 13.52 竣工设计工况五总主应变矢量图

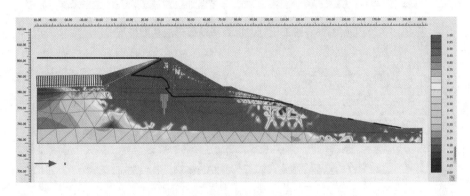

图 13.53 竣工设计工况五相对剪应力云图

坝体的破坏区分布(见图 13.54)主要集中在坝体和坝基土层中部，主要原因是极端暴雨状态下，由于雨水渗透到坝体面层内部和坝基土层，致使坝基内部发生渗透破坏，进而使坝体承载力降低，最终导致溃坝事故发生。

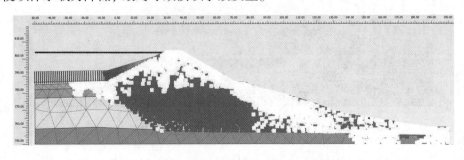

图 13.54 竣工设计工况五拉、剪破坏区分布图

13.4.3 滑动面形成

(1)竣工设计工况六：无排水措施，即不考虑灌浆帷幕+无截水槽+排水垫层失效，模型建立如图13.55所示。

坝体整体变形见图13.56和图13.57，浸润线沿堆石料面层向下扩展至中部，透过反滤过渡层和坝心向右扩展，整体浸润线较高。坝体上游部分表现出较大位移，位移最大值为-834mm，最大区域集中在坝体中部以上部分。

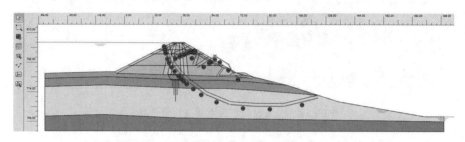

图13.55 竣工设计工况六滑动面形成初期模型

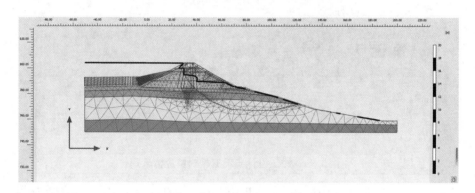

图13.56 竣工设计工况六变形网格图

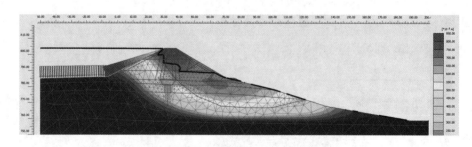

图13.57 竣工设计工况六总位移云图

坝体的总主应变矢量图见图13.58、云图见图13.59，最大值为-0.4337×10^{-6}，最小值为-0.04961，最大应变区域集中在截水槽和灌浆帷幕周边，以及在浸润线以上坝体区域表现明显，由于滑动面出现，在坝基下层土中也出现部分应变较大情况。

坝体的破坏区分布（见图13.60）主要集中在坝体面层与贯穿土层部分，在截水槽两

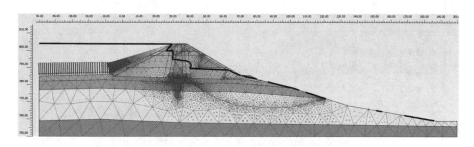

图 13.58　竣工设计工况六总主应变矢量图

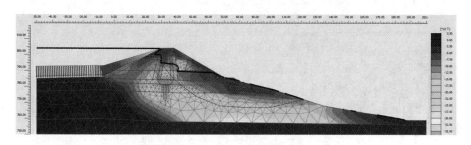

图 13.59　竣工设计工况六总主应变云图

侧土层也有所表现。

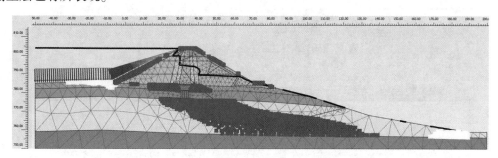

图 13.60　竣工设计工况六拉、剪破坏区分布图

（2）竣工设计工况七：有排水措施，即考虑灌浆帷幕+截水槽+排水垫层。

高水位状态下坝体的浸润线主要沿坝体面层向内渗透，在坝体中部开始向下发展并在上游截水槽与灌浆帷幕交界处渗透到坝基上层土中，整体的坝心和两侧的反滤层保护完好，坝体整体变形见图 13.61 和图 13.62。总体方向上的水平位移表现在上游坝面浸润线覆盖区域，并由此扩展至坝心与反滤过渡层处，最终滑坡面穿过坝基三层土层。整体滑动区域位于滑坡面以上位置，最大位移值为 679.2mm。

坝体的总主应变矢量图见图 13.63、云图见图 13.64，最大值为 0.04577，最小值为 −0.05974，应力变形主要发生在上游坝体坡脚、下游坝体面层和截水槽周边，由于滑动面出现，坝基下层土中也出现部分应变较大情况。

坝体的破坏区分布（见图 13.65）主要集中在坝基土层，主要原因是高水位状态下，

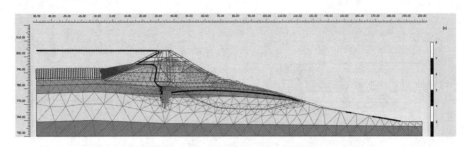

图 13.61 竣工设计工况七变形网格图

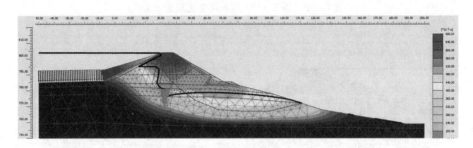

图 13.62 竣工设计工况七总位移云图

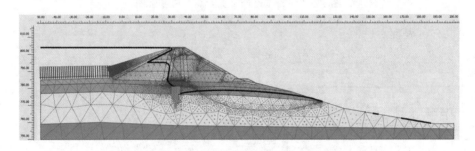

图 13.63 竣工设计工况七总主应变矢量图

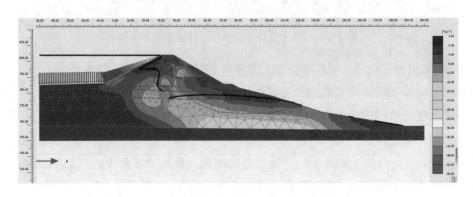

图 13.64 竣工设计工况七总主应变云图

结合排水措施,水渗透到坝基土层内部,致使坝基发生渗透破坏,最终致使坝体面层出现拉伸断裂破坏,导致溃坝事故发生。

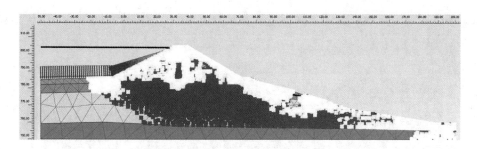

图 13.65　竣工设计工况七拉、剪破坏区分布图

◆◇ 13.5　主大坝结构设计

主大坝坝顶高程 1065.80m，坝高 95.00m，坝顶宽度 10m，坝顶轴线长度 294.50m。两岸坡比设计为 1∶1.75；采取上缓下陡方式布置下游坝坡。整体坝型为土石坝，中间设置黏土心墙，两侧分别设置反滤层和过渡层，在下游过渡层外考虑排水体设置，堆石料区按照施工设计计算中的设计粒径进行现场验收，统一验收合格后进行分层填筑，为方便石料运输，在上下游坝坡设置上坡公路，在距离坝顶 20m 处设置 2m 宽马道，同时在坡脚处设置排水沟渠，大坝结构设计典型剖面图见图 13.66。

与副坝不同，主坝坝址位于两山马鞍处，为清除软弱地基层进行了大量削坡处理，以至于整体坝型坐落于垭口处，相比于副坝，主坝在设计施工过程中设置了截水槽和注浆帷幕，以防止坝体发生渗透破坏，同时在两侧坡脚处设置了排水体。对上下游临岸山体也进行了放坡处理，但相比于坝体坡度较为陡峭，上游临岸坡比设计为 1∶1，下游临岸坡比设计为 1∶1.3。

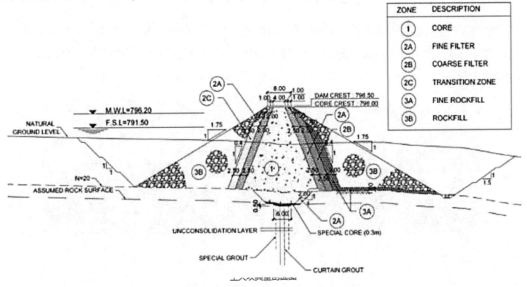

图 13.66　主大坝坝体典型剖面图

主坝考虑灌浆帷幕+截水槽+排水垫层全套截水措施，模型建立如图 13.67 所示。

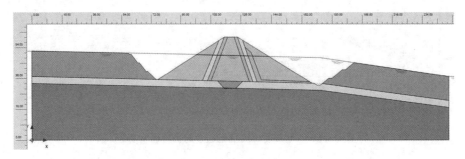

图 13.67　主坝详细设计平面图

高水位状态下坝体的浸润线主要沿坝体面层向内渗透，透过上游排水垫层向下发展并在截水槽与灌浆帷幕交界处渗透到坝基底部至临岸山体，整体的黏土心墙和两侧的反滤层部分受到浸透，在下游坝体区域内也存在浸透，坝体整体变形见图 13.68。总体方向上的水平位移表现在下游坝面浸润线上部区域，以及下游邻近山坡出现较大滑坡位移，最大位移值为 4.085m。

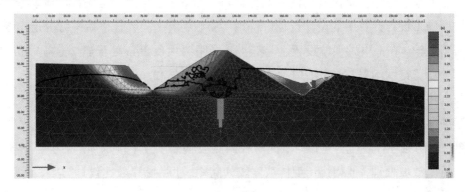

图 13.68　主大坝设计总位移云图

坝体的总主应变云图见图 13.69，最大值为 1.564，最小值为−1.572，应力变形主要发生在下游坝体坡脚处，由于地基处于高水位渗透作用下，邻近山坡坡脚处也出现部分应变较大情况。

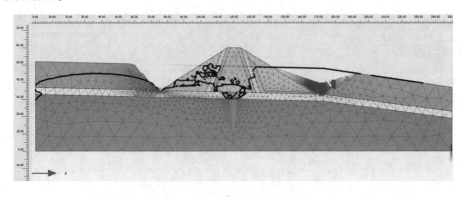

图 13.69　主大坝设计总主应变云图

相比于副坝未进行软弱地基处理，高水位下截水槽和注浆帷幕可以有效降低浸润线位置，主坝坝体前期已经进行软弱地基清除，此时注浆帷幕发挥效果不大，加之坝址位于垭口处，天然的不利地形，导致高水位下坝体近三分之二位于水位以下，在地表处看95m 的高坝型近乎沦为"低坝"，且由于临岸山体放坡不足，存在滑坡危险。

坝体的相对剪应力云图见图 13.70，最大值为 100%，最小值为 1.724%，主要集中在坝体内部和下游邻近山坡，主要原因是高水位状态下，由于部分水渗透到坝体面层内部，致使坝体内部和下游邻近山坡发生渗透破坏，堆石料直接黏结力减小出现滑移，最终致使坝体面层出现拉伸断裂破坏，导致溃坝事故发生。

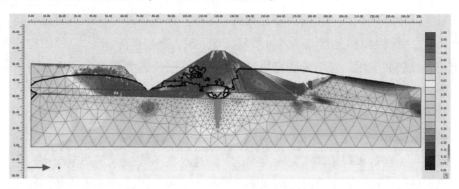

图 13.70　主大坝设计相对剪应力云图

◇ 13.6　中国大坝结构设计

我国土石坝发展历史久远，新中国成立后大致可分为三个发展阶段：第一阶段是1949—1957 年，该阶段主要以土坝为主，坝型简单，材质多为均质黏土或包含心墙的砂砾石坝，坝高多为中低坝；第二阶段是 1958—1980 年，该阶段坝高有所增加，坝型多为均质土坝及黏性土心墙或斜墙砂砾石坝，相比之前，该阶段更注重地基防渗处理；第三阶段是 1980 年以来，随着施工技术的不断完善，碾压式高土石坝已逐步形成土质心墙（或斜心墙）堆石坝和混凝土面板堆石坝两种主导坝型。

最具代表性的工程：天生桥一级水电站的混凝土面板堆石坝、黄河小浪底水利枢纽的土质斜心墙堆石坝（见图 13.71）。

土质斜心墙堆石坝设计要求：斜心墙位于坝体上游面，顶部在静水位以上的超高，在正常运用情况下不小于 0.6~0.8m，非常运用情况下不得低于非常运用的静水位，预留竣工后沉降超高。对于坡度要求：外坡根据稳定计算决定，内坡视坝体材料及施工情况决定，若坝体为砂砾石，内坡一般不陡于 1∶2。土质斜墙施工采用分层碾压技术，与上下游接触部分都要设置过渡反滤层，施工时坝体施工不受斜墙限制，可先行施工。

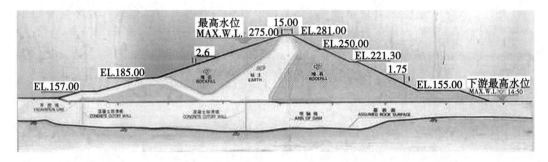

图 13.71 黄河小浪底土质斜心墙堆石坝

经过近几十年的发展，我国大坝在数量、类型、坝高和筑坝技术上均有了突飞猛进的发展，重力坝、拱坝和土石坝等多种坝型都有了很大发展，新材料、新结构也在坝工建设中得到了发展和应用。在不断研究和实践中，总结出控制大坝安全的主要因素表现在以下几方面。

（1）渗流特性与控制。①坝体——高水位下坝体多半被浸润，若无良好的排水措施，在坝体内形成饱和区域土体有效重度降低，抗剪强度将明显降低，出现滑坡风险；②库区变化水位——在蓄水期库区水位发生变化，渗透水在不同流速下产生动水压力，若超过允许水力坡降，坝体存在渗透破坏风险；③地基基础——存在高渗透性问题，若未及时进行防渗墙、截水槽等截水措施处理，坝基长时间受渗透水侵蚀，会发生管涌或流土风险，由于坝基被掏空，易发生溃坝风险。

因此对于大坝的设计须满足渗透要求，设计合理的防渗措施十分必要，在心墙两侧增设过渡反滤层，增设防渗墙减少坝基发生渗透破坏风险。

（2）冲刷特性与控制。土石坝的抗冲刷风险较低，尤其在极端环境下像暴雨、风浪等自然灾害对坝体坡面的冲刷作用，极易因其坡脚出的鼓包，导致整个坝体坡面黏结力降低，一旦坡脚被浸湿破坏，坡面缺少支撑力，就会出现滑坡风险。

因此多数土石坝要避免水流漫坝，对于水库较大容量的坝体须注意上下游坡面排水措施，必要时增设溢流坝，可进行排水。

（3）坝体稳定性与控制。①土石坝一般坝型设计较高，竣工后较大的沉降会导致坝高不达标，且较大不均匀沉降会产生坝体裂缝，导致坝体存在漏水风险；②土石坝坝体是由土石料堆砌而成，散粒结构材料局部范围剪应力大于允许剪应力时，会发生坡体滑动或地基滑动风险。

因此在对坝体施工时要预留一定量的沉降值；为防止不均匀沉降和散粒结构滑坡风险，要合理设计坝体坡度比和坝体骨料颗粒级配，对于填筑料进行现场试验，符合设计标准才能进行填筑。

基于老挝 XPXN 水电站土石坝溃坝事故，通过数值模拟分析发现，老挝 XPXN 水电站副坝溃坝的主要原因是地基基础的高渗透性，结合截水排水措施不断削减导致溃坝，主坝进行地层的大面积削除，致使坝体坐落于马鞍处，上下游两岸都受水位渗透影响，整体稳定性较差，两种坝型在坝基和坝体处理上多有不合理之处。因此在坝体方案防渗方面应着重以下几点。

（1）心墙处理。土斜墙和土心墙的顶部应高于水库静水位 0.3~0.8m，以防其上面保护层土料毛管水上升而发生"漫顶现象"。如果在坝顶设有与土斜墙、土心墙紧密连结的稳定的不透水混凝土防浪墙，则土斜墙、土心墙的顶部高度不受此限制。土斜墙、土心墙的底部与基岩连接时，应开挖掘水槽，将全风化岩挖除，深入弱风化岩 0.5~1.0m，浇筑混凝土板或喷混凝土，或浇筑混凝土齿墙，然后填土，以免填土与裂隙发育的岩石接触，填土被裂隙内集中渗漏冲刷造成管涌。

（2）排水体设置。为了有效地排出坝体和坝岩的渗透水，降低坝体的浸润线和坝基的渗透压力，汇集排走坝坡排水沟的雨水，防止下游尾水冲刷坝脚，并对坝坡起一定支撑作用，应在坝趾附近设置排水体。排水体与坝体土砂接触面，应设反滤层；排水体外坡的块石大小，应根据尾水波浪设计。棱柱体式排水体能在一定程度上降低下游坝体浸润线。如将排水带伸入坝体，则降低浸润线的效果更好。排水体的顶宽一般应宽于1m，以利于行走检查。顶部高出最高尾水位 1.5~2.0m，并高出浸润线 1m 以上。

（3）坝基处理。当透水坝基厚度小于 15m 时，一般采用开挖截水槽到弱风化基岩，浇筑混凝土垫层，或喷混凝土，进行固结灌浆，然后填筑土截水墙，上部再填筑土心墙或土斜墙。土截水墙的底宽，根据土与混凝土垫层的接触面允许渗透比降确定。对于Ⅲ、Ⅳ级坝或低坝，可不浇筑混凝土垫层或喷混凝土，只用混凝土填塞裂隙，土截水墙底部直接与基岩接触，其底部宽度根据土与岩石接触面的允许渗透比降确定。由于接触面允许靠进比降较小，因而需要较长的接触渗径，为了适当减小土截水墙底部宽度，常在混凝土垫层顶部浇筑齿墙、齿槽。

当透水坝基的厚度大于 30m 时，如用支撑法开挖直井，浇筑混凝土截水墙，则施工困难，工期长，造价高，故应采用机械造孔，浇筑混凝土防渗墙。

（4）上下游护坡处理。堆石坝的上游护坡，可在堆石料场挑选适当块径和级配的石料，在堆石坝填筑时逐层抛填在上游坡范围内。在堆石护坡下，不必设置垫层；而在砂卵石坝壳的上游堆石护坡下，应设置垫层。

下游坝壳为块石、卵石筑成时，则不必设下游护坡；若下游坝壳为砂卵石，则可以采用卵石或碎石护坡，块径为 20~100mm，厚度为 40cm 左右；下游坝壳为黏性土，也可以采用卵石或碎石护坡，块径用 5~100mm 级配料较好，如用 20~100mm 块径，则需加砂砾垫层；下游坝壳为黏性土，在温暖湿润地区，可用草皮护坡，草皮应选爬地矮草，也可采用植草护坡，在黏性土坝坡上先铺腐殖土，加肥料后再撒草籽，草籽用湿砂和锯末混拌，以便撒播均匀。

结合主坝分析结果和以上防渗处理措施，提出大坝结构设计的中国方案，首先对地基薄弱处进行处理，并对心墙两侧分别设置两层反滤层和一层过渡层，结合地基已经进行软弱地基处理，设置注浆帷幕截水措施，截水帷幕须深入风化岩层，在两侧分别设计较短的注浆帷幕，长度穿过软弱土层，整体排距为 3m，下游岸土石料处设置次堆石料区，以加强整体坝型的排水，在上游坡脚处设置排水棱体，并对坝体进行不同梯度的放坡处理，保障整体坝型较为顺直。模型建立如图 13.72 和图 13.74 所示。

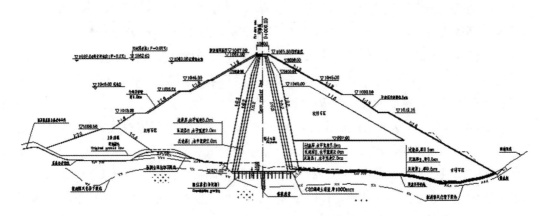

图 13.72　中国主大坝体典型剖面设计图

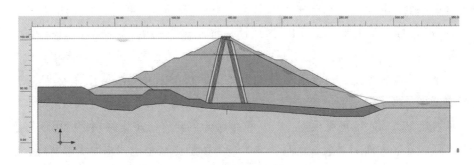

图 13.73　大坝结构设计典型平剖面图

　　高水位状态下坝体的浸润线主要沿过渡层向下发展至注浆帷幕下层，最终沿坝体下表面排出，整体的黏土心墙和两侧的反滤层保护完好，坝体的变形网格形变图见图 13.74，最大值为 0.11549mm。

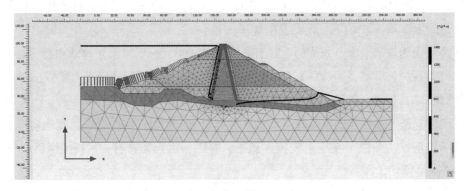

图 13.74　中国大坝坝体变形网格图

坝体的总主应变矢量图见图 13.75，最大值为 64.72×10^{-6}，最小值为 -48.69×10^{-6}，应力变形主要发生在下游坝体面层靠近坝顶位置，整个坝体中部未出现明显的应力变形区域，整个坝体稳定性表现良好。

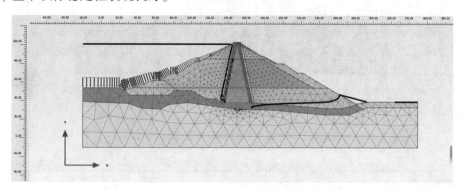

图 13.75　中国大坝结构设计总主应变矢量图

坝体的相对剪应力云图见图 13.76，最大值为 100%，最小值为 0，主要集中在坝体下游面层处，在下游坝体内部也存在部分相对剪切应力较大的部分，上游坝体内部并未出现明显较大剪切应力值。

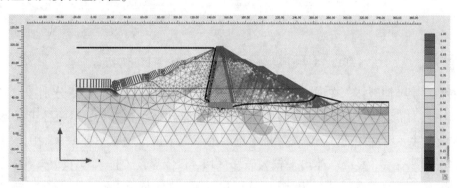

图 13.76　中国大坝结构设计相对剪应力云图

坝体的总主应变云图见图 13.77，最大值为 2.044×10^{-6}，最小值为 -62.26×10^{-6}，应力变形主要发生在下游坝体面层中部和坡脚部分，整体应变区域较小，沿上游坝面中部到下游坡脚位置存在明显圆弧状分割线，表面高水位状态下，坝体内部渗入，但是由于排水条件良好，坝体并未出现明显应变区域。

坝体的破坏区分布（见图 13.78）主要集中在下游坝体面层和坝顶位置，多表现为拉伸状态的破坏，主要破坏区域集中在下游坡脚处，由于受排水影响，坡脚处受到浸水渗透破坏，堆石体黏结力降低，由此出现剪切破坏，但整体破坏区域较小，该坝型设计排水渗透措施处理较好，整体大坝稳定性表现良好。

在初步设计工况下，考虑全套排水设施，即考虑灌浆帷幕+有截水槽+1m 排水垫层，在高水位工况下，坝体整体稳定性较好，坝体水平位移较小，最大位移值为 19.81mm，

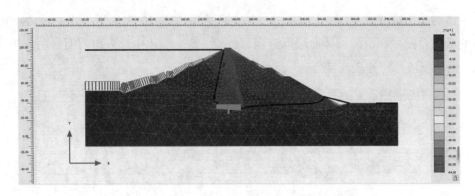

图 13.77 中国大坝结构设计总主应变云图

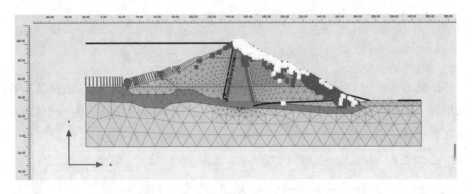

图 13.78 中国大坝结构设计拉、剪破坏区分布图

坝体主要发生弹性破坏。在详细设计工况下，对排水措施进行"优化"，分别考虑取消截水槽和注浆帷幕设置，通过对比注浆帷幕的截水效果比截水槽好些，但两种工况下破坏区域主要发生上游坝壳处；在仅设置排水垫层的工况下由于坝基下部截水措施缺少，致使坝体浸润线上移，整个坝体出现较大破坏区域，仅依靠设置排水体，坝体渗透特性增益效果欠佳。在竣工设计工况下，对比分析仅 0.5m 排水垫层工况和考虑全部排水措施工况，分别考虑在带裂缝、滑动面出现、滑动面形成三种情况下坝体渗透特性，结果表明在坝体出现裂缝初期，考虑全部排水措施坝体，其渗透破坏区域较小，在滑动面出现后，对坝体都出现破坏性区域，同时暴雨天气会加速溃坝事故的发生。

对主体大坝进行结构设计，由于坝体位于垭口处，在长时间的水位渗透作用下，坝体内部剪切应力较集中，且坝体下游邻近山体由于地基发生渗透破坏，存在滑坡危险。对比老挝水库大坝设计方案，进行中国大坝结构设计，首先避免坝址位于垭口处，对坝基进行清除处理和黏土心墙加固处理，发现该坝型能较好地降低浸润线，整个坝体排水性能机制良好，即使在高水位工况下，坝体破坏区域也不明显。

◈ 13.7　研究小结

主要对老挝 XPXN 溃坝进行遥感演化及滑坡机理分析研究，以 Xe Pian Xe Namnoy 水电站溃坝工程为研究对象，在结合重大灾害分析和渗透理论研究的基础上，对该溃坝事故进行洪水推演分析，结合勘察渗透试验和坝体结构设计对坝体垮塌机制进行分析，最后利用数值模拟对该大坝进行了流固耦合力学特性分析，并结合三个结构设计阶段方案进行不同工况设置下的滑坡机理分析。

对重大灾害进行特征分析，对滑坡、泥石流/溃坝和重大气象灾害特征进行分析，深入剖析灾害发生机理及其破坏特征，灾害发生具备内外两项因素：自身结构特性与环境影响，其中极端降雨、风暴和地震灾害等对水利工程稳定性有重大影响力；并结合国内外文献对研究土石坝流固耦合力学特性的基础理论进行分析，分别从渗流场基本理论、数值分析方法和有限元软件应用三方面展开分析，并结合有限元软件进行坝体模拟工序分析，为数值模拟计算提供理论支撑。

结合 Saddle Dam D 副坝溃坝事件工程案例，对该事故进行洪水推演分析，基于 STRM-30 数字高程建立模型，模拟演化溃坝发生 80h 的情景，分析表明，溃坝发生后，初期由于坡降大，洪水演进速度非常快；到达平坦地区后，演进速度大大降低；推演发现部分地区洪水深度为 5~8m，在洪水到达第一个村庄后很快消散，在短期内又出现水位上升情况，洪水推演 80h 时，部分地区的水位以平均每天 0.1~0.2m 的速度下降，水位消散需要用到 50 天时间；对事故发生前后的洪水卫星分布图进行对比分析，通过溃坝前后对比图发现事故发生后水库水位明显减少；结合该溃坝事件，提出大坝运营期间的风险分析和管理，由业主和政府进行应急预案管理，对溃坝风险及时做出预警，提前做好灾害预防和人员疏散工作，以减少人员伤亡和不必要的经济财产损失。

通过对 Saddle Dam D 副坝溃坝事故发生时间线进行梳理，对该事故进行原因分析发现：坝体填筑不密实，水库蓄水后坝体的湿化变形造成坝体上、下游方向的不均匀沉陷；坝基存在问题，其地勘报告提供的数据表明基础为硬黏土地基，实地勘察发现地基中存在多种杂质，地基基础为不均匀土质；结合前期勘察数据设计方案进行优化处理，取消截水帷幕，并将排水垫层厚度缩减一倍，致使整个坝体的防渗措施大大削减，面对渗透性较高的地基和极端天气的耦合作用，出现渗透破坏问题。从而产生了渗水引发地基侵蚀，坝体出现圆弧滑动到溃坝的重大事故。

结合以上问题，从选址条件分析、筑坝材料设计、坝体计算分析、坝基处理和填筑施工工艺设计等方面，对大坝进行施工方案设计，重新完善大坝工程项目。

通过不同设计阶段的结构方案，对高水位下坝体进行流固耦合计算，得到坝体渗流变化和稳定性变化规律：在初步设计工况下，考虑全套排水设施，即考虑灌浆帷幕+有截水槽+1m 排水垫层，在高水位工况下，坝体位移较小，最大位移值为 19.81mm，坝体主要发生弹性破坏；在详细设计工况下，对排水措施进行"优化"，分别考虑取消截水槽和注浆帷幕设置，此时由于坝基下部截水措施缺少，致使坝体浸润线上移，坝体出现较大破坏区域，发现仅依靠设置排水体，对坝体渗透特性无增益效果；在竣工设计工况下，仅设置 0.5m 排水垫层，此时破坏区域仅在坝基处较为严重，且分别考虑在带裂缝、滑动面出现、滑动面形成三种情况下有无排水设施对坝体渗透特性的影响，结果表明增设全部排水举措的坝体，其渗透破坏区域较小，且在滑动面出现后，暴雨天气会加速溃坝的发生；对主体大坝进行结构设计，由于坝体位于垭口处，在长时间的水位渗透作用下，坝体内部剪切应力较集中，且坝体下游邻近山体由于地基发生渗透破坏，存在滑坡危险；对比老挝水库大坝设计方案，进行中国大坝结构设计，首先避免坝址位于垭口处，对坝基进行清除处理和黏土心墙加固处理，发现该坝型能较好地降低浸润线，整个坝体排水性能机制良好，即使在高水位工况下，坝体破坏区域也不明显。

主要参考文献

［1］ 王亚娟，赵小伟，臧敏，等.北京市"7·20"特大暴雨洪水分析［J］.北京水务，2016(5)：1-6.

［2］ 叶超凡，张一驰，程维明，等.北京市区快速城市化进程中的内涝现状及成因分析［J］.中国防汛抗旱，2018(2)：19-25.

［3］ 周栋.海绵城市建设中地层特性与蓄排水功能的相互关系研究［D］.北京：北京科技大学，2017.

［4］ 赵雪媛."海绵城市"视角下北京中心城内涝区场地优化设计研究［D］.北京：北京工业大学，2016.

［5］ CHEN X G, YANG Q L, YANG K.Construction approaches of urban spongy park based on low impact development［J］.Journal of Landscape Research，2016，8(3)：27-30.

［6］ 杨建刚.新加坡深水排污隧道系统 DTSS-T01 标 A 大断面新奥法隧道施工技术［J］.岩石力学与工程学报，2004(增刊2)：5170-5173.

［7］ 赵勇.隧道软弱围岩变形机制与控制技术研究［D］.北京：北京交通大学，2012.

［8］ 吴丽娟.城市污水管道顶管施工工艺及问题［J］.科技资讯，2009(8)：32.

［9］ 卢广芝.顶管技术在污水管道安装中的应用［J］.信息记录材料，2017(10)：183-185.

［10］ 邢康宁，张欣艳.隧道施工中浅埋暗挖法施工技术的发展探究［J］.中外建筑，2014(5)：128-129.

［11］ 刘刚.浅埋暗挖法隧道施工技术的发展［J］.科技资讯，2013(14)：43-44.

［12］ 贺长俊，蒋中庸，刘昌用，等.浅埋暗挖法隧道施工技术的发展［J］.市政技术，2009(3)：274-279.

［13］ 丁士昭.市政公用工程管理与实务［M］.北京：中国建筑工业出版社，2016.

［14］ 关宝树.漫谈矿山法隧道技术第九讲：隧道开挖和支护的方法［J］.隧道建设，2016(7)：771-781.

［15］ 廖渊智，周娟.浅析隧道工程支护理论研究现状［J］.山西建筑，2010(8)：308-309.

［16］ 吴浪.隧道工程中新奥法施工技术的应用分析［J］.黑龙江交通科技，2017(6)：173-175.

［17］ 何建钢.浅谈隧道预支护原理及其应用［J］.北方交通，2014（7）：113-115.

［18］ 魏新江，魏纲，丁智.城市隧道工程施工技术［M］.北京：化学工业出版社，2011.

［19］ 陈春来，赵城丽，魏纲，等.基于 Peck 公式的双线盾构引起的土体沉降预测［J］.岩土力学，2014（8）：2212-2218.

［20］ 宫亚峰，王博，魏海斌，等.基于 Peck 公式的双线盾构隧道地表沉降规律［J］.吉林大学学报（工学版），2018，48（5）：1411-1417.

［21］ 朱正国，黄松，朱永全.铁路隧道下穿公路引起的路面沉降规律和控制基准研究［J］.岩土力学，2012（2）：558-563.

［22］ 李新志，李术才，李树忱，等.极浅埋大跨度连拱隧道地表沉降模型试验研究［J］.武汉理工大学学报（交通科学与工程版），2012（6）：1118-1121.

［23］ 康佐，王军琪，邓国华，等.西安地铁一号线盾构隧道下穿朝阳门段城墙沉降数值模拟分析［J］.隧道建设，2015（1）：9-15.

［24］ 许明.黏土隧道小导管注浆离心机模型试验［J］.西南交通大学学报，2013（3）：423-427.

［25］ WU K, ZHANG W, WU H T, et al.Study of impact of metro station side-crossing on adjecent existing underground structure［J］.Journal of Intelligent and Fuzzy Systems, 2016, 31（4）：2291-2298.

［26］ OCAK I.Control of surface settlements with umbrella arch method in second stage excavations of Istanbul Metro［J］.Tunnelling and Underground Space Technology, 2008, 23（6）：674-681.

［27］ 茅泽育，相鹏，赵璇，等.圆形断面排水管道水力特性探讨［J］.给水排水，2006（7）：42-46.

［28］ 黎晓林，刘建华.大口径排水管道优化设计研究［J］.中国给水排水，2013（13）：60-63.

［29］ 李启洋.隧道浅埋软弱围岩段的管棚超前支护施工技术［J］.交通世界，2017（24）：108-109.

［30］ 徐坤.大管棚超前支护技术在浅埋暗挖隧道施工中的应用［J］.四川建筑，2010（5）：195-197.

［31］ XIAO J Z, DAI F C, WEI Y Q, et al.Analysis of mechanical behavior in a pipe roof during excavation of a shallow bias tunnel in loose deposits［J］.Environmental Earth Sciences, 2016, 75（4）：1-18.

［32］ XU B S, ZENG Z Y, CHEN, C, et al.Numerical Analysis of Large Pipe Roof Support Reinforcement in Shallow Expansive Loess Tunnel［J］.Applied Mechanics and Materials, 2013, 353-356.

［33］ 孙亚朋.超前小导管在隧道开挖过程中支护机理的研究［D］.郑州：河南工业大学，

2016.

[34] 王珏.软弱围岩隧道超前小导管支护参数分析及应用研究[D].重庆：重庆交通大学，2016.

[35] 蔡养弟.宜万铁路云雾山岩溶隧道超前钻孔注浆封堵技术[J].山西建筑，2015（7）：183-184.

[36] 李治国，王全胜，徐海廷.隧道钻孔注浆一体化施工技术[J].隧道建设，2010（4）：365-370.

[37] CHENG X D, QIN P J.Analysis on the mechanical behavior of pipe roof and rock bolt of shallow and unsymmetrical tunnel in soft rock[J].2012, 443-444：267-271.

[38] WALDEMAR K, KRZYSZTOF S, KRZYSZ TOF Z.Reinforcement of underground excavation with expansion shell rock bolt equipped with deformable component[J].2017, 39（1）：39-52.

[39] 易运洋.隧道掌子面失稳模式及超前锚杆加固机理的研究[D].天津：天津大学，2014.

[40] 张建国，温淑莲.隧道洞口超前锚杆预支护三维有限元模拟分析[J].山东交通学院学报，2014（3）：51-54.

[41] 陈二平.自进式锚杆在隧道超前支护中的应用[J].价值工程，2014（10）：143-145.

[42] 彭潜，肖庆华，尹健民，等.高应力软岩隧道开挖优化及锚杆加固效果研究[J].地下空间与工程学报，2017（增刊1）：245-250.

[43] 赵勇.中国高速铁路隧道[M].北京：中国铁道出版社，2016.

[44] 程续，张向东，李昂.隧道防排水发展综述与展望[J].山西建筑，2017（20）：181-183.

[45] 关立春.隧道防排水施工技术及质量控制分析[J].资源信息与工程，2017（2）：158-159.

[46] 刘文武，张志才.铁路隧道衬砌中埋式橡胶止水带安装工艺探讨[J].铁道建筑，2014（12）：40-42.

[47] 王雪龙，刘军，龚赟.盾构隧道管片施工缝截水防渗工艺[J].中国建筑防水，2016（21）：32-34.

[48] 李刚，杨飞雪.公路隧道洞口工程施工技术探讨[J].工程技术研究，2017（11）：57-58.

[49] 赵威.山区高速公路隧道洞口边坡稳定性分析及防护研究[J].北方交通，2017（1）：80-84.

[50] 姚伟振.浅埋暗挖法地铁隧道土方开挖施工技术[J].价值工程，2015（12）：146-148.

[51] 翟大明.试论浅埋暗挖法地铁隧道土方开挖施工技术[J].黑龙江科技信息，2016

(35)：246.

[52] 徐林生.隧道工程衬砌结构补强加固技术研究[J].中外公路，2017(5)：203-205.

[53] 姚仰平，张丙印，朱俊高.土的基本特性、本构关系及数值模拟研究综述[J].土木工程学报，2012(3)：127-150.

[54] 黄茂松，姚仰平，尹振宇，等.土的基本特性及本构关系与强度理论[J].土木工程学报，2016(7)：9-35.

[55] 王海波，徐明，宋二祥.基于硬化土模型的小应变本构模型研究[J].岩土力学，2011(1)：39-43.

[56] 谢东武，管飞，丁文其.小应变硬化土模型参数的确定与敏感性分析[J].地震工程学报，2017(5)：898-906.

[57] 王春波，丁文其，乔亚飞.硬化土本构模型在FLAC~(3D)中的开发及应用[J].岩石力学与工程学报，2014(1)：199-208.

[58] 吴双.2010年以来美国溃坝统计与分析[J].大坝与安全，2020(5)：61-65.

[59] YAN C L, TU J, LI D Y, et al.The failure mechanism of concrete gravity dams considering different nonlinear models under strong earthquakes[J].Shock and Vibration，2021，2021：1-17.

[60] RUAN H C, CHEN H Y, WANG T, et al.Modeling flood peak discharge caused by overtopping failure of a landslide dam[J].Water，2021，13(7)：921.

[61] 赵雪莹，王昭升，盛金保，等.小型水库溃坝初步统计分析与后果分类研究[J].中国水利，2014(10)：33-35.

[62] 李宏恩，马桂珍，王芳，等.2000—2018年中国水库溃坝规律分析与对策[J].水利水运工程学报，2021(05)：101-111.

[63] 胡亮，钟启明，陈亮.土石坝溃决人员生命损失评估方法研究[J].人民长江，2021，52(4)：201-208.

[64] 袁辉，闫滨.大坝险情处置典型案例分析[J].中国水能及电气化，2018(11)：4-11.

[65] 张士辰，王晓航，厉丹丹，等.溃坝应急撤离研究与实践综述[J].水科学进展，2017，28(1)：140-148.

[66] 厉丹丹，柳志国，李雷.溃坝事件中的人因失误分析[J].水利水运工程学报，2013(6)：92-95.

[67] 童立强，张晓坤，程洋，等."8·7"甘肃舟曲县特大泥石流灾害遥感解译与评价研究[J].遥感信息，2011(5)：109-113.

[68] 李珊珊，宫辉力，范一大，等.舟曲特大山洪泥石流灾害遥感应急监测评估方法研究[J].农业灾害研究，2011(1)：67-72.

[69] YIN J Z, HE F Q, LUO Z B.Researching the relationships between the environmental change of vegetation and the activity of debris flows based on remote sensing and GIS

[J].Procedia Environmental Sciences, 2011, 11(13)：918-924.

[70] LU H M, NAKASHIMA S, LI Y J, et al.A fast debris flow disasters areas detection method of earthquake images in remote sensing system[J].Disaster Advances, 2012, 5 (4)：796-799.

[71] YU H, GAN S, YUAN X P, et al.Remote sensing monitoring of debris flow area in Dabaini River Basin of Xiaojiang, Dongchuan County[C].2018 7th International Conference on Agro-geoinformatics.IEEE, 2018：1-6.

[72] 许志辉.渭河洪水遥感监测应用[J].中国防汛抗旱, 2022, 32(增刊1)：69-72.

[73] 黄筱, 张林杰, 冯刚, 等.无人机遥感在黑龙江特大洪水应急监测中的应用[J].水利水电快报, 2023, 44(3)：34-38.

[74] 刘畅, 唐海蓉, 计璐艳, 等.长时间序列1984—2020年密云水库水面信息遥感监测与分析[J].遥感学报, 2023, 27(2)：335-350.

[75] 柳广春, 邢文战, 何欢, 等.基于多源指数的暴雨灾害山体滑坡遥感监测[J].辽宁科技学院学报, 2023, 25(1)：6-9.

[76] 张磊, 宫兆宁, 王启为, 等.Sentinel-2影像多特征优选的黄河三角洲湿地信息提取[J].遥感学报, 2019, 23(2)：313-326.

[77] 唐尧, 王立娟, 马国超, 等.利用国产遥感卫星进行金沙江高位滑坡灾害灾情应急监测[J].遥感学报, 2019, 23(2)：252-261.

[78] 叶振南, 田运涛, 陈宗良, 等.西藏芒康县斜坡地质灾害空间分布特征与易发性区划[J].自然灾害学报, 2021, 30(3)：199-208.

[79] 单博.基于3S技术的奔子栏水源地库区库岸地质灾害易发性评价及灾害风险性区划研究[D].长春：吉林大学, 2014.

[80] 刘新喜, 夏元友, 练操, 等.库水位骤降时的滑坡稳定性评价方法研究[J].岩土力学, 2005(9)：1427-1431.

[81] 谢定松, 蔡红, 李维朝, 等.库水位快速变动条件下心墙坝上游坝壳自由水面线变化规律研究[J].岩土工程学报, 2012, 34(9)：1568-1573.

[82] 时铁城, 阮建飞, 张晓.库水位骤降情况下土石坝坝坡稳定分析[J].人民黄河, 2014, 36(2)：93-94.

[83] 代雪, 张家明.某场地边坡稳定分析方法的比较研究[J].中国安全生产科学技术, 2021, 17(11)：119-124.

[84] 侯恩传, 田林.渗流作用下心墙坝加固前后稳定性对比分析[J].贵州大学学报(自然科学版), 2023(2)：103-109.

[85] 杨帆, 池苗苗.土石坝溃坝渗流与边坡稳定性联合分析[J].水利科学与寒区工程, 2023, 6(1)：31-34.

[86] 田忠伟.基于格子Boltzmann方法的多孔介质孔隙裂隙结构渗流模拟研究[D].青

岛：济南：山东科技大学，2018.

[87] 李新栋.多孔介质渗流问题守恒特征线数值方法及理论[D].济南：山东大学，2014.

[88] 孙文杰.ANSYS热分析模块对土石坝的渗流分析与研究[D].郑州：华北水利水电大学，2016.

[89] 王开拓，谢利云，刘辉.库水位降落作用下均质土石坝渗流场及坝坡稳定性分析[J].水电能源科学，2018，36(8)：81-84.

[90] 王宁.土石坝渗流影响因素及坝坡稳定性研究[D].成都：西华大学，2018.

[91] 齐晓华.基于有限元法的土石坝渗流及稳定分析研究[D].呼和浩特：内蒙古农业大学，2012.

[92] 彭铭，毕竞超，朱艳，等.存在高渗透区的黏土心墙土石坝渗流稳定性分析[J].水利学报，2020，51(11)：1347-1359.

[93] 刘杰，丁留谦，缪良娟，等.沟后面板砂砾石坝溃坝机理模型试验研究[J].水利学报，1998(11)：69-75.

[94] 张丙印，李娜，李全明，等.土石坝水力劈裂发生机理及模型试验研究[J].岩土工程学报，2005，27(11)：42-46.

[95] 朱崇辉，王增红，刘俊民.粗粒土的渗透破坏坡降与颗粒级配的关系研究[J].中国农村水利水电，2006(3)：72-74.

[96] 王胜群.病险土石坝渗透规律的模型试验与数值模拟研究[D].重庆：重庆交通大学，2010.

[97] 冯新，张宇，范哲，等.考虑水平薄弱层的碾压混凝土拱坝振动台试验研究[J].水利学报，2016，47(12)：1493-1501.

[98] OKEKE C U, WANG F. Hydromechanical constraints on piping failure of landslide dams: an experimental investigation[J].Geoenvironmental Disasters，2016，3(1)：1-17.

[99] OKEKE C U, WANG F W.Critical hydraulic gradients for seepage-induced failure of landslide dams[J].Geoenvironmental Disasters，2016，3(1)：1-22.

[100] 闫冠臣，张嘎.有软弱通道土坝变形及溃决的离心模型试验研究[J].长江科学院院报，2017(8)：105-109.

[101] 杨仕志，保庆顺，马雪峰，等.野三河水电站泄水建筑物设计及试验研究[J].水电与新能源，2022，36(6)：12-15.

[102] 王新，胡亚安，李中华，等.泄水建筑物空蚀与冲磨耦合作用机制试验研究[J].工程力学，2020，37(增刊1)：63-67.

[103] 董金玉，王庆祥，王晓亮.拉哇水电站高水头大泄量泄水建筑物布置与设计[J].水力发电，2020，46(9)：80-83.

[104]　刘东，王庆祥，位伟，等.拉哇水电站右岸泄水建筑物进口边坡体型优化分析[J].中国农村水利水电，2022(4)：186-192.

[105]　刘茵.基于 COMSOL 多物理场仿真计算下水利大坝静、动力特性分析研究[J].地下水，2021，43(5)：132-135.

[106]　双学珍，李桢，张智涌.基于 Abaqus 的混凝土面板堆石坝建设运营期三维静力特征分析研究[J].四川水利，2020，41(4)：14-19.

[107]　马海兵.基于 ABAQUS 软件的土石坝静力分析[J].水利规划与设计，2017(7)：82-86.

[108]　耿传浩，郑星，杨文超，等.不同土石掺配比例对土石混合料的力学及渗透特性影响试验研究[J].土工基础，2023，37(1)：134-137.

[109]　ROCIO S，JAMIE E P，PATRICK P.Metamodel-based seismic fragility analysis of csoncrete gravity dams［J］.Journal of structural Engineering，2020，146（7）：04020121.

[110]　LEE W C，ZAINAB N A N.Performance of concrete gravity dams with height 50m and 75m based on incremental dynamic analysis［J］.Journal of Physics：Conference series，2020，1529(5)：052078.

[111]　SEVIERI G，DE FA，MARMO C.Shedding light on the effect of uncertainties in the seismic fragility analysis of existing concrete dams［J］.Infrastructwres，2020，5(3)：22.

[112]　HEBBOUCHE A，BENSAIBI M，MROUEH H，et al.Seismic fragility curves and damage probabilities of concrete gravity dam under near-far faults ground motions［J］.Structural Engineering International，2020，30(1)：74-85.

[113]　SAJAD E，HASSAN A，SEYED A H.Damage detection in concrete gravity dams using signal processing algorithms based on earthquake vibrations.2019，21(8)：2196-2215.

[114]　SOUMYA G，DAMODAR M.Seismic response of concrete gravity dams under near field and far field ground motions Engineering Structures，2019，196：109292.

[115]　BENEDETTA D，ANDREAM，SIMON L，etal.The punatsangchhu-I dam landslide il-luminated by InSAR multitemporal analyses［J］.Scientific Reports，2020，10(11)：218-235.

[116]　徐泽平.老挝桑片–桑南内水电站溃坝事件初步分析与思考[J].水利水电快报，2018，39(8)：6-10.

[117]　孔晨，房亚楠，陈安.老挝溃坝事件原因及救援策略[J].中国防汛抗旱，2019，29(3)：33-36.

[118]　何敏，王军，江琴.中国重大事故灾害时空分布特征及危险性评价[J].安徽师范大学学报(自然科学版)，2021，44(2)：160-168.

[119] 晏同珍，吴光.地质灾害的工程地质研究[J].水文地质工程地质，1989(4)：36-39.

[120] WILLY A.Lacerda.Landslide initiation in saprolite and colluvium in southern Brazil：Field and laboratory observations[J].Geomorphology，2006，87(3)：104-119.

[121] HAMDHAN I N，SCHWEIGER H F.Finite element method-based analysis of an unsaturated soil slope subjected to rainfall infiltration[J].International Journal of Geomechanics，2013，13(5)：653-658.

[122] 叶帅华，时轶磊，龚晓南，等.框架预应力锚杆加固多级高边坡地震响应数值分析[J].岩土工程学报，2018，40(增刊1)：153-158.

[123] 刘清泉.张门扎沟泥石流特征、形成机制和防治对策分析[J].四川地质学报，2022，42(4)：629-633.

[124] 杨强，王高峰，李金柱，等.白龙江中上游泥石流形成条件与成灾模式探讨[J].中国地质灾害与防治学报，2022，33(6)：70-79.

[125] 贾雪梅，周自强，刘兴荣，等.矿区群发性泥石流综合防治研究[J].水利规划与设计，2022(11)：88-92.

[126] 杨涛，李明俐，孙东，等.震后坡面松散堆积体失稳水力学机理研究[J].中国地质调查，2022，9(5)：40-50.

[127] 柳岳清，周国华，陈曙.热带气旋灾害特征及风险评估[J].气象科技，2010，38(4)：526-531.

[128] 李英，潘柱，陈冰，等.化州近30年主要气象灾害特征统计分析[J].气象研究与应用，2009，30(增刊2)：107-108.

[129] 孟菲.上海成灾台风的气象特征及灾害风险评估[D].上海：上海师范大学，2008.

[130] 刘艳辉，温铭生，苏永超，等.台风暴雨型地质灾害时空特征及预警效果分析[J].水文地质工程地质，2016，43(0)：119-126.

[131] 臧育樱.库水位变化对土坝渗流特性及稳定性影响的研究[D].太原：太原理工大学，2022.

[132] 王亮，崔松军，闻磊，等.基于瞬态渗流作用下的堆浸场边坡稳定性分析[J].有色金属(矿山部分)，2023，75(2)：62-70.

[133] 余俊，李东凯，和振，等.任意埋深下排水系统非对称堵塞隧道渗流场的解析研究[J].铁道科学与工程学报，2023，20(12)：4678-4689.

[134] 戴前伟，朱泽龙，韩行进，等.基于无单元Galerkin法的饱和-非饱和土石坝渗流正演模拟[J].水资源与水工程学报，2023，34(2)：171-179.

[135] 侯孝荣.基于饱和-非饱和理论的土石坝稳定性对比研究[J].吉林水利，2022，486(11)：63-66.

[136] 姜自华，王环玲.考虑水致劣化效应的库岸滑坡非饱和渗流应力耦合分析[J].地

质科技通报，2022，41（6）：113-122.

[137] 高黎黎，陈玉明，王光进.基于饱和-非饱和渗流理论的大型排土场边坡稳定性分析[J].化工矿物与加工，2022，51（10）：20-24.

[138] 吴效勇，王晓青，丁玲，等.基于光学与 SAR 影像的老挝溃坝洪涝灾害监测与评估[J].灾害学，2020，35（1）：211-215.

[139] 许云鹏，吴震宇，尹川.心墙堆石坝非饱和渗流模型识别方法及应用[J].水利规划与设计，2022（9）：127-132.

[140] 郑保敬，邹申威，雷未，等.基于 MLPG 无网格法的土石坝非稳态饱和渗流场分析[J].三峡大学学报（自然科学版），2022，44（4）：24-28.

[141] 薛瑾.基于非饱和渗流的均质土坝稳定性分析及加固方案研究[D].昆明：昆明理工大学，2021.

[142] 张金强，黄桂江，周鑫.老挝南涧水电站黏土心墙堆石坝设计[J].红水河，2021，40（6）：39-43.

[143] 赵寿昌，周涛，吴琦，等.基于风险指数法的群坝智能评价研究及应用[J].大坝与安全，2022，131（3）：15-21.

[144] 陈静霞.大坝风险管理若干思考[J].水利科技，2022，175（2）：9-11.

[145] 黄龙，李善平，王力，等.碾压式土石坝施工质量风险预警与决策体系研究[J].水电站设计，2021，37（4）：61-65.

[146] 周志维，马秀峰.基于 F-ANP 法的大坝风险评价与管理技术研究[J].中国水利，2021，910（4）：41-44.

[147] 王康志，章晓泽，章宏萍.土石坝筑坝材料的规划、碾压试验和施工质控研究[J].云南水力发电，2022，38（8）：198-202.

[148] 贾丽清.大坝填筑技术在水利工程施工中的应用[J].山东水利，2022，278（1）：49-50.

[149] 万克诚.土石坝坝体填筑施工与质量控制研究[J].工程技术研究，2021，6（21）：173-174.

[150] 杨勇.软硬岩混合料用于堆石坝体填筑的分析研究[J].东北水利水电，2021，39（6）：3-5.

[151] 闫旭政.土石坝软土碎石桩复合地基性状及计算方法研究[D].杭州：浙江大学，2022.

[152] 林德周.小应变土体硬化模型参数试验研究及工程应用[D].杭州：浙江大学，2022.